Roland Stärk

Darstellende Geometrie

Bestellnummer 37443

Ferdinand Schöningh · Paderborn

Roland Stärk, geb. 1933. Studium an der Eidgenössischen Technischen Hochschule Zürich. Promotion zum Dr. sc. math. Lehrtätigkeit an der Kantonsschule Schaffhausen.

ISBN 3-506-37443-5

Inhaltsverzeichnis

Vierter Teil: Perspektive

Vorwort

In den letzten Jahren ist die Darstellende Geometrie im Zuge der Algebraisierung der Schulmathematik leider etwas in den Hintergrund gedrängt worden. Dieses Buch will einen Beitrag leisten, der Darstellenden Geometrie wieder zu dem ihr gebührenden Platz zu verhelfen. Es will in einem neuen Anlauf den traditionellen Stoff leichtfaßlich darstellen und dem Lernenden die alten Schönheiten dieser Theorie der Bewältigung des Raumes mittels ebener Konstruktionen nahebringen. Kritiker des Faches, welche die Darstellende Geometrie für veraltet halten, weil sie sich nicht leicht in die modernen Reformprogramme eingliedern läßt, übersehen gewöhnlich die einfache Tatsache, daß Projizieren eben an sich modern ist, solange es sehende Augen gibt. Die Darstellende Geometrie soll nicht eine Wissenschaft nur für Eingeweihte sein. Die Förderung des Raumgefühls, der geometrischen Anschauung einerseits und die Schulung des planmäßigen, konstruktiven Denkens und Arbeitens andererseits sind wertvolle allgemeine Bildungsziele.

Das vorliegende Buch setzt die Geometriekenntnisse des zehnten Schuljahres voraus. Es ist gedacht als Lehrbuch für Gymnasien mathematisch-naturwissenschaftlicher Richtung und für Technikerschulen, richtet sich aber auch an Hochschulstudenten, Ingenieure und Architekten. Auch eignet es sich für ein Selbststudium. Vielfach wird heute im Rahmen der Fächerauflockerung an der Oberstufe Darstellende Geometrie im Hinblick auf die spätere Ausbildung als Wahlfachkurs geführt. Die stoffliche Grenze zwischen der Hochschule und den vorbereitenden Schulen ist im Fach Darstellende Geometrie heutzutage nicht mehr genau gezogen. Von einem modernen Lehrbuch zu diesem Gegenstand wird erwartet, daß es in einem Zuge von den Anfängen bis zu den anspruchsvolleren Gebieten führt.

Das Buch ist in vier Teile gegliedert: Der erste Teil soll mit einfachen Würfelschrägbildkonstruktionen das Raumvorstellungsvermögen fördern. Der zweite Teil befaßt sich mit dem Zweitafelverfahren. Im dritten Teil wird die axonometrische Methode behandelt. Und der vierte Teil gibt eine systematische Einführung in die Perspektivlehre.

Die Darstellende Geometrie ist ein Teilgebiet der Raumgeometrie; sie umfaßt den darstellenden Aspekt. Man soll sie zwar nicht zu isoliert betreiben, aber eine Abgrenzung gegenüber anderen Teilen der Geometrie: Axiomatik, projektive Geometrie, Topologie, analytische Geometrie ist unumgänglich. Die neueren Bestrebungen, die Darstellende Geometrie als selbständige Disziplin aufzuheben, sind abzulehnen. Sie führen dazu, daß das bisher solide Gebäude in zusammenhanglose Bruchstücke zerfällt. Die Tatsache, daß eine allzu einseitige Betonung des Technisch-Zeichnerischen gelegentliche Ermüdungserscheinungen hervorgerufen hat, rechtfertigt die Abschaffung keineswegs. Es ist Sache des Lehrers, das Aufgabenmaterial dauernd mit Anwendungen aus allen Gebieten der Geometrie zu beleben.

Darstellende Geometrie darf nicht reine Theorie sein. In ein Lehrbuch gehören erklärende Anwendungen und Musterbeispiele. Es genügt nicht, grundsätzlich zu wissen, wie man etwas macht, sondern man muß in der Praxis des Konstruierens gründlich angeleitet sein und die einzelnen Konstruktionen tatsächlich in jeder Situation ausführen können. Die Meinung ist, daß die in diesem Buch vorkommenden Übungen nur den allernotwendigsten Bestand ausmachen. Sie können vom Lehrer leicht vermehrt werden. In den ersten Kapiteln sind den schwierigeren Aufgaben kurze Lösungsanleitungen beigefügt. Auf eine koordinatenmäßige Determinierung der Dispositionen wurde verzichtet, da es immer zu den Aufgaben gehört, die Dispositionen so oft wie möglich selber zu variieren. Im Schulunterricht wird der Lehrer vorzugsweise Dispositionen vervielfältigt an die Schüler abgeben. Alle im Buch ausgeführten Konstruktionen sollten vom Schüler nachvollzogen, nicht nur angeschaut werden. Nur dann wächst das Verständnis für die Zusammenhänge.

Die Darstellende Geometrie fördert nicht nur die Aufmerksamkeit des Auges und die Geschicklichkeit der Hand, sondern die geometrische Schau der Dinge kann — man denke an die Perspektive — zum ästhetischen Erlebnis werden. Es ist zu wünschen, daß der Darstellenden Geometrie dauernd neue Freunde gewonnen werden.

Schaffhausen, im Februar 1977

Roland Stärk

Bezeichnungen

Punkte werden wie üblich mit großen lateinischen Buchstaben bezeichnet.

Fernpunkte werden in den Zeichnungen mit einem Richtungspfeilchen versehen.

Geraden (und auch andere Kurven) werden mit kleinen lateinischen Buchstaben bezeichnet.

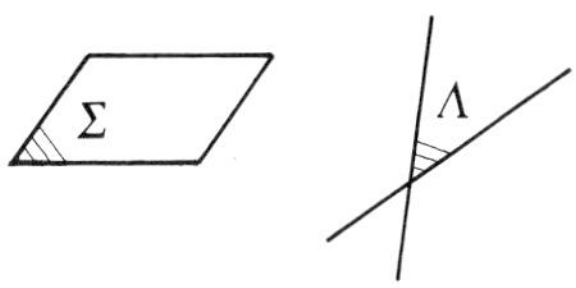

Ebenen werden mit großen griechischen Buchstaben bezeichnet.

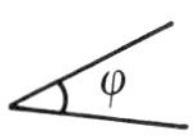

Winkel werden mit kleinen griechischen Buchstaben bezeichnet.

Statt mit einem eigenen Buchstaben wird die Gerade, welche durch zwei Punkte A und B geht, auch als „Gerade AB“ bezeichnet. Ebenso: Ebene ABC, Ebene Pg, Strecke AB, Abstand Pf, Winkel fg etc.

Bei Abbildungen kennzeichnet man die Bilder von Punkten, Geraden und Ebenen mit zusätzlichen Strichen:

$$A', P'', \overline{g}, f_1''', \Sigma^*, \overline{p}', \overline{Q}' \text{ etc.}$$

Für Umklappungen und Umlegungen sind Klammern gebräuchlich:

(A), [g] etc.

Das griechische Alphabet

		Aussprache	Name			Aussprache	Name			Aussprache	Name
Α	α	a	Alpha	Ι	ι	i	Iota	Ρ	ρ	r	Rho
Β	β	b	Beta	Κ	κ	k	Kappa	Σ	σ ς	s	Sigma
Γ	γ	g	Gamma	Λ	λ	l	Lambda	Τ	τ	t	Tau
Δ	δ	d	Delta	Μ	μ	m	Mü	Υ	υ	ü	Ypsilon
Ε	ε	e	Epsilon	Ν	ν	n	Nü	Φ	φ	ph	Phi
Ζ	ζ	z	Zeta	Ξ	ξ	x	Xi	Χ	χ	ch	Chi
Η	η	ē	Eta	Ο	ο	o	Omikron	Ψ	ψ	ps	Psi
Θ	ϑ	th	Theta	Π	π	p	Pi	Ω	ω	ō	Omega

Bei den Zahlenpaaren, welche den Text gliedern, zeigt die Zahl links die Kapitelnummer an: (20.5)

Ebenso zeigt die Zahl bei den Figuren die Kapitelnummer an: Fig. 20.g

Erster Teil: Einleitung

1. Parallelprojektion

Die Darstellende Geometrie ist der Zweig der Mathematik, welcher die konstruktiven Verfahren zum Gegenstand hat, mit denen der dreidimensionale Raum auf eine Zeichnungsebene abgebildet werden kann.
Ein Ingenieur, ein Architekt sieht sich ständig vor die Aufgabe gestellt, räumliche Objekte durch ebene Zeichnungen anschaulich darzustellen. Diese Zeichnungen sollen dem Betrachter eine klare Vorstellung des dargestellten Gegenstandes geben. Man will aber nicht nur das Raumobjekt sofort erkennen können, sondern auf einfache Weise die geometrischen Eigenschaften des Objektes, wie Form, Größe, Maßverhältnisse usw. in der Zeichnung ablesen können. Auch soll es möglich sein, geometrische Konstruktionen, die eigentlich am räumlichen Original vorgenommen werden sollten, mit den konstruktiven Methoden der Ebene am Bild auszuführen. Um dieser Anforderung an die konstruktive Zugänglichkeit der Bilder genügen zu können, beschränkt sich die Darstellende Geometrie praktisch ausschließlich auf geradentreue Abbildungen, also auf Darstellungen, bei denen gerade Linien des Raumes auch im Bild als Geraden erscheinen; von solchen Abbildungen ist hier die Rede.
Wie man auf natürliche Weise ein anschauliches Bild eines Körpers, z. B. eines Hauses, herstellt, zeigt die Fig. 1.a.

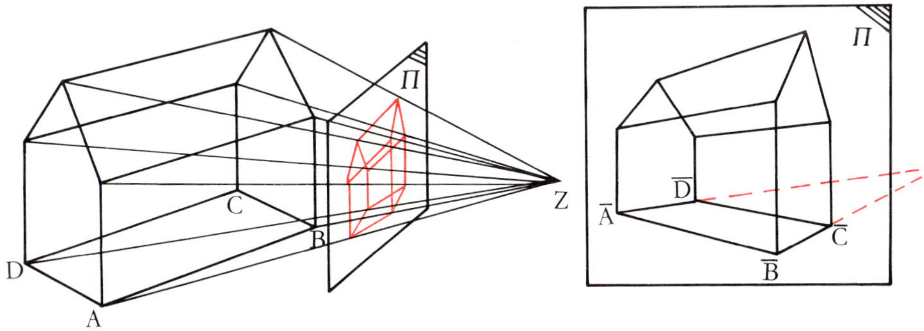

Fig. 1.a

Man wählt einen Punkt Z in günstiger Entfernung vom Haus, legt eine durchsichtige Zeichnungsebene Π zwischen das Haus und Z und schneidet, indem man das Haus von Z aus anvisiert, jeden von Z aus zum Haus laufenden Strahl mit dieser Ebene Π. Die Punkte A, B, C, ... des Hauses werden abgebildet in die Punkte $\bar{A}$, $\bar{B}$, $\bar{C}$, ... der Ebene Π.
Albrecht Dürer (1471—1528) illustriert die Praxis dieses Verfahrens mit dem Holzschnitt „*Der Zeichner der Laute*“ in seiner Schrift „*Underweysung der Messung mit dem Zirckel und Richtscheyt*“, Nürnberg 1525 (Fig. 1.b).

Fig. 1.b Albrecht Dürer: Der Zeichner der Laute

Es ist dies das Verfahren der Fotografie. Beim Fotoapparat liegt Z in der Linse, Π ist die Platte oder der Film, und die rückwärtigen Verlängerungen der Strahlen ZA, ZB, ... erzeugen dort das Bild.

Eine derartige Projektion des Raumes auf eine Ebene, eine sog. Zentralprojektion von einem endlichen Punkt aus, erfüllt die Anforderungen an die Anschaulichkeit in idealer Weise und sie ist geradentreu, aber die konstruktive Behandlung des Bildes ist nicht so einfach. Parallele Geraden zum Beispiel haben im allgemeinen nicht wieder parallele Bilder; die von der Bildebene weglaufenden, in Wirklichkeit parallelen Hauskanten AD und BC laufen im Bild zusammen. Und gleichlange, zur Bildebene parallele Strecken erscheinen im Bild unterschiedlich lang, wenn sie in der Wirklichkeit verschiedene Entfernungen von der Bildebene haben.

Wie schwierig der Schritt zur Perspektive ist, zeigt ja auch immer wieder die zeichnerische Entwicklung bei Kindern.

Erst der letzte Teil dieses Buches befaßt sich mit der Theorie der perspektivischen Darstellungen (Kap. 28—36).

Praktisch, weil schnell gezeichnet und leicht zu handhaben, sind Darstellungen der folgenden Art (Fig. 1.c).
Hier handelt es sich um sog. **Parallelprojektionen**. Viele geometrische Eigenschaften und Zusammenhänge können hier sofort abgelesen werden, z. B. der Neigungswinkel der Dachflächen, das Verhältnis der Breite zur Höhe des Hauses usw.
Architektonische und technische Pläne sind in der Regel so gezeichnet.

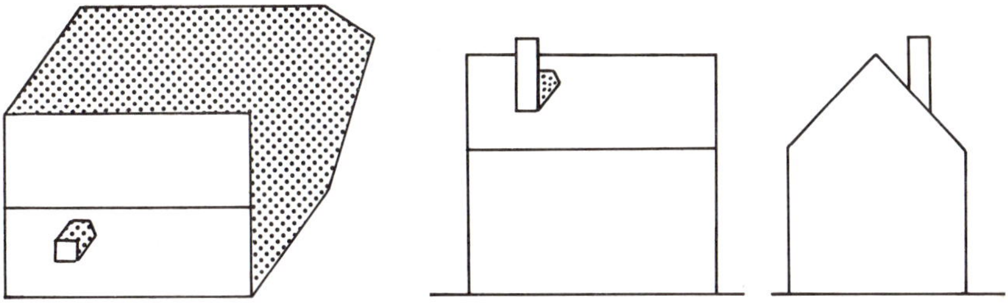

Fig. 1.c

(1.1) **Definition** (Fig. 1.d):

Unter der **Parallelprojektion des Raumes auf eine Ebene** Π in der Richtung einer Geraden l (l nicht parallel zu Π) versteht man die Abbildung, welche dem Punkt P des Raumes den Punkt $\overline{P}$ der Ebene Π zuordnet, in welchem die zu l parallele Gerade durch P die Ebene Π schneidet.

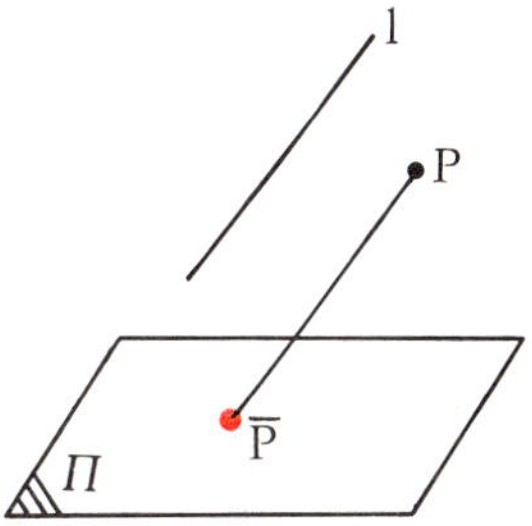

Fig. 1.d

Das Bild $\overline{P}$ des Punktes P heißt die (Parallel-) **Projektion** von P. (Das Wort „Projektion“ wird sowohl für den Vorgang des Projizierens als auch für das Ergebnis des Vorgangs gebraucht). Die Ebene Π ist die **Bildebene** oder **Projektionsebene**. Die Richtung von l ist die **Projektionsrichtung**. Die zu l parallelen Geraden nennt man **projizierende Geraden**, die zu l parallelen Ebenen sind **projizierende Ebenen.**

Eine besondere Rolle spielen bei Projektionen die Geraden und Ebenen, welche parallel sind zur Bildebene Π. Man nennt sie **Hauptgeraden** und **Hauptebenen** bezüglich Π und sagt, sie hätten **Hauptlage** bezüglich Π.

Steht l senkrecht auf Π, so handelt es sich bei der Projektion um eine **Normalprojektion** oder orthogonale Projektion. Dann nennt man die Projektionsebene Π auch **Rißebene** und $\overline{P}$ den **Riß** von P. Soll hervorgehoben werden, daß eine Parallelprojektion keine Normalprojektion ist, so sagt man **schiefe** Parallelprojektion.

Die Darstellungen der Fig. 1.c sind Normalprojektionen des Hauses. Genauer gesagt handelt es sich um maßstäblich verkleinerte Normalprojektionen eines Hauses oder Normalprojektionen eines maßstäblich verkleinerten Modelles eines Hauses. (Wo keine Mißverständnisse auftreten können, wird auf solche Präzisierung verzichtet.) Der eingezeichnete Schlagschatten ist eine schiefe Parallelprojektion des Hauses auf die Bodenebene rsp. des Kamins auf die Dachebene.

Selbstverständlich ist eine Parallelprojektion des Raumes auf eine Ebene keine umkehrbar eindeutige Abbildung, ein Punkt $\overline{P}$ der Bildebene ist ja das Bild aller Punkte, die auf der projizierenden Geraden durch $\overline{P}$ liegen. Um sich eine zuverlässige Vorstellung eines Körpers zu machen, ist es jeweils nötig, gleichzeitig mehrere Risse zu betrachten. In der Fig. 1.c sind die Ansichten von oben und von den Seiten gezeichnet.

Man überzeugt sich leicht von der Richtigkeit der folgenden Aussagen:

Eigenschaften einer Parallelprojektion

(1.2) Eine nichtprojizierende Gerade wird abgebildet in eine Gerade, eine projizierende in einen Punkt.

(1.3) Parallele (nichtprojizierende) Geraden werden abgebildet in parallele Geraden.

(1.4) Streckenlängen und Winkel ändern sich im allgemeinen.
Strecken und Winkel, die in einer Hauptebene liegen, ändern sich nicht, d.h. Figuren einer Hauptebene gehen in kongruente Figuren über.
Parallele Strecken ändern sich im gleichen Verhältnis.

(1.5) Teilverhältnisse bleiben erhalten: Wenn ein Punkt P eine (nichtprojizierende) Strecke AB im Verhältnis λ teilt, so teilt die Projektion $\overline{P}$ die Projektion $\overline{AB}$ auch im Verhältnis λ.
Speziell gehen Streckenmitten in Streckenmitten über, zentralsymmetrische Figuren in zentralsymmetrische.

Es sollen stets auch die **Fernelemente** miteinbezogen werden!
Zum Beispiel kann (1.3) auch folgendermaßen formuliert werden: Fernpunkte werden in Fernpunkte abgebildet.
Dort wo keine Unklarheiten aufkommen, soll bei Aussagen über Punkte und Geraden nicht jedesmal hervorgehoben werden, ob es sich nur um endliche Punkte und Geraden oder auch um Fernpunkte und Ferngeraden handelt. Zum Beispiel sind bei (1.5) mit A und B endliche Punkte gemeint. Auch wird bei einer Parallelprojektion der Fernpunkt, der zur Projektionsrichtung gehört, nicht abgebildet.
Eine Parallelprojektion kann natürlich aufgefaßt werden als Zentralprojektion wie in der Fig. 1.a mit dem zur Projektionsrichtung gehörenden Fernpunkt als Zentrum. Statt Parallelprojektion sagt man daher auch Fernbild.

Bei einer Normalprojektion wird ein rechter Winkel, von welchem ein Schenkel Hauptlage hat, wieder in einen rechten Winkel abgebildet. Man betrachte z. B. die Dachrechtecke in der Fig. 1.c. Es gilt der

(1.6) **Satz** (Fig. 1.e):

Steht bei einer Normalprojektion eine (nichtprojizierende) Gerade g senkrecht auf einer Hauptgeraden h, so steht die Projektion $\overline{g}$ von g senkrecht auf der Projektion $\overline{h}$ von h.

Und umgekehrt:

Steht die Normalprojektion $\overline{g}$ einer Geraden g senkrecht auf der Normalprojektion $\overline{h}$ einer Hauptgeraden h, so steht g senkrecht auf h.

(g und h brauchen sich nicht zu schneiden.)

Es ist hier nicht der Ort, die Axiomatik der Raumgeometrie zu entwickeln. Wie dieser Satz aus den Sätzen über das Normalstehen einer Geraden auf einer Ebene hervorgeht, zeigt die folgende Betrachtung:

Wenn eine Gerade auf einer Ebene senkrecht steht, steht sie auf allen Geraden der Ebene senkrecht; wenn eine Gerade auf zwei nicht parallelen Geraden einer Ebene senkrecht steht, steht sie auf der Ebene senkrecht. Man legt durch einen beliebigen Punkt von g die projizierende Gerade n. Es sei Γ die durch n und g aufgespannte Ebene. Γ schneidet Π in $\overline{g}$. Da es sich um eine Normalprojektion handelt, steht n senkrecht auf Π, somit senkrecht auf $\overline{h}$ und, da h eine Hauptgerade ist, senkrecht auf h. Steht nun auch g senkrecht auf h, so folgt daraus, daß h senkrecht auf Γ steht, ebenso $\overline{h}$, und somit steht $\overline{h}$ senkrecht auf $\overline{g}$. Ebenso umgekehrt.

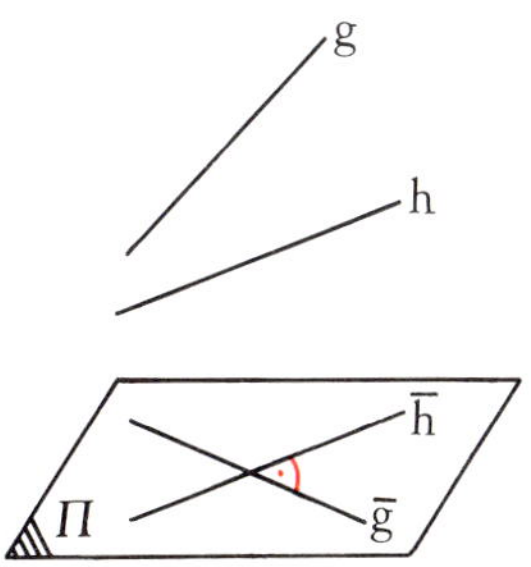

Fig. 1.e

Wegen der Eigenschaft (1.4) stellt man einen Körper, den man mittels einer Parallelprojektion darstellen will, wenn möglich so zur Projektionsebene, daß wichtige Körperebenen Hauptlage bekommen. Diese werden dann unverzerrt abgebildet.
Man denke sich einen Würfel ABCDEFGH oder ein Drahtmodell eines Würfels vor eine besonnte, vertikale Hauswand Π gehalten (Fig. 1.f), so daß die Würfelrückwand parallel zu Π und die Bodenfläche horizontal ist.

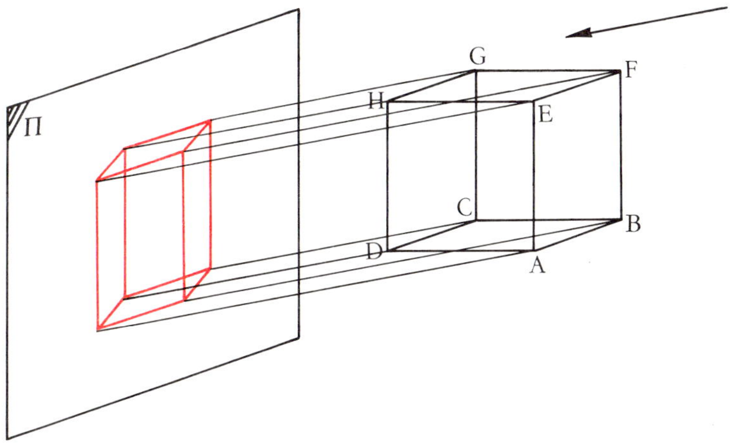

Fig. 1.f

Das Sonnenlicht falle schräg von rechts oben ein. Der Schatten, den der Würfel auf die Hauswand wirft, stellt ein anschauliches Bild des Würfels dar, wenn die Lichtstrahlen nicht allzu flach auf die Wand auftreffen. Man spricht von einem **Schrägbild** des Würfels. Die Vorder- und Rückwand des Würfels erscheinen in wahrer Form und Größe, die übrigen Seitenflächen erscheinen wegen (1.3) als Parallelogramme. Ein solches Würfelschrägbild ist schnell gezeichnet (Fig. 1.g).

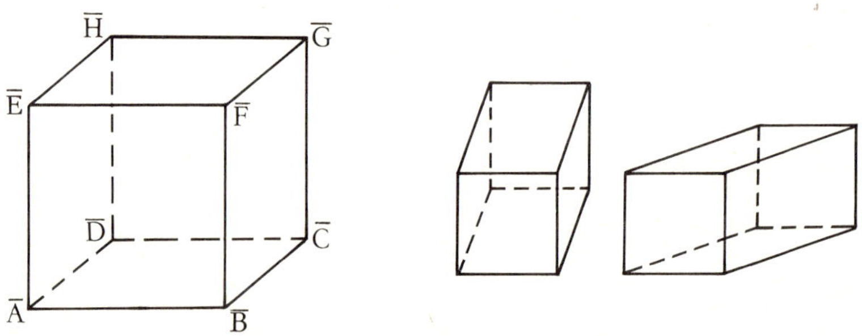

Fig. 1.g

Man beginnt mit der Vorderwand $\overline{A}\,\overline{B}\,\overline{F}\,\overline{E}$, zeichnet dann das Parallelogramm $\overline{E}\,\overline{F}\,\overline{G}\,\overline{H}$ der Deckfläche und vervollständigt die Figur. Man verdeutliche sich, daß es sich dabei aber nicht um eine perspektivische Zeichnung, sondern lediglich um eine schiefe Parallelprojektion handelt. Bei ungünstiger Wahl der Form des Boden- und Deckflächenparallelogramms geht die Würfelwirkung verloren. Günstig sind bei diesen Parallelogrammen spitze Winkel von etwa 30° bis 60° und darauf abgestimmte Seitenverhältnisse 1 : 2, 1 : 3, 1 : 4. Ein so gezeichnetes Würfelschrägbild ist die Parallelprojektion eines Würfels von bestimmter Größe, kann aber auch einfach aufgefaßt werden als maßstäblich gezeichnete Parallelprojektion eines beliebig großen Würfels. Mit Hilfe von Würfelschrägbildern lassen sich Körper auf einfache Weise anschaulich darstellen. Der Umgang mit Schrägbildern ist ein gutes Mittel, beim Lernenden das räumliche Vorstellungsvermögen schnell ein wenig zu fördern.

2. Anschauliche Darstellung von Körpern mit Hilfe eines Würfelschrägbildes

(2.1) **Schrägbild eines regulären Tetraeders**

Die Ecken A, C, F, H des Würfels der Fig. 1.f bilden ein reguläres Tetraeder (Fig. 2.a).

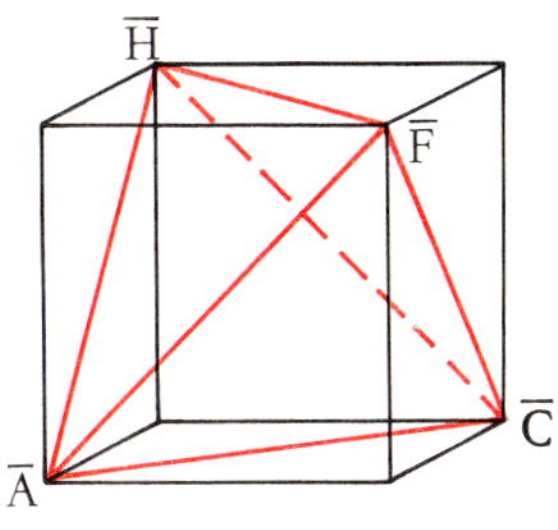

Fig. 2.a

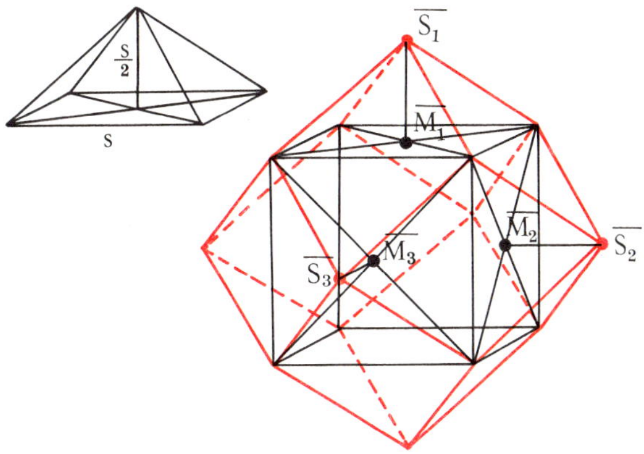

Fig. 2.b

(2.2) **Rhombendodekaeder**

Auf die sechs Seitenflächen eines Würfels werden gerade Pyramiden aufgesetzt, deren Höhe halb so lang ist wie die Würfelkante (Fig. 2.b). Die Mitten M der Würfelseitenflächen konstruiert man als Schnittpunkte der Diagonalen. Die Pyramidenachsen MS sind parallel zu den Würfelkanten; die Strecken M_1S_1 und M_2S_2 erscheinen unverkürzt, da sie Hauptlage haben, M_3S_3 wird im gleichen Verhältnis verkürzt wie die nach vorn laufenden Würfelkanten (1.4). Da die Pyramidenseitenflächen mit den Würfelseitenflächen den Winkel 45° einschließen, liegen die beiden in einer Würfelkante zusammenstoßenden Dreiecke in einer gemeinsamen Ebene, bilden also einen Rhombus. Der entstehende Körper wird begrenzt durch zwölf Rhomben. Man achte beim Ausziehen der Kanten auf die Paralleleneigenschaft (1.3) und die Zentralsymmetrie (1.5).

(2.3) **Abschneiden der Kanten eines Würfels**

Bei einem Würfel werden alle zwölf Kanten gleichmäßig abgeschnitten mit Schnittebenen, die parallel verlaufen zu den Würfelsymmetrieebenen durch gegenüberliegende Kanten (Fig. 2.c). Was bleibt vom Würfel übrig; wie werden seine Ecken zugeschnitten? Die beiden durch AB und BC laufenden Schnittebenen haben neben dem Punkt B noch den Punkt E gemeinsam, schneiden sich also in der Geraden BE. Ebenso sind AD und CF Schnittgeraden je zweier Schnittebenen. Allen diesen drei Schnittgeraden gemeinsam

ist der Punkt S, der Mittelpunkt des in der Ecke des ursprünglichen Würfels liegenden kleineren Würfels. SD, SE, SF sind Kanten des übrig bleibenden Restkörpers.
Man wiederhole diese Konstruktion mit Schnittebenen, die bis in die Würfelseitenflächenmitten reichen. Was bleibt übrig?
Auch schneide man noch bei einem Würfel alle Ecken ab wie bei (2.1); dann entsteht ein reguläres Oktaeder.

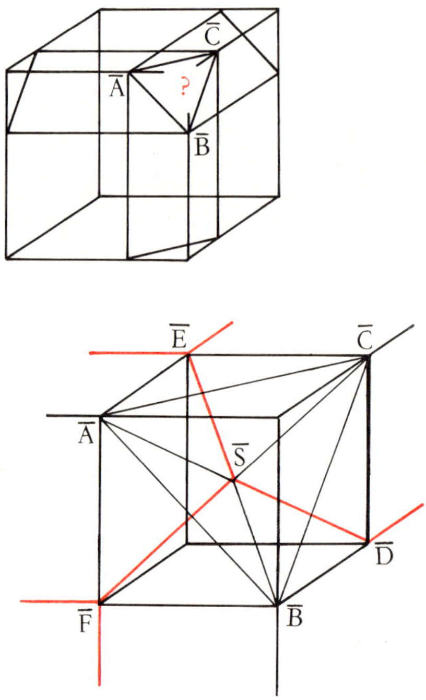

Fig. 2.c

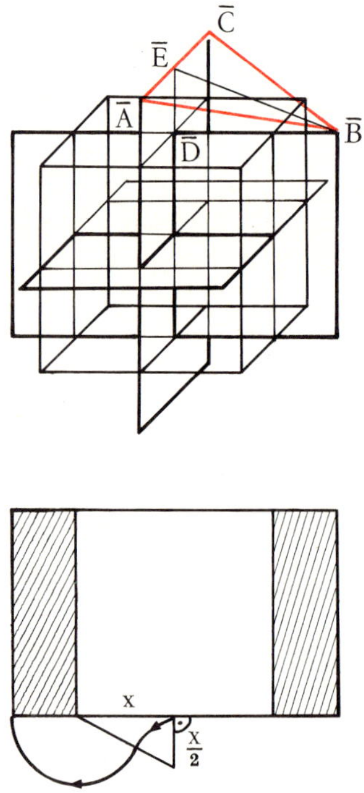

Fig. 2.d

(2.4) **Reguläres Ikosaeder**

Ein Würfel wird mit seinen drei zu den Seitenflächen parallelen Symmetrieebenen geschnitten. Die Schnittquadrate werden zu Rechtecken verlängert, deren Seiten im Verhältnis des goldenen Schnittes stehen (Fig. 2.d). Es läßt sich leicht nachweisen, daß das Dreieck ABC gleichseitig ist:

$$AE = x, \quad ED = \frac{\sqrt{5}-1}{2}x, \quad DB = x + \frac{\sqrt{5}-1}{2}x = \frac{\sqrt{5}+1}{2}x,$$

$$AB^2 = AE^2 + ED^2 + DB^2 = 4x^2$$

Man verbinde die zwölf Rechteckecken. Es entsteht ein reguläres Ikosaeder.

(2.5) **Rotationszylinder**

Einem Würfel soll ein Rotationszylinderkörper eingeschrieben werden mit der Achse parallel zu einer Würfelkante. Wenn die Leitkreise in der Vorder- und Rückwand des

Würfels liegen, läßt sich der Zylinder sofort zeichnen (Fig. 2.e). Steht der Zylinder senkrecht auf der Würfelgrundfläche, so ist die Konstruktion etwas schwieriger, da die Leitkreise nicht als Kreise erscheinen (Fig. 2.f).

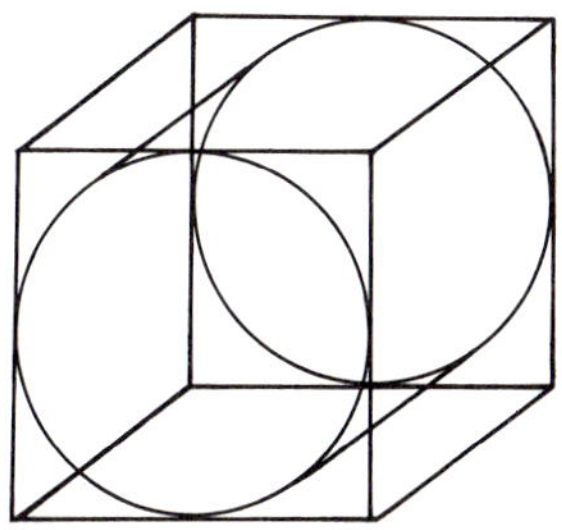

Fig. 2.e

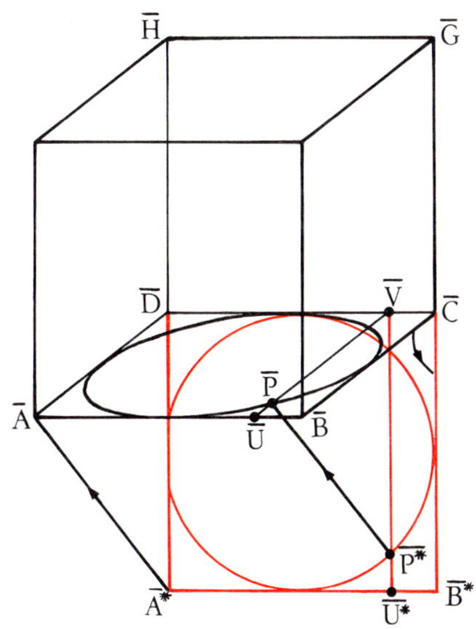

Fig. 2.f

Den Leitkreis in der Würfelgrundfläche ABCD zeichnet man mit Hilfe einer Umklappung. Die Ebene ABCD wird umgeklappt um die Kante CD, bis sie mit der Ebene der Würfelrückwand zusammenfällt. Das umgeklappte Quadrat A*B*CD erscheint dann im Schrägbild in der wahren Form. Bei einer Parallelprojektion bleiben Teilverhältnisse erhalten (1.5). Für einen Punkt P der Grundfläche auf der zur Kante AD parallelen Strecke UV gilt deshalb: Teilverhältnis $\overline{U}\,\overline{P}\,\overline{V}$ = Teilverhältnis UPV = Teilverhältnis U*P*V = Teilverhältnis $\overline{U^*}\,\overline{P^*}\,\overline{V}$. $\overline{P}$ kann mittels einer Parallelen zu $\overline{A^*}\,\overline{A}$ von $\overline{P^*}$ aus

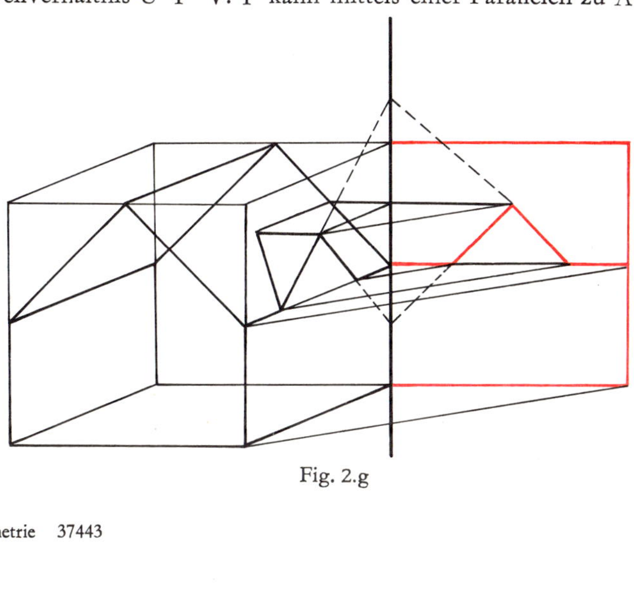

Fig. 2.g

konstruiert werden. Im Kap. 20 wird gezeigt werden, daß der Leitkreis hier als Ellipse erscheint.

Das Prinzip, eine allgemein liegende Ebene in speziell günstige Lage zu drehen und dann von dort die Punkte zu beziehen, ist eines der wichtigsten der Darstellenden Geometrie. Man kann bei einem Würfelschrägbild auch die Seitenwände in die Ebene der Rückwand drehen (Fig. 2.g).

Der Leser zeichne selbständig noch einige weitere Schrägbilder (Fig. 2.h):

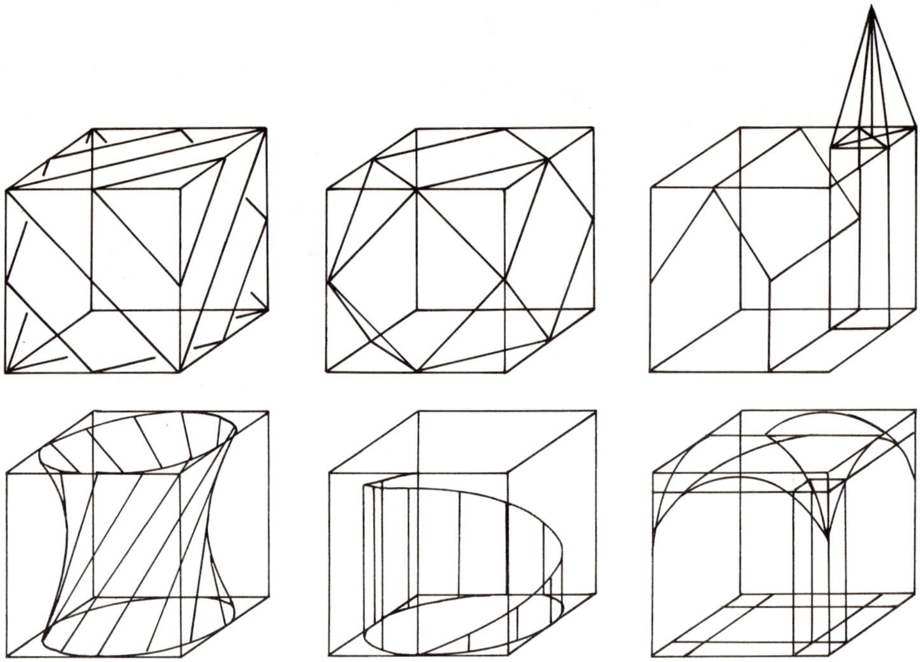

Fig. 2.h

3. Einfache Konstruktionen in einem Würfelschrägbild

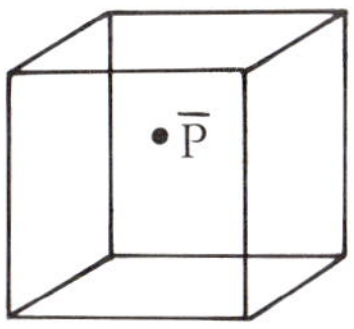

Fig. 3.a

Eine Parallelprojektion des Raumes auf eine Ebene ist keine umkehrbar eindeutige Abbildung. Beim Schrägbildverfahren des Kapitels 2 genügt die alleinige Angabe des Bildes $\overline{P}$ eines Punktes P des Raumes nicht, um die Lage von P im Raum genau zu beschreiben (Fig. 3.a).
Manchmal kann man einen Punkt als Punkt eines schon dargestellten Körpers erkennen, von dem man eine genaue Vorstellung hat. Ist dies nicht der Fall, muß man den Punkt, um seine Lage eindeutig festzulegen, irgendwie auf den Würfel beziehen. Dies geschieht dadurch, daß man nicht nur P, sondern auch die Normalprojektionen von P auf die Würfelseitenflächen im Bilde festhält.
Es ist üblich, ein Cartesisches Koordinatensystem einzuführen, dessen Achsen mit den in der hinteren unteren Würfelecke links zusammenlaufenden Würfelkanten zusammenfallen. Die nach vorn laufende Achse ist die x-Achse, die nach rechts laufende die y-Achse und die nach oben laufende die z-Achse (Fig. 3.b). Die durch die x- und die y-Achse aufgespannte Ebene, die xy-Ebene, in der die Würfelgrundfläche liegt, heißt die **Grundrißebene**, die yz-Ebene ist die **Aufrißebene**, die xz-Ebene die **Seitenrißebene.**
Die Normalprojektion P' des Punktes P auf die Grundrißebene heißt der **Grundriß** oder 1. Riß von P, die Normalprojektion P'' auf die Aufrißebene ist der **Aufriß** oder 2. Riß, und die Normalprojektion P''' auf die Seitenrißebene ist der **Seitenriß** oder 3. Riß.
Zeichnet man im Schrägbild nicht nur das Bild $\overline{P}$ eines Punktes P, sondern auch die Bilder $\overline{P'}$, $\overline{P''}$, $\overline{P'''}$ seiner drei Risse, so wird seine Lage im Raum offenbar:
Bei (1) liegt P im Innern des Würfels, bei (2) liegt P vor dem Würfel, bei (3) — etwas schwieriger zu sehen — hinten links, unter der Bodenebene. Die Punkte P, P', P'', P''' sind Ecken eines ins Koordinatensystem eingelagerten Quaders.

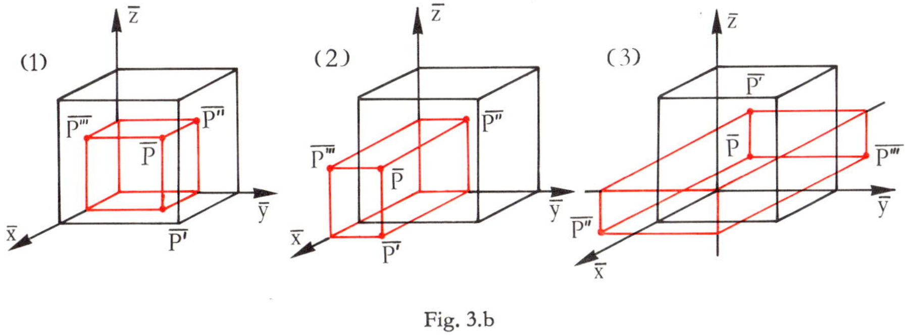

Fig. 3.b

Man stellt fest, daß jeweils zwei der Angaben $\overline{P}$, $\overline{P'}$, $\overline{P''}$, $\overline{P'''}$ ausreichen, um den Quader vollständig zu zeichnen. Natürlich muß man bei der Vorgabe eines Punktes, z. B. wenn man $\overline{P'}$ und $\overline{P'''}$ vorgibt, darauf achten, daß sich mit den Punkten tatsächlich ein solcher Quader mit Kanten parallel zu den Koordinatenachsen zeichnen läßt; die Parallele durch P' zur y-Achse und die Parallele durch P''' zur z-Achse müssen sich auf der x-Achse schneiden etc.

Eine Projektion des Raumes auf eine Ebene, bei der auch ein fest gewähltes räumliches Cartesisches Koordinatensystem mitprojiziert wird, und bei der dann zu jedem Punkt P des Raumes nicht nur das Bild $\overline{P}$, sondern auch die Bilder $\overline{P'}$, $\overline{P''}$, $\overline{P'''}$ der Normalprojektionen von P auf die Ebenen des Koordinatensystems gezeichnet werden, heißt eine **axonometrische Darstellung**.

Sobald die Bilder der drei Koordinatenachsen mit ihren Einheitspunkten gezeichnet sind, läßt sich jeder Raumpunkt koordinatenmäßig ins Bild eintragen.
Die axonometrische Methode wird ausführlich im dritten Teil dieses Buches behandelt. Hier dient sie vorläufig nur dazu, den Leser an den Umgang mit Punkten, Geraden und Ebenen im Raum zu gewöhnen und dabei das Raumgefühl ein wenig zu schulen. Auch werden später beim etwas weniger anschaulichen Zweitafelverfahren gelegentliche Schrägbildskizzen von Nutzen sein.

Analog beschreibt man die Lage einer Geraden g im Raum mit Hilfe ihrer Normalprojektionen g′, g″, g‴ auf die Koordinatenebenen. Auch hier legen zwei der Angaben $\overline{g}$, $\overline{g'}$, $\overline{g''}$, $\overline{g'''}$ die Gerade eindeutig fest. Kennt man z. B. das Bild $\overline{g}$ der Geraden und das Bild $\overline{g'}$ ihres Grundrisses, so kann man $\overline{g''}$ und $\overline{g'''}$ mit Hilfe der Quader konstruieren, die zu zwei auf g beliebig gewählten Punkten A und B gehören (Fig. 3.c).

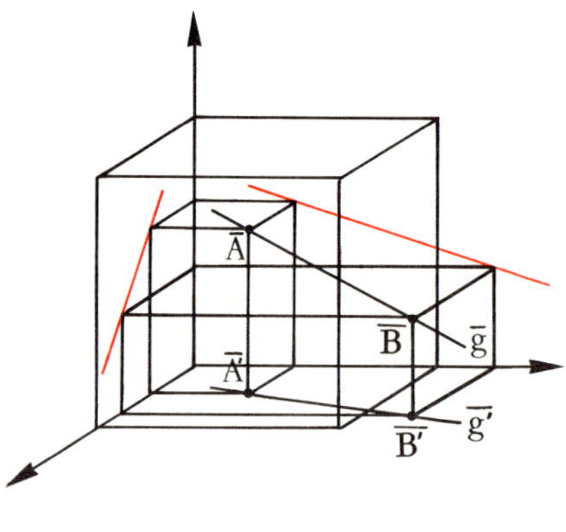

Fig. 3.c

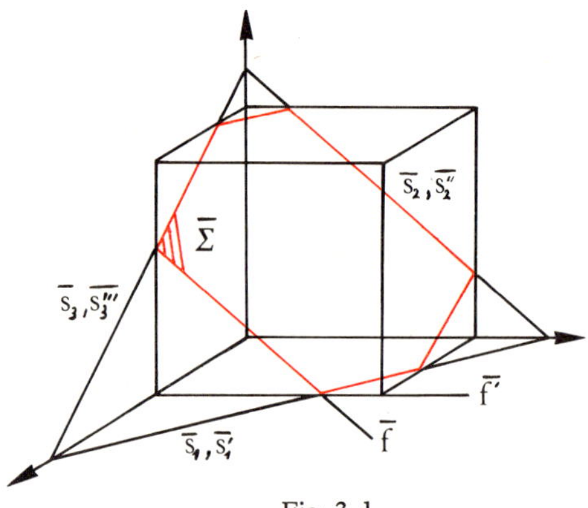

Fig. 3.d

Eine Ebene Σ wird anschaulich dargestellt durch ihre Schnittgeraden mit den Würfelseitenflächen rsp. den Rißebenen (Fig. 3.d). Die Schnittgeraden s_1, s_2, s_3 mit den Rißebenen heißen die **Spuren** der Ebene Σ. Man beachte, daß wegen (1.3) die Bilder der Schnittgeraden in gegenüberliegenden Würfelseitenflächen parallel sind; so ist z. B. $\overline{f}$ parallel $\overline{s_2}$.

Bei den folgenden Schrägbildkonstruktionen sollen der Einfachheit halber jeweils alle Querstriche weggelassen werden: Statt $\overline{P}$ wird für das Bild eines Punktes P einfach P geschrieben.

Aufgabe (3.1):

Gegeben sind drei Punkte A, B, C. Man lege durch sie die Ebene Σ = ABC.
Bei der (speziellen) Disposition der Fig. 3.e geht das so: Man vergegenwärtigt sich zuerst, wo die drei Punkte liegen. A liegt auf der vorderen linken Würfelkante, B liegt

auf der vorderen rechten Würfelkante und C auf der hinteren oberen. Mit A und B sind zwei Punkte der Ebene Σ bekannt, die zur vorderen Würfelseitenfläche gehören. Die Gerade AB ist die Schnittgerade der Ebene Σ mit der Vorderwand. Parallel dazu durch C verläuft die Schnittgerade mit der Rückwand. Hat man diese beiden Seiten des Schnittpolygons gezeichnet, so kann man es rundherum vervollständigen, jeweils die Punkte auf den Würfelkanten ausnützend.

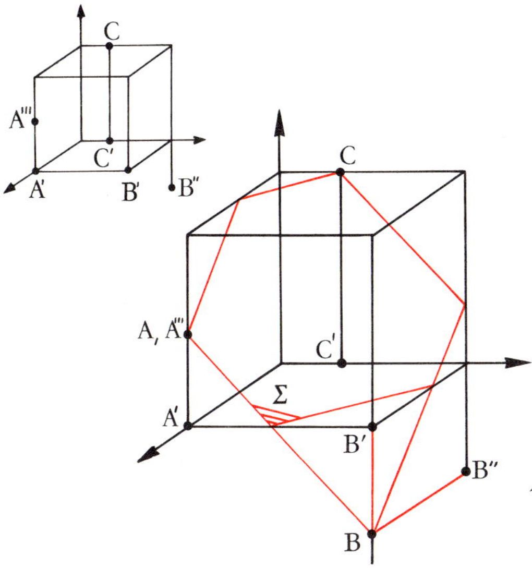

Fig. 3.e

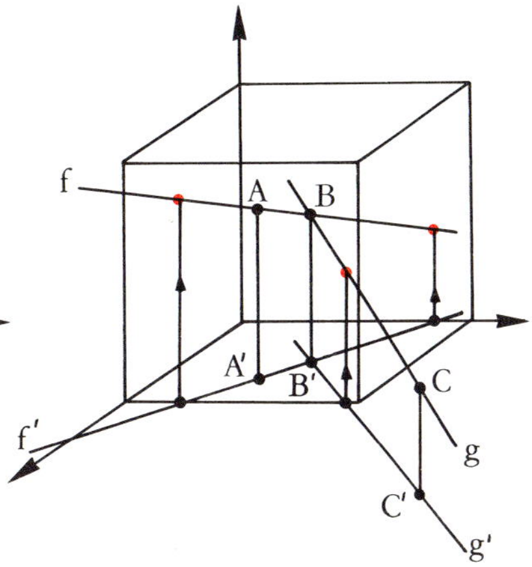

Fig. 3.f

Liegen die Punkte A, B, C allgemeiner im Würfel (Fig. 3.f), so schneidet man einfach zuerst die Verbindungsgeraden AB, BC, CA mit den Würfelseitenflächen, bis man genug Punkte in den Seitenflächen kennt, um das Schnittvieleck konstruieren zu können.
Man zeichne auf diese Weise auch eine Ebene, von der eine Gerade und ein Punkt oder zwei sich schneidende Geraden vorgegeben sind.
Es ist wichtig, daß der Anfänger solche Aufgaben mit möglichst verschiedenen Ausgangslagen gründlich übt.

Aufgabe (3.2):

Gegeben ist eine Ebene Γ und von einem Punkt P, von dem man weiß, daß er in Γ liegt, ein Riß, z. B. der Grundriß P′ (Fig. 3.g). Man konstruiere P.

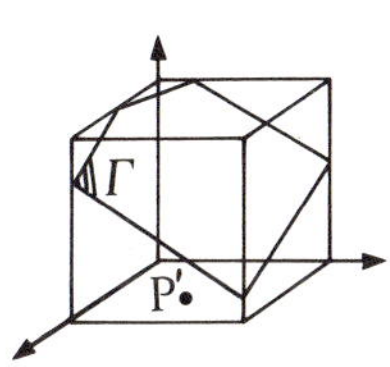

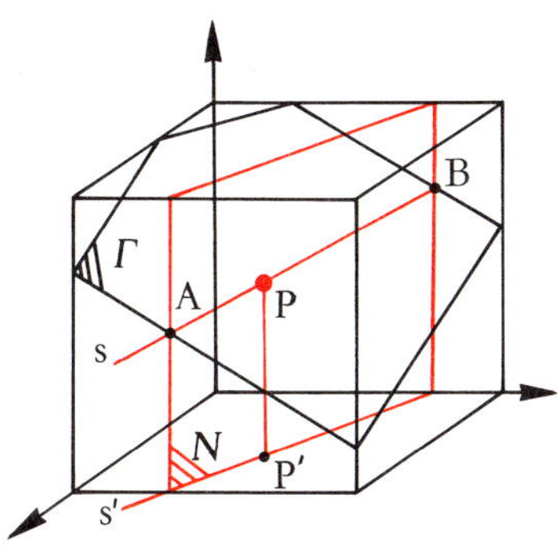

Fig. 3.g

Man nimmt eine Ebene N zu Hilfe, die auf der Grundrißebene senkrecht steht und P′ enthält. Die Schnittgerade s der Ebenen Γ und N geht durch die beiden gemeinsamen Punkte A und B in den Würfelseitenflächen. P liegt senkrecht über P′ auf s.

Aufgabe (3.3):

Gegeben sind eine Ebene Φ und eine Gerade g (Fig. 3.h). Man konstruiere den Schnittpunkt D der Geraden g mit der Ebene Φ.

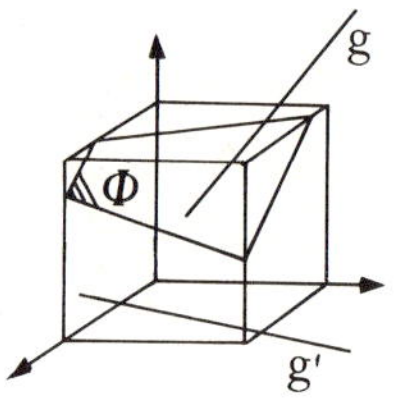

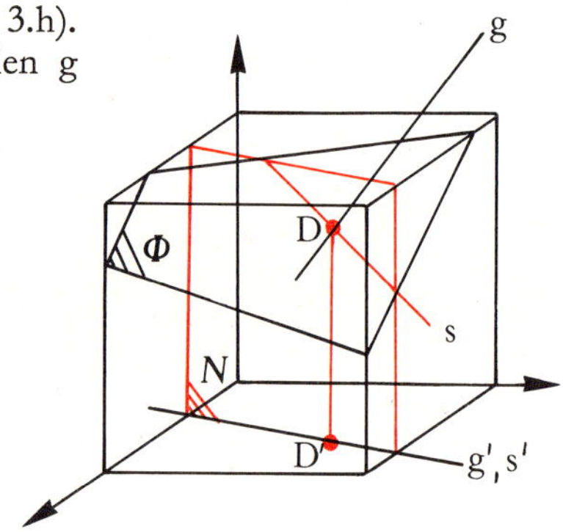

Fig. 3.h

Wenn der Grundriß g′ der Geraden g gezeichnet ist, legt man durch ihn die Normalebene N senkrecht zur Grundrißebene und schneidet sie mit Φ. D ist der Schnittpunkt der Schnittgeraden s mit g.

Aufgabe (3.4):

Gegeben sind eine Ebene Ψ und ein Punkt Q (Fig. 3.i). Man zeichne die zu Ψ parallele Ebene Ω durch Q.

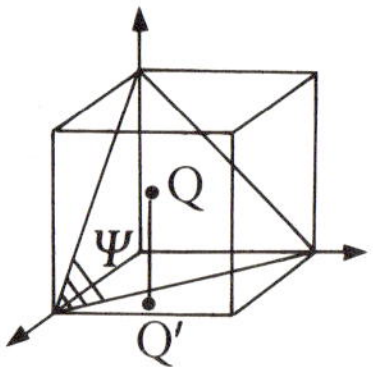

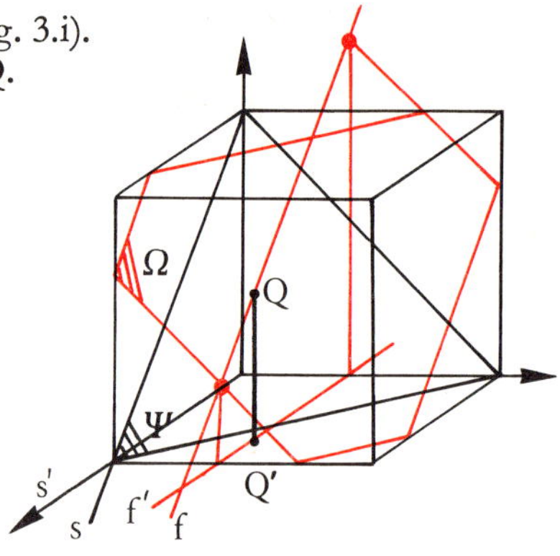

Fig. 3.i

Man zeichnet zu einer beliebigen Geraden von Ψ, z. B. zur Spur s in der Seitenrißebene, die Parallele f durch Q. f liefert in den Würfelseitenflächen Punkte des Schnittvielecks der Ebene Ω, dessen Seiten parallel sind zu den Seiten des Schnittvielecks der Ebene Ψ.

Aufgabe (3.5):

Gegeben sind eine Gerade d und ein Punkt A. Man konstruiere das Lot von A auf d.

Bei der Disposition der Fig. 3.k (d ist hier eine Würfeldiagonale) ist die Konstruktion einfach. Man kann die Normalebene N durch A zu d, in der das gesuchte Lot liegt, sofort einzeichnen. Man schneidet N mit d wie bei (3.3). Der Schnittpunkt F ist der Fußpunkt des Lots.

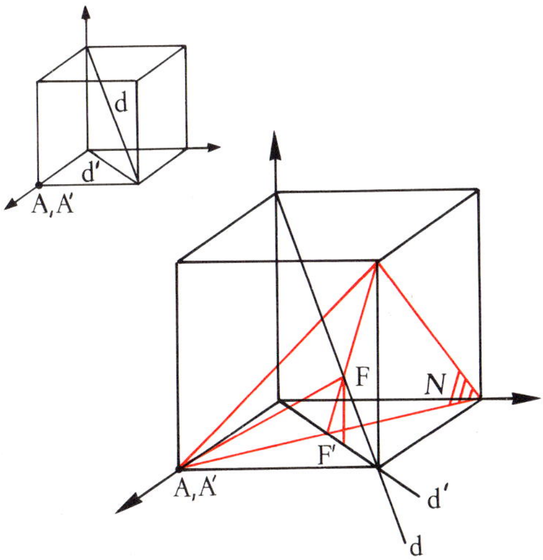

Fig. 3.k

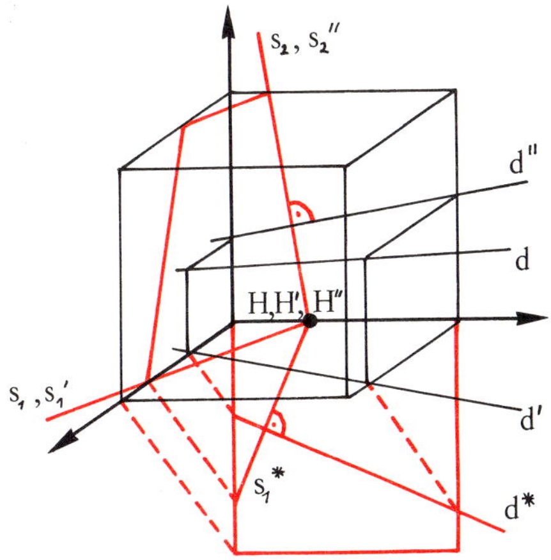

Fig. 3.l

Die Konstruktion wird umständlicher, wenn d allgemeinere Lage hat. Dann läßt sich die Normalebene N nicht einfach einzeichnen. Nach (1.6) stehen die Spuren der Normalebene N senkrecht auf den entsprechenden Rissen der Geraden d. In der Fig. 3.l wurden die Spuren s_1 und s_2 derjenigen Normalebene gezeichnet, welche durch den auf der y-Achse gewählten Punkt H geht; s_1 dabei mit Hilfe einer Umklappung wie bei (2.5). Wie bei (3.4) kann diese Ebene anschließend noch durch irgendeinen vorgegebenen Punkt A verschoben werden.

Es zeigt sich, daß Schrägbildkonstruktionen für das Auge wohl recht anschaulich sind, aber schnell schwerfällig und kompliziert werden. Viele Linien kommen jeweils auf engem Raum übereinander zu liegen. Auch läßt sich mit Ebenen, die den zugrundegelegten Würfel nicht schneiden und deren Spuren kaum auf das Zeichnungsblatt fallen, nur schwer übersichtlich arbeiten.

Im Folgenden wenden wir uns der Methode zu, die den zentralen Platz in der Darstellenden Geometrie einnimmt, dem Zweitafelverfahren.

Zweiter Teil: Das Zweitafelverfahren

4. Zugeordnete Risse

Wird ein räumliches Objekt gleichzeitig auf zwei aufeinander senkrecht stehende Ebenen normal projiziert, so entstehen zwei **zugeordnete Risse** des Objekts.

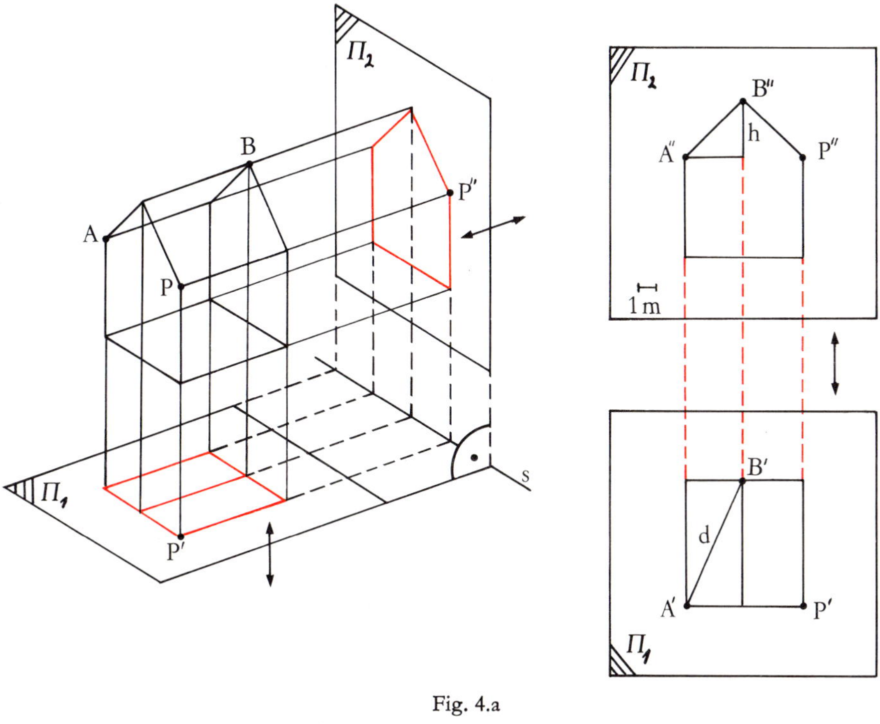

Fig. 4.a

Die beiden zugeordneten Risse des Hauses (Fig. 4.a), gezeichnet in einem geeigneten Maßstab, lassen sich wie architektonische Pläne so auf einer Tischplatte ausbreiten oder an eine Zimmerwand hängen, daß für jeden Punkt P des Hauses die beiden Projektionen P′ und P″ genau senkrecht übereinander, auf parallel verlaufende Geraden zu liegen kommen. Man denke sich die eine der beiden Ebenen Π_1, Π_2 um die gemeinsame Schnittgerade s in die andere gedreht. Den an der Wand oder auf einem Zeichnungsblatt unten plazierten Riß nennt man den **Grundriß** oder **1. Riß** des Objekts, den oberen nennt man den **Aufriß** oder **2. Riß**, und die Gerade, welche den Grundriß P′ und den Aufriß P″ des Punktes P verbindet, heißt die **Ordnungslinie** oder der Ordner von P.

Mit Hilfe zugeordneter Risse, im sog. **Zweitafelverfahren** oder der **Methode von Monge** (*Gaspard Monge 1746—1818*), lassen sich räumliche Zusammenhänge gut erfassen. Zum Beispiel kann die wahre Länge der Dachflächendiagonalen AB leicht konstruiert werden: Man entnimmt dem Grundriß die horizontale Entfernung d und dem Aufriß den Höhenunterschied h der beiden Punkte A und B und konstruiert das rechtwinklige Dreieck mit den Katheten d und h (Fig. 4.b). Die Hypotenuse hat die Länge der Strecke AB (gemessen im Maßstab der beiden Risse).

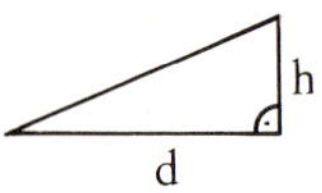

Fig. 4.b

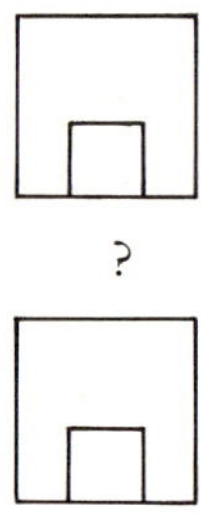

Fig. 4.c

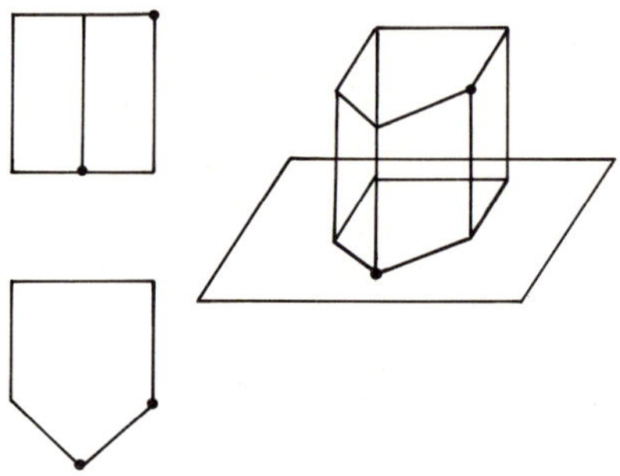

Fig. 4.d

Natürlich geben zugeordnete Risse nicht immer ein so anschauliches Bild eines Körpers wie die schiefen Parallelprojektionen des Kap. 2. Zum Beispiel geht aus den Rissen der Figur 4.c nicht ohne weiteres hervor, was für ein Körper hier gemeint sein könnte. Dafür sind bei diesem Zweitafelverfahren Konstruktionen relativ leicht durchführbar.

Man mache sich von Anfang an klar, daß die beiden zugeordneten Risse absolut gleichberechtigt sind. Dreht man das Zeichnungsblatt um 180°, so spielt der vorherige Aufriß die Rolle des Grundrisses und umgekehrt (Fig. 4.d). Das Haus wirkt dann wie auf eine seiner Frontseiten gekippt, da man die Grundrißebene normalerweise als im Raum waagrecht liegend, den Grundriß als Ansicht von oben, wie bei einer Landkarte, auffaßt. Die oben beschriebene Konstruktion zur Bestimmung der wahren Länge der Strecke AB läßt sich hier ebensogut durchführen.

Auch denke man sich die Ebenen Π_1 und Π_2 im Raum in der Richtung ihrer Normalen beweglich! Am Grundriß z. B. ändert sich nichts, wenn man statt auf Π_1 auf eine zu Π_1 parallele Ebene projiziert. Die Zuordnung bei zugeordneten Rissen wird allein durch die Richtung der Ordnungslinien gegeben. Die beiden Risse können auf dem Zeichnungsblatt beliebig weit auseinander gezeichnet werden.

Werden Objekte auf ein räumliches Cartesisches Koordinatensystem bezogen (Kap. 3), so bilden je zwei Projektionen auf die Koordinatenebenen Paare zugeordneter Risse. Es ist üblich, die drei Risse auf dem Zeichnungsblatt wie in der Fig. 4.e anzuordnen. Die Projektion auf die xy-Ebene unten als Grundriß, die Projektion auf die yz-Ebene oben als Aufriß und die Projektion auf die xz-Ebene als Seitenriß links daneben. Es ist vorteilhaft, den Grund- und den Aufriß der y-Achse und ebenso den Auf- und den Seitenriß der z-Achse nicht zusammenfallen zu lassen, sondern genügend weit auseinanderzuzeichnen, damit auch Punkte mit negativen Koordinaten eingezeichnet werden können, ohne daß sich die Risse eines dargestellten Gegenstandes überschneiden.

Im Folgenden werden vorläufig immer nur zwei zugeordnete Risse, Grundriß und Aufriß, gezeichnet. Wie man allgemein zu zwei Rissen einen dritten Riß, wie den Seitenriß, konstruiert, wird im Kap. 12 behandelt.

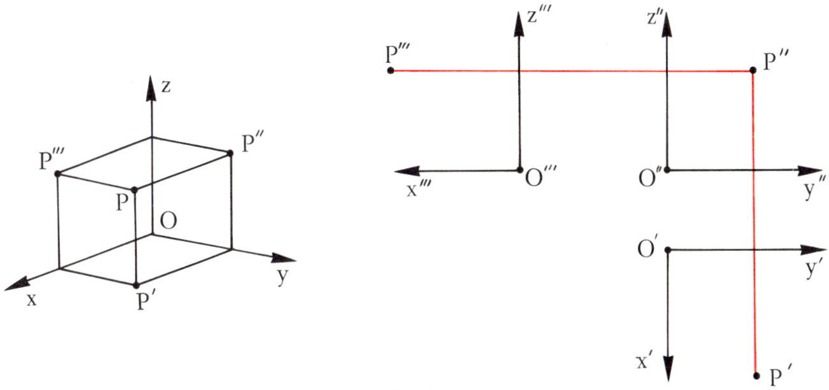

Fig. 4.e

Statt einen Körper mittels zweier zugeordneter Risse darzustellen, kann man auch nur *einen* Riß, z. B. den Grundriß, zeichnen und den andern Riß dadurch ersetzen, daß man zu jedem dargestellten Punkt seine Höhe über einer festgewählten Niveauebene, seine sog. **Kote**, hinzuschreibt (Fig. 4.f).

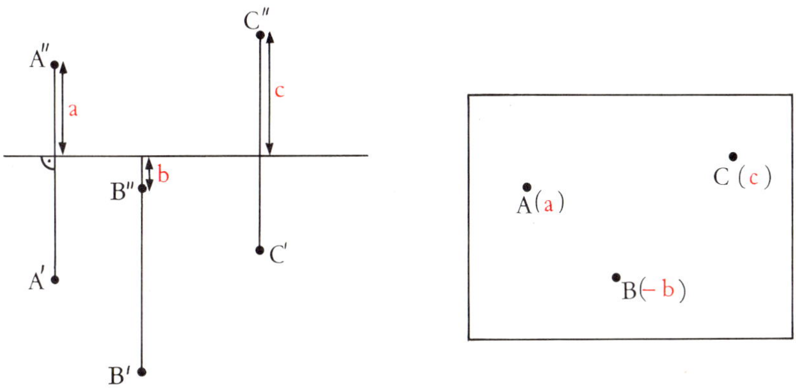

Fig. 4.f

Auf dieses in der Kartographie gebräuchliche **kotierte Eintafelverfahren** soll hier nicht eingegangen werden.

Übung (4.1)

Man zeichne im Zweitafelverfahren die folgenden Punkte:

A (8 | 0 | 1), B (4,5 | 8,5 | 1), C (–4 | 5 | 1), D (–0,5 | –3,5 | 1), E (2 | 2,5 | 7,5), F (2 | 2,5 | –5,5).

Sie bilden die Ecken eines regulären Oktaeders.

5. Darstellung von Punkten, Geraden und Ebenen

Im Zweitafelverfahren wird ein Punkt P dargestellt durch seine beiden Risse P′ und P″, eine Gerade g durch ihre beiden Risse g′ und g″, und eine Ebene Φ gibt man am besten jeweils durch zwei sie aufspannende Geraden an (Fig. 5.a).

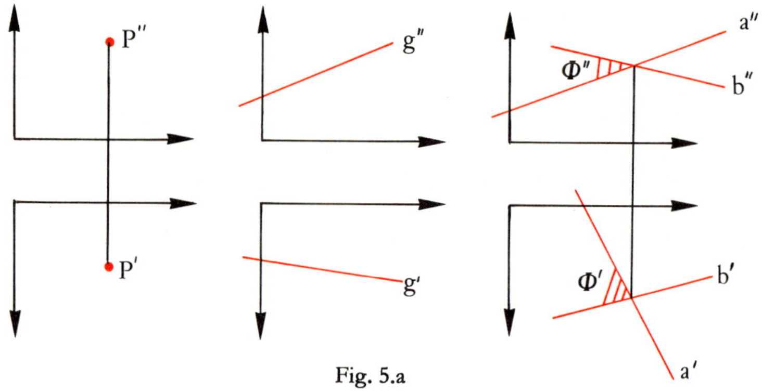

Fig. 5.a

Es ist unbedingt nötig, daß die beiden eine Ebene aufspannenden Geraden mit Buchstaben genau bezeichnet werden, damit die Zuordnung klar ist. In der Fig. 5.b sind die Ebenen Ω und Ψ im Grundriß und Aufriß mit denselben Strichen gezeichnet, aber wegen der unterschiedlichen Zuordnung sind sie nicht identisch, wie die Schrägbilder daneben zeigen.

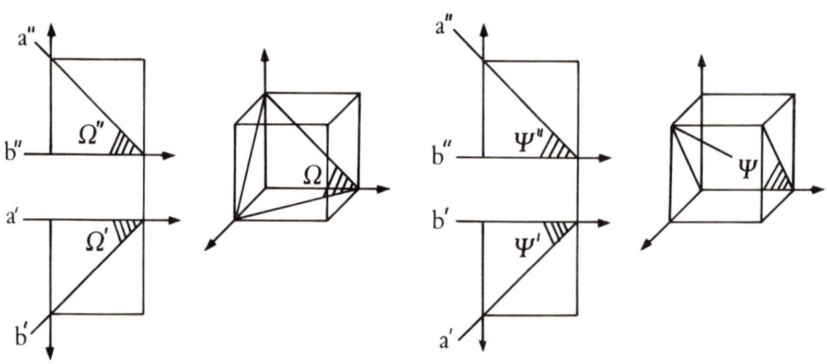

Fig. 5.b

Es ist für den Anfänger nützlich, sich räumliche Zusammenhänge mit begleitenden Schrägbildskizzen zu veranschaulichen oder sogar mit Hilfe eines räumlichen Draht-Modells.

Ferner empfiehlt es sich, Ordnungslinien jeweils ganz durchzuziehen, nicht nur anzureißen, um das Lesen der Zeichnungen zu erleichtern.

Später sind besonders Geraden und Ebenen, die bezüglich der Rißebenen spezielle Lage haben, wichtig. Man präge sich ihre Bilder genau ein.

(5.1) **Speziell liegende Geraden** (Fig. 5.c)

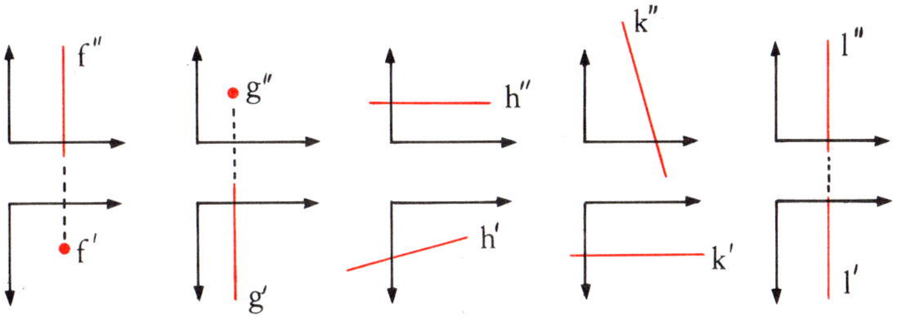

Fig. 5.c

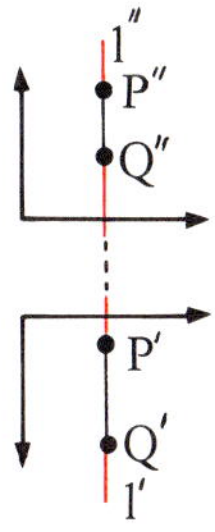

Fig. 5.d

Die Gerade f ist eine projizierende Gerade bezüglich des Grundrisses, eine **erstprojizierende Gerade.**
g ist eine projizierende Gerade bezüglich des Aufrisses, eine **zweitprojizierende Gerade.**
h ist eine Hauptgerade bezüglich des Grundrisses, eine **erste Hauptgerade.**
k ist eine Hauptgerade bezüglich des Aufrisses, eine **zweite Hauptgerade.**
Zu beachten ist, daß die Angaben l' und l'' in der fünften Zeichnung keine Gerade eindeutig festlegen. Erst wenn zusätzlich noch zwei Punkte P, Q von l eingezeichnet sind, ist die Lage im Raum bestimmt (Fig. 5.d).

(5.2) **Speziell liegende Ebenen** (Fig. 5.e)

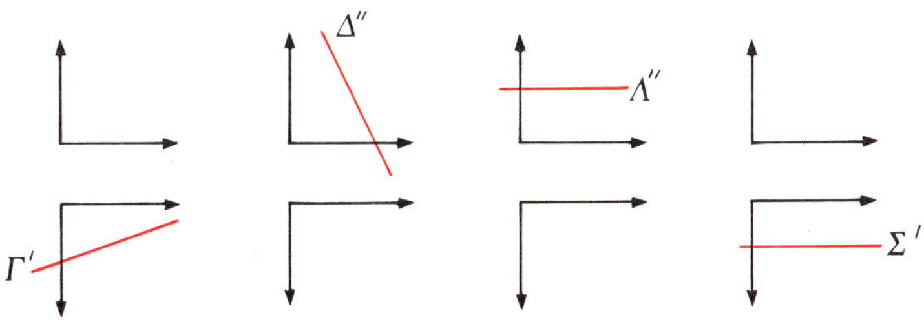

Fig. 5.e

Die Ebene Γ ist eine **erstprojizierende Ebene** (oder erste Profilebene), Δ ist eine **zweitprojizierende Ebene**, Λ ist eine **erste Hauptebene**, und Σ ist eine **zweite Hauptebene.**
Ebenen in diesen speziellen Lagen lassen sich also mit *einem* Strich darstellen.

Ob sich zwei Geraden p und q schneiden oder nicht, geht aus den Rissen sofort hervor (Fig. 5.f). p und q sind genau dann windschief, wenn die beiden Überschneidungen im Grundriß und im Aufriß nicht vertikal übereinanderliegen.
Bei der Darstellung von Körpern empfiehlt es sich jeweils, die **Sichtbarkeit** zu berücksichtigen, um die räumliche Wirkung zu erhöhen. Sichtbare Linien, im Grundriß bei der Betrachtung von oben, im Aufriß bei der Betrachtung von vorn, zeichnet man deutlicher, verdeckte schwächer.

Im Grundriß zeigen die Punkte P auf p und Q auf q, deren Aufrisse zusammenfallen, daß bei der Überschneidung im Aufriß p vor q liegt, also p″ durchzuziehen, q″ zu unterbrechen ist.

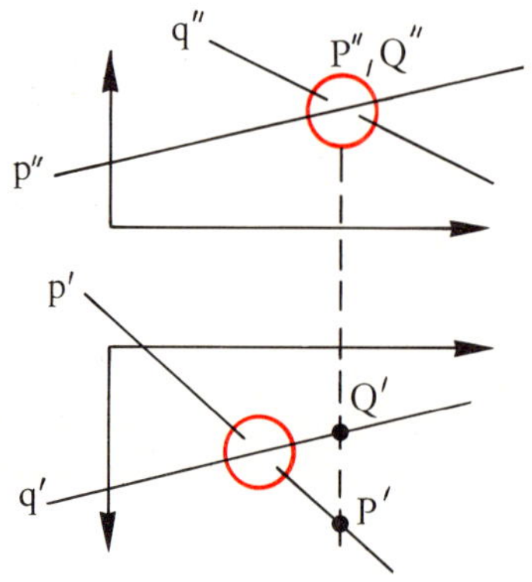

Fig. 5.f

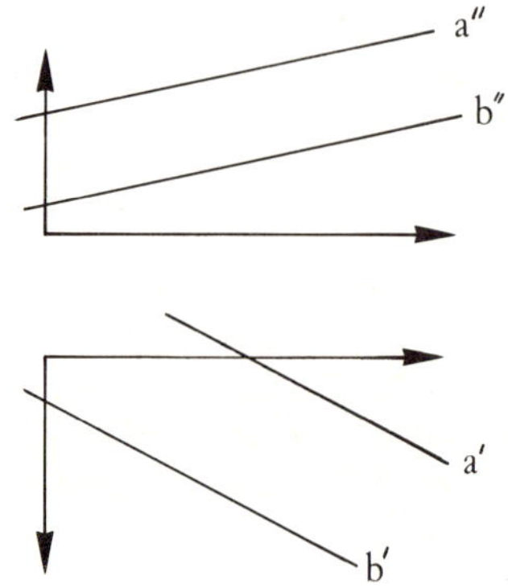

Fig. 5.g

Wenn zwei Geraden a und b parallel sind (Fig. 5.g), dann ist a′ parallel b′ und a″ parallel b″, und umgekehrt (abgesehen vom Fall, wo alle vier Striche auf dem Blatt vertikal verlaufen). Mit anderen Worten: Die Risse eines Fernpunktes sind wieder Fernpunkte. Eine Ebene kann durch ein Parallelenpaar gegeben sein.

Häufig werden Ebenen mittels Hauptgeraden dargestellt (Fig. 5.h).
Von der ausschließlichen Verwendung von Spuren (Fig. 3.d), den Schnittgeraden mit festgewählten Rißebenen, ist abzuraten (Fig. 5.i).

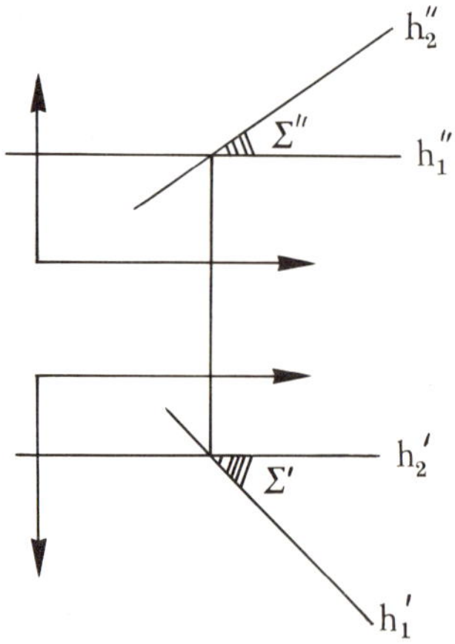

Fig. 5.h

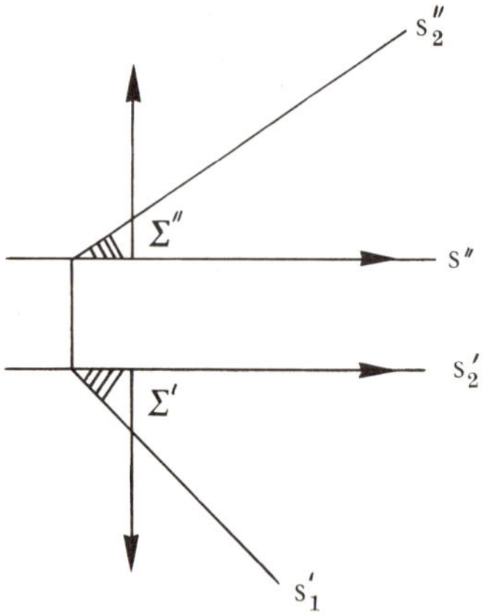

Fig. 5.i

Übung (5.3):

Man zeichne einige der im Kap. 2 mit Schrägbildern dargestellten Körper jetzt auch im Zweitafelverfahren, ausgehend von einem auf der Grundrißebene stehenden Würfel, dessen Rückwand gegenüber der Aufrißebene ein wenig abgedreht ist.

6. Grundaufgaben, 1. Teil: Lageaufgaben

Eine geometrische Konstruktion setzt sich jeweils zusammen aus vielen einzelnen Konstruktionsschritten. Es sind immer wieder dieselben Teilkonstruktionen, die sich wie Bausteine zu einem Ganzen zusammenfügen. Solche Teilaufgaben sind zum Beispiel: Eine Ebene mit einer Geraden schneiden, auf einer Geraden eine Strecke abtragen, von einem Punkt das Lot auf eine Ebene fällen usw. In der Darstellenden Geometrie ist eine gründliche Kenntnis der Grundaufgaben und handwerkliche Sicherheit in ihrer Durchführung unerläßliche Voraussetzung für die erfolgreiche Bewältigung von umfangreicheren Konstruktionen, bei denen man leicht Gefahr läuft, im Gewirr der Linien die Übersicht zu verlieren.
In diesem Kapitel werden zuerst die einfachsten **Lageaufgaben** behandelt, also Probleme, bei denen es nur um die gegenseitige Lage, die Inzidenz, von Punkten, Geraden und Ebenen geht.

Im Folgenden soll jeweils auf das Einzeichnen von Koordinatenachsen verzichtet werden, da Koordinatenachsen bei den Konstruktionen nicht gebraucht werden. Koordinatensysteme sind nur dazu da, Aufgabendispositionen festzulegen. Bei den Konstruktionen spielen nur die in der Richtung der Ordnungslinien gemessenen Koordinaten*differenzen* eine Rolle.

(6.1) **Grundaufgabe I**

Die Inzidenz von Punkten und Geraden kann in den Rissen sofort abgelesen werden. In der Fig. 6.a liegt der Punkt A auf der Geraden g, die Punkte B und C liegen nicht auf g, die Gerade l schneidet g, und die Gerade k schneidet g nicht.

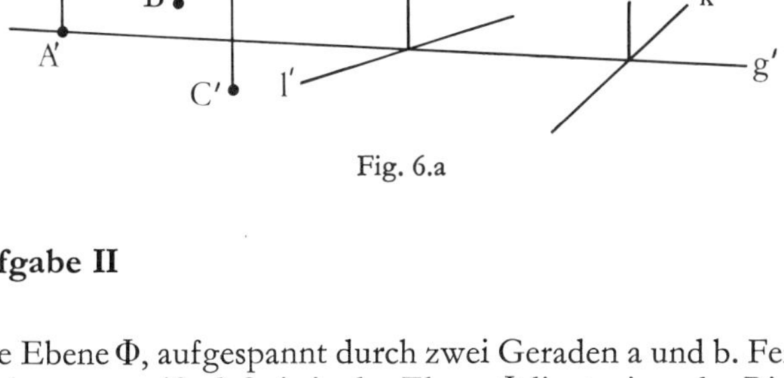

Fig. 6.a

(6.2) **Grundaufgabe II**

Gegeben ist eine Ebene Φ, aufgespannt durch zwei Geraden a und b. Ferner ist von einer Geraden l, von der man weiß, daß sie in der Ebene Φ liegt, einer der Risse gegeben, z. B. der Grundriß l'. Wie bekommt man den Aufriß l''?

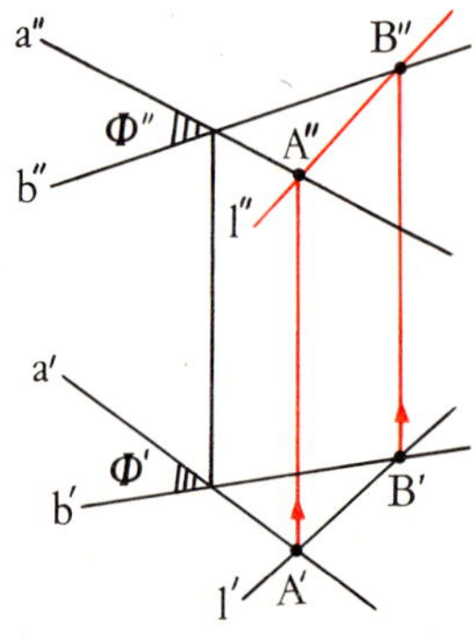

Fig. 6.b

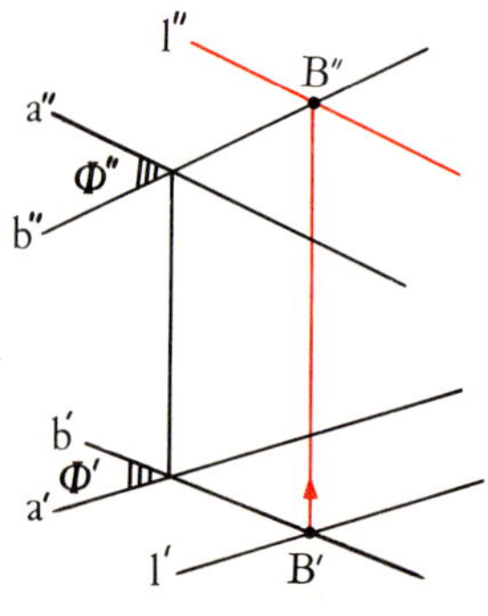

Fig. 6.c

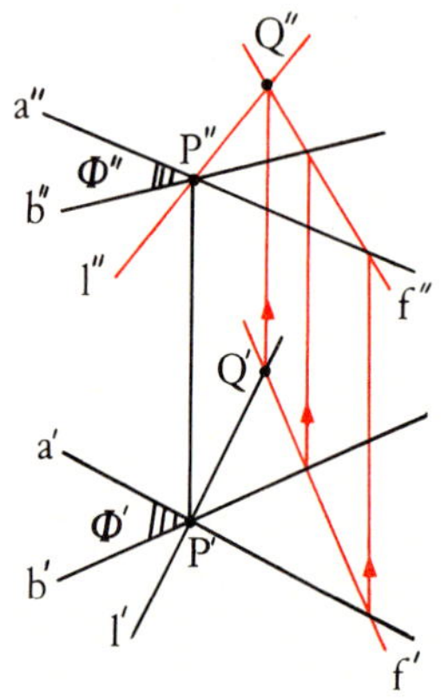

Fig. 6.d

Die Schnittpunkte A und B der Geraden l mit den Geraden a und b sind im Grundriß gegeben (Fig. 6.b) und können auf den Ordnungslinien auch im Aufriß gezeichnet werden; der Aufriß l'' ist die Gerade A''B''. Sollte l' parallel zu a' sein (Fig. 6.c), folgt, daß die Geraden l und a der Ebene Φ parallel sind; dann verläuft l'' parallel zu a'' durch B''. Es handelt sich dann aber um die genau gleiche Konstruktion; der Fernpunkt von a spielt einfach die Rolle des Punktes A.

Es lohnt sich jeweils, die speziellen Figuren, die sich ergeben, wenn bei Konstruktionen gewisse Elemente Fernelemente sind, separat zu zeichnen und sich gut einzuprägen, auch wenn sich am Verfahren grundsätzlich nichts ändert.

Wichtig ist, daß man die Grundkonstruktionen in allen möglichen Situationen beherrscht! Zum Beispiel in der Fig. 6.d, wo die Gerade l durch den Schnittpunkt P von a und b geht. Dort wählt man eine beliebige Hilfsgerade f der Ebene Φ, zeichnet sie in einem Riß und dann wie oben im andern. l'' erhält man dann mit Hilfe des Schnittpunkts Q von l und f.

Natürlich könnten a und b auch parallel sein (Fig. 6.e, 6.f).

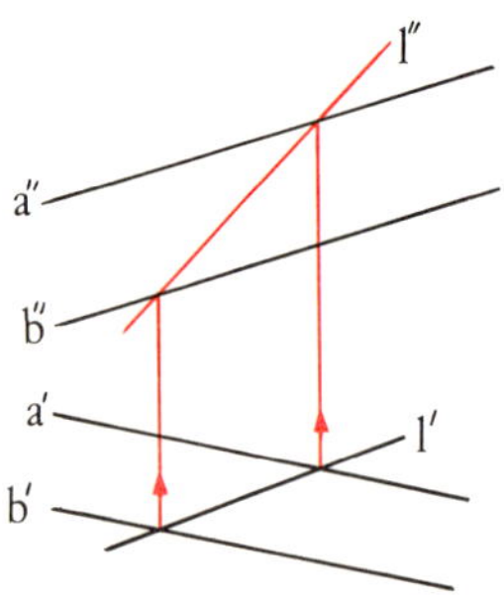

Fig. 6.e

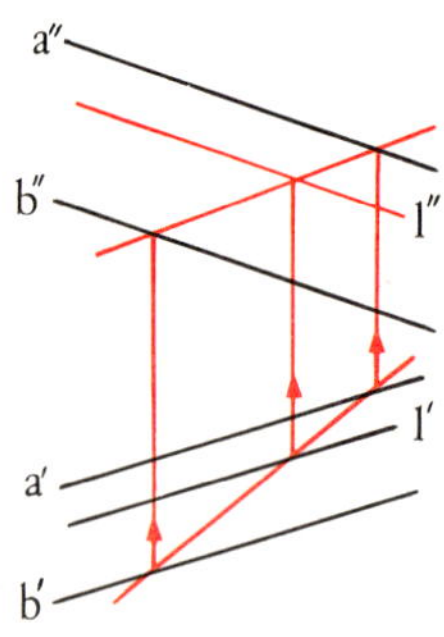

Fig. 6.f

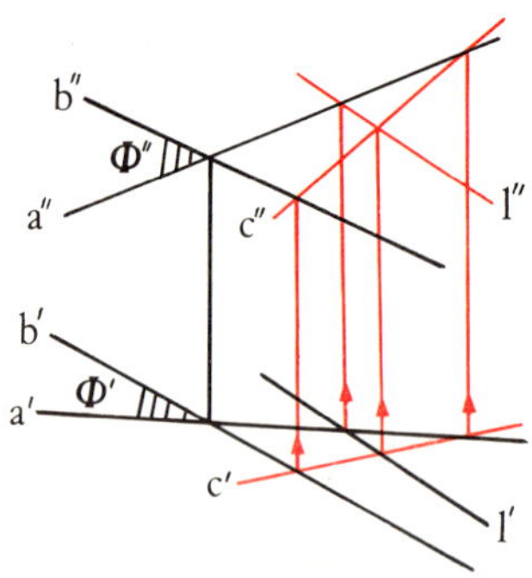

Fig. 6.g

Sollte ein Schnittpunkt nicht aufs Zeichnungsblatt fallen, z. B. in der Fig. 6.g der Schnittpunkt von l und b, dann zeichnet man sich zuerst eine günstigere Gerade c der Ebene Φ ein und löst die Aufgabe mit Hilfe von a und c statt mit Hilfe von a und b.

Ist die Ebene Φ durch drei Punkte gegeben, so zeichnet man zuerst deren Verbindungsgeraden.
Wie konstruiert man l'' bei den Spezialfällen der Fig. 6.h?

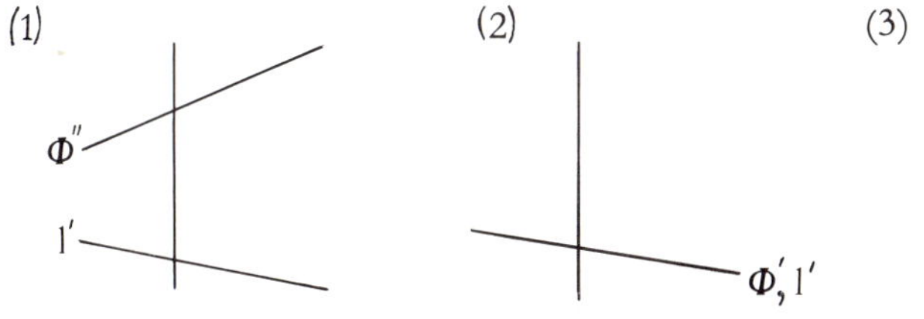

Fig. 6.h

Bei (1) ist die Ebene Φ zweitprojizierend, l'' fällt mit Φ'' zusammen. Bei (2) ist l nicht eindeutig bestimmt und (3) ist natürlich gar nicht möglich.
Selbstverständlich könnte bei all diesen Konstruktionen (6.b bis 6.h) ebensogut der Aufriß l'' statt des Grundrisses gegeben und der Grundriß l' gesucht sein. Man übe alle diese Fälle.

(6.3) **Grundaufgabe III**

Gegeben sind eine Ebene Φ und von einem Punkt P dieser Ebene einer der Risse, z. B. der Aufriß P''. Gesucht ist der Grundriß P' (Fig. 6.i).
Man erhält den Grundriß P' mit Hilfe einer beliebig gewählten, durch P gehenden Geraden f von Φ, von der man zuerst den Aufriß und nachher wie bei II den Grundriß zeichnet.

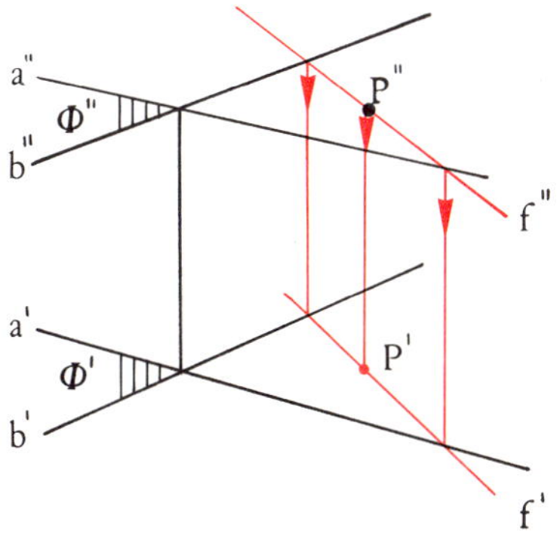

Fig. 6.i

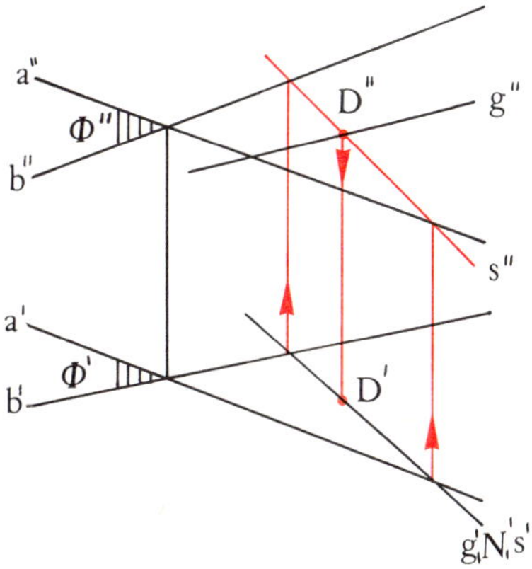

Fig. 6.k

(6.4) **Grundaufgabe IV: Eine Gerade mit einer Ebene schneiden**

Gegeben sind eine Ebene Φ und eine Gerade g. Man konstruiere den Schnittpunkt oder Durchstoßpunkt D von g und Φ (Fig. 6.k).

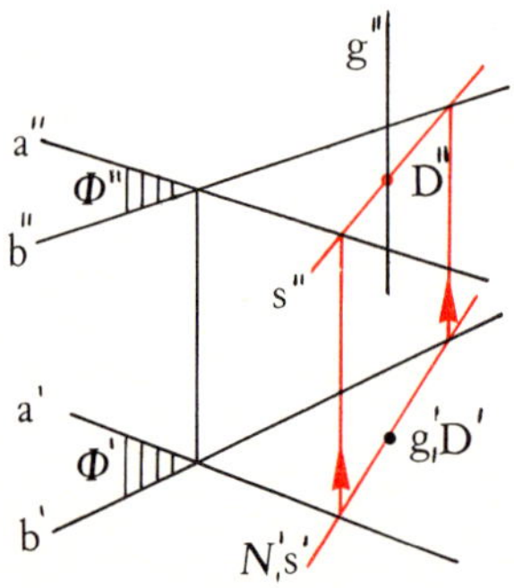

Fig. 6.l

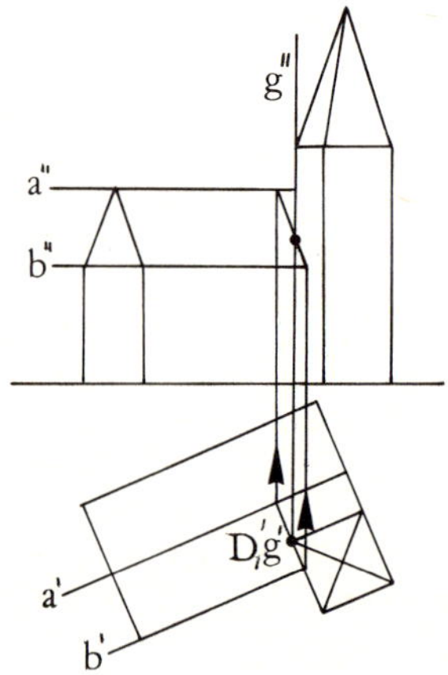

Fig. 6.m

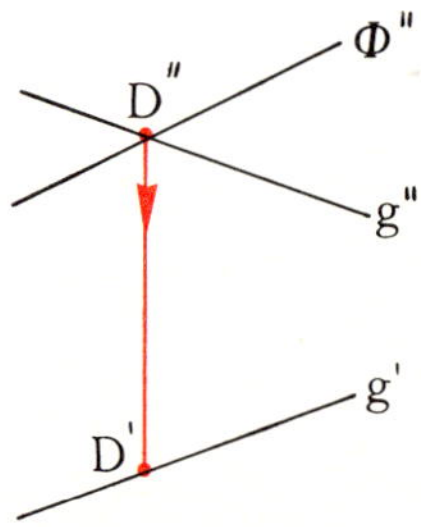

Fig. 6.n

Man legt eine projizierende Ebene durch g, z. B. die erstprojizierende Ebene N; N′ fällt dann zusammen mit g′. Es sei s die Schnittgerade der Ebenen Φ und N. Auch s′ ist identisch mit g′. Nach II konstruiert man s″ und erhält D″ als Schnittpunkt von g″ und s″. Man vergleiche dazu (3.3).
Es kann vorkommen, daß s″ parallel zu g″ wird; dann ist g eine Parallele zu Φ. Wichtig ist der Spezialfall, wo g eine projizierende Gerade ist (Fig. 6.l); am Konstruktionsverfahren ändert sich aber nichts. Man kann dann die Grundaufgabe III sehen, da D′ von vornherein bekannt ist. Zum Beispiel bei der Kirche in der Fig. 6.m kommt dieses Detail vor.

Erwähnt sei auch noch der Spezialfall der Fig. 6.n, wo die Ebene Φ projizierend ist.

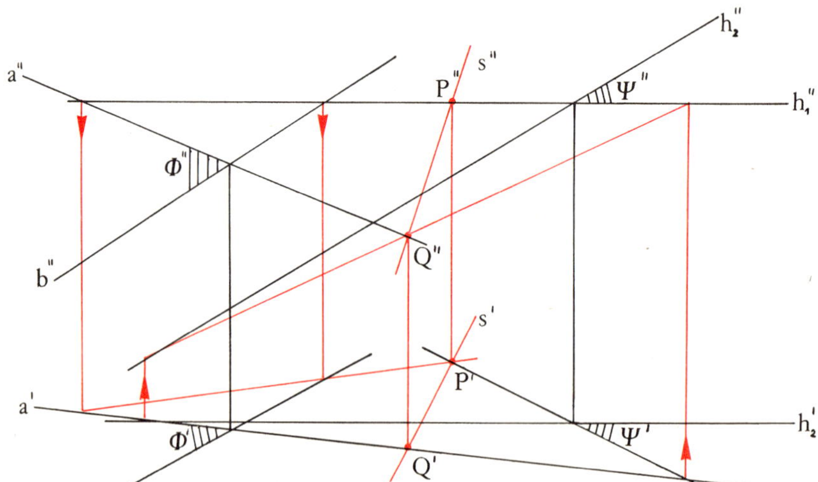

Fig. 6.o

(6.5) **Grundaufgabe V: Zwei Ebenen schneiden**

Gegeben sind zwei Ebenen Φ und Ψ. Gesucht ist ihre Schnittgerade s.
Die Schnittgerade besteht aus allen Punkten, welche den beiden Ebenen gemeinsam sind. Einen gemeinsamen Punkt erhält man, wenn man eine der Ebenen mit irgend einer Geraden der andern Ebene schneidet. Man muß also zweimal die Konstruktion IV durchführen.
In der Fig. 6.o sind die Ebenen Φ und Ψ durch die Geraden a, b und h_1, h_2 gegeben. h_1 schneidet Φ in P, a schneidet Ψ in Q. Die Konstruktion von P wurde im Aufriß begonnen, die Konstruktion von Q im Grundriß; die Pfeilchen zeigen das an.
Man achtet jeweils bei der Wahl der Geraden, mit denen man arbeiten will, darauf, daß alle Schnittpunkte auf das Zeichnungsblatt fallen, daß die Genauigkeit der Konstruktion befriedigend wird und daß sich die Konstruktionslinien gegenseitig nicht stören.
Die Konstruktion V vereinfacht sich, wenn projizierende Ebenen beteiligt sind (Fig. 6.p).

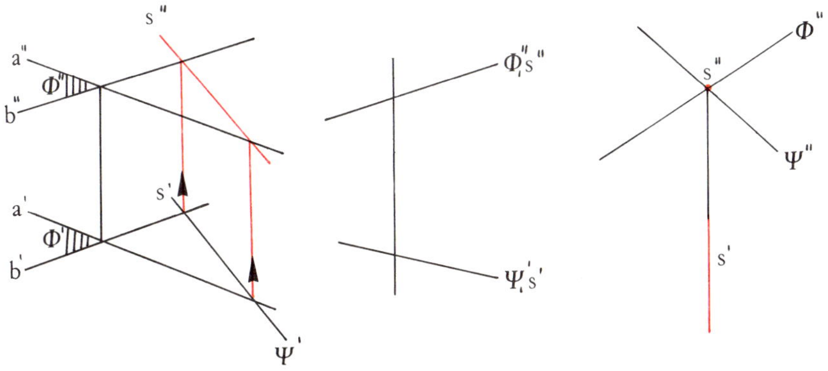

Fig. 6.p

Einen gemeinsamen Punkt zweier Ebenen bekommt man natürlich auch, wenn man die beiden Ebenen mit einer beliebigen Hauptebene (Schichtebene) schneidet und die erhaltenen Hauptgeraden zum Schnitt bringt.

7. Erste Anwendungen

Beispiel (7.1): Verschneidung zweier Dreiecke

In der Fig. 7.a sind zwei sich durchdringende Dreiecke ABC und PQR gezeichnet unter Berücksichtigung der Sichtbarkeit.

A (10 | −7 | 9), B (−4 | −2 | 0), C (2 | 7 | 9)
P (8 | −8 | 0), Q (7 | 3 | 3), R (3 | −1 | 11).

Es handelt sich um eine Anwendung der Grundaufgabe IV/V.
Ob man von einer Ebene im Grundriß und im Aufriß dieselbe Seite oder verschiedene Seiten sieht, stellt man mit Hilfe eines in der Ebene liegenden Dreiecks fest; es erscheint je nachdem in den beiden Rissen mit demselben oder mit entgegengesetztem Umlaufsinn.
Man mache auch eine Zeichnung für den Fall:

A (5 | −6 | 7), B (1 | 2 | 3), C (13 | 6 | 12),
P (12 | −5 | 4), Q (9 | 8 | 4), R (0 | 6 | 10).

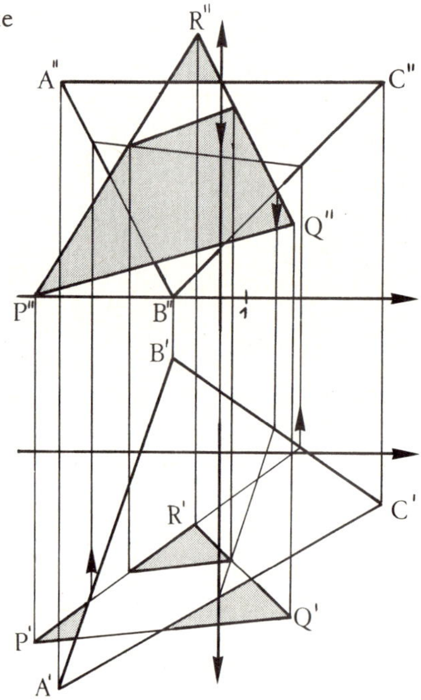

Fig. 7.a

Beispiel (7.2):

Gegeben sind drei windschiefe Geraden a, b, c (Fig. 7.b). Man konstruiere diejenige Transversale von a, b, c, deren Schnittpunkt B mit b in der Mitte liegt zwischen den Schnittpunkten A mit a und C mit c.

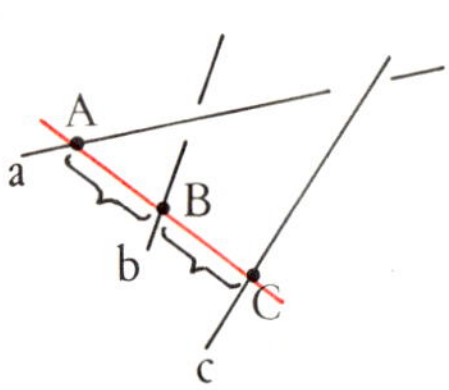

Fig. 7.b

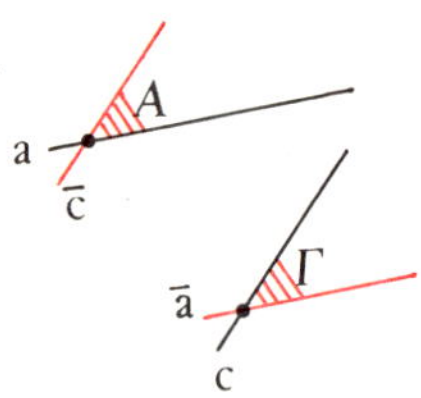

Fig. 7.c

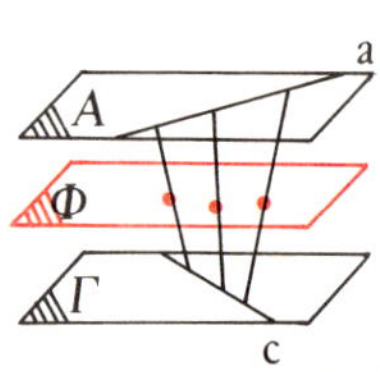

Fig. 7.d

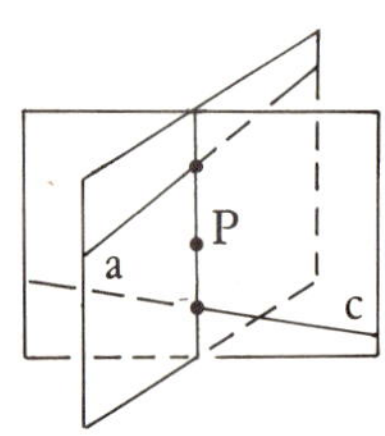

Fig. 7.e

Eine solche Konstruktionsaufgabe löst man jeweils in drei Schritten:

(1) Man analysiert das Problem.
(2) Man stellt einen Lösungsplan, ein Konstruktionsprogramm auf.
(3) Man führt die Konstruktion durch.

Es hat keinen Sinn, mit der Konstruktion anfangen zu wollen, bevor man einen klaren Lösungsweg sieht und den Gang der Konstruktion vollständig überblickt.

(1) Analyse des Problems:

Durch zwei windschiefe Geraden a und c kann man zwei parallele Ebenen legen. Dazu zieht man durch einen Punkt von a eine Parallele $\bar{c}$ zu c und durch einen Punkt von c eine Parallele $\bar{a}$ zu a (Fig. 7.c). Die Ebenen $A = a\bar{c}$ und $\Gamma = \bar{a}c$ sind parallel. Wo liegen die Mitten aller Transversalen der windschiefen Geraden a und c? Das zeigt die Fig. 7.d. Jede einen Punkt von A mit einem Punkt von Γ verbindende Strecke hat ihren Mittelpunkt in der Mittelparallelebene Φ von A und Γ. Ist jeder Punkt P von Φ die Mitte einer Transversalen von a und c? Ja, die Transversale, die zu P gehört, ist die Schnittgerade der Ebenen aP und cP (Fig. 7.e). Der geometrische Ort der Mitten aller Transversalen zweier windschiefer Geraden a und c ist also eine Ebene, welche parallel verläuft zu a und zu c. Daraus ergibt sich das folgende

(2) Konstruktionsprogramm:

1) Man zeichnet eine beliebige Transversale von a und c und konstruiert ihren Mittelpunkt M.
2) Durch M zieht man eine Parallele a_1 zu a und eine Parallele c_1 zu c. a_1 und c_1 spannen die Ebene Φ auf.
3) Dann schneidet man Φ mit b. Der Schnittpunkt ist der gesuchte Punkt B der Transversalen.
4) Nun schneidet man die Ebene $\Omega = aB$ mit c und bekommt so den Punkt C.
5) Die Gerade BC schneidet a in A.

Bei dieser Konstruktion handelt es sich im wesentlichen um eine Anwendung der Grundaufgabe IV.
Konstruktionsprogramme werden jeweils immer bis zu den Grundaufgaben detailliert aufgestellt.

(3) Konstruktion: (Fig. 7.f)

Vorgegeben sei die Ausgangslage:

a = U (2 | − 7 | 6) V (0 | 1 | 6)
b = W (6 | −4 | 3) X (0 | 3 | 6)
c = Y (2 | −7 | 0) Z (6 | 5 | 4)

Ist man bei der Ausführung einer Konstruktion vom vorgesehenen Lösungsplan abgewichen, oder erfordert die Konstruktion noch zusätzliche Erklärungen, so hält man dies in einer ergänzenden Beschreibung, wie in einem Protokoll, fest. (Man täusche sich nicht darüber, daß man eine selber ausgeführte Zeichnung meistens schon nach kurzer Zeit nur noch mit Mühe und nicht mehr ohne weiteres mit *einem* Blick verstehen kann.)
Bei der vorliegenden Konstruktion muß vielleicht noch folgendes festgehalten werden: Als erste Transversale wurde die Strecke VZ gewählt. Den Mittelpunkt M bekommt man wegen (1.5) einfach durch Halbieren in beiden Rissen. Φ wurde vom Grundriß her mit b geschnitten. Die Ebene Ω wurde aufgespannt mit Hilfe der Geraden BV und vom Grundriß her mit c geschnitten.

Der Lernende übe sich gründlich in diesen ersten Konstruktionen, ausgehend von selber gewählten Dispositionen.

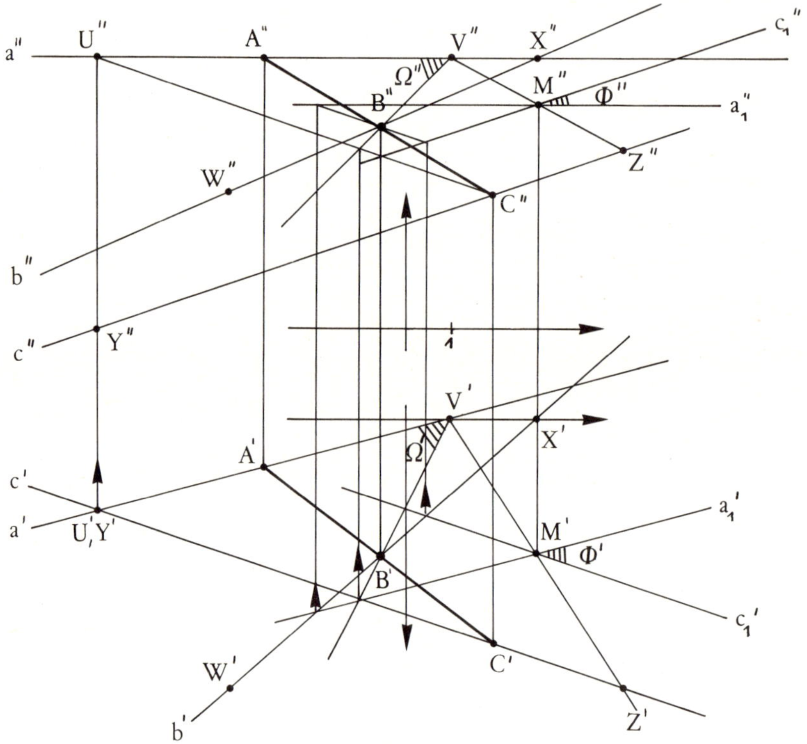

Fig. 7.f

Wie vereinfacht sich die Aufgabe, wenn die Ausgangslage spezieller ist? Wenn z. B. die Gerade a projizierend ist, ergibt sich die Zeichnung der Fig. 7.g.

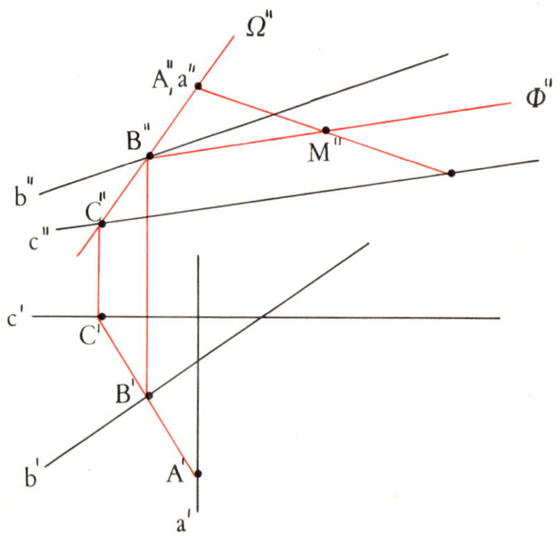

Fig. 7.g

Auch *variiere* man selbständig die Probleme. Was ändert sich am Verfahren, wenn die Strecke AB doppelt so lang sein soll wie die Strecke BC? Oder man löse die Teilaufgabe: „Konstruiere die Transversale von zwei windschiefen Geraden a und c, welche durch einen gegebenen Punkt B geht" für den Fall, wo B ein Fernpunkt ist; etc.

Beispiel (7.3):

Gegeben sind drei windschiefe Geraden f, g, l. Man konstruiere ein Rechteck, von dem zwei aufeinanderfolgende Ecken auf l liegen und je eine Ecke auf f und auf g. (Fig. 7.h)

f = (2 | −5 | 8) (6 | 3 | 0)
g = (0 | −5 | 3) (2 | 5 | 9)
l = (10 | −5 | 3) (0 | 10 | 3).

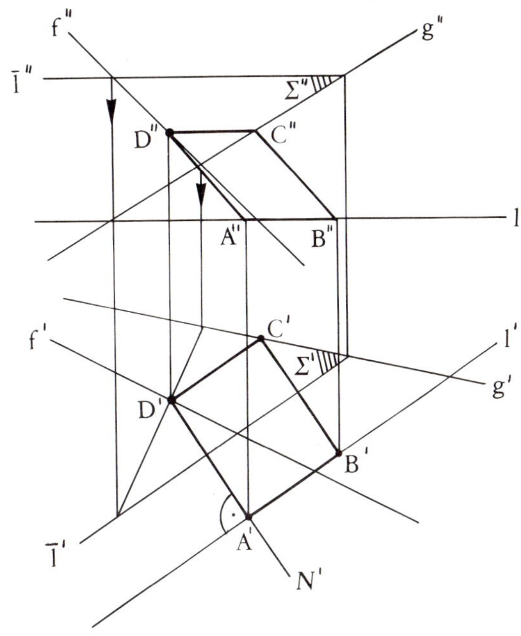

Fig. 7.h

Es sei AB die Rechteckseite, welche auf l liegt. Die gegenüberliegende Seite CD ist die Transversale von g und f, welche zu l parallel ist. Man zieht durch einen Punkt von g die Parallele $\bar{l}$ zu l und schneidet die Ebene $\Sigma = \bar{l}g$ mit f. Das ergibt den Punkt D. Die Ecke A ist der Fußpunkt des Lots von D auf l; man konstruiert die Normalebene N zu l durch D und schneidet sie mit l.
Man beachte aber, daß die Normalebene N in der Fig. 7.h nur so leicht eingezeichnet werden kann, weil l Hauptlage hat. Wie eine Normalebene zu einer allgemein liegenden Geraden konstruiert wird, folgt in (8.5).

Beispiel (7.4): **Eine Schattenkonstruktion**

In der Fig. 7.i soll eine Kirche parallel beleuchtet werden. Ihr Eigenschatten und ihr Schlagschatten auf die Bodenebene Π sowie der Schlagschatten des Turmes auf die Dachebene Σ sind zu konstruieren.

Zum **Eigenschatten** eines Körpers gehören die dem Licht abgewandten Teile der Oberfläche. Die Grenze zwischen den beleuchteten Teilen und den im Eigenschatten liegenden Teilen ist die **Eigenschattengrenze.** Von der Lichtquelle aus betrachtet, besteht die Eigenschattengrenze aus den äußersten Punkten des Körpers. Bei einem Polyeder besteht sie aus Kanten, kann aber auch ganze Seitenflächen enthalten, wenn diese parallel sind zur Lichtrichtung, also vom Licht gestreift werden. Punkte hinter dem Körper, zu denen kein Lichtstrahl dringt, weil der Körper den Weg versperrt, liegen im **Schlagschatten** des Körpers. Die Grenze des Schlagschattens, den ein Körper auf eine andere Fläche wirft, ist die **Schlagschattengrenze.** Die Schlagschattengrenze ist die Projektion der Eigenschattengrenze. Den Schlagschatten eines Punktes P bekommt man, wenn man die zur Lichtrichtung parallele Gerade l durch P mit der schattenfangenden Fläche schneidet. Ist diese Fläche eine Ebene, so ist der zu einer Kante der Eigenschattengrenze gehörende Schatten eine Strecke.

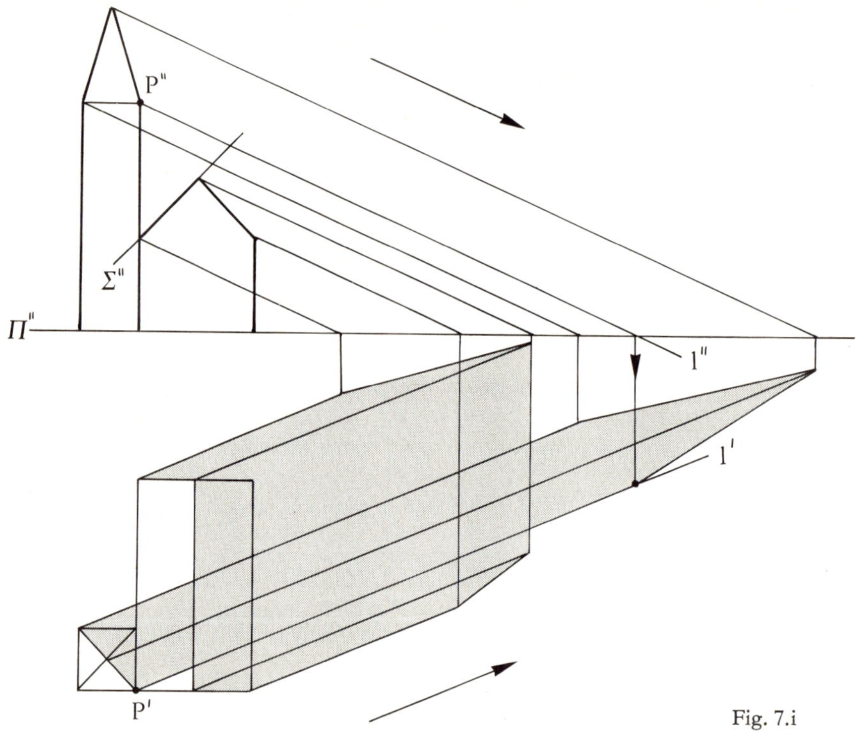

Fig. 7.i

Man variiere in der Fig. 7.i die Lichtrichtung und schiebe einige Körper in den Schlagschatten, so daß er dann auch auf Flächen fällt, die nicht wie Π und Σ projizierend sind.

Beispiel (7.5):

In der Fig. 7.k wurden auf zwei gegebene, ineinandergeschobene Quader Walmdächer mit dem einheitlichen Dachneigungswinkel 45° aufgesetzt.
Die Höhen der Firstkanten h_1 und h_2 wurden den beiden Querschnittdreiecken entnommen.
Man versuche sich auch im freihändigen Skizzieren solcher Gebäudedurchdringungen.

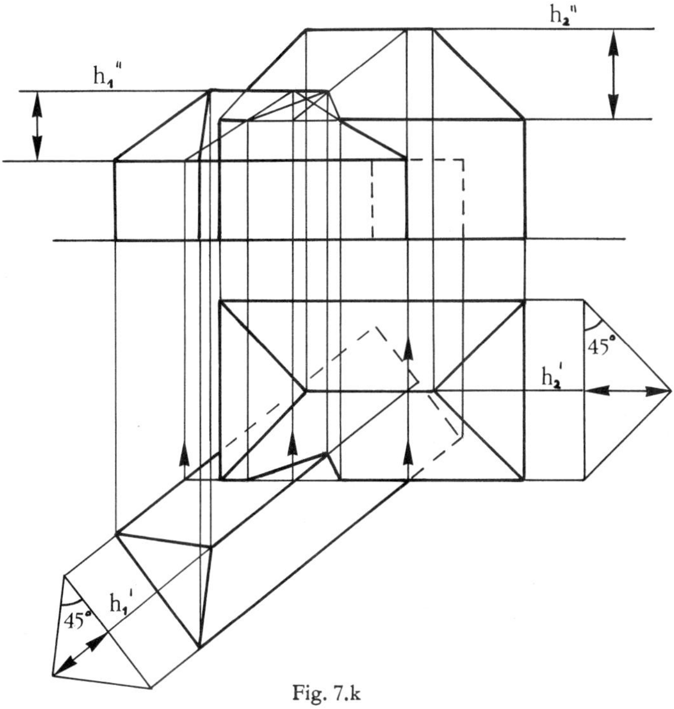

Fig. 7.k

8. Grundaufgaben, 2. Teil: Metrische Aufgaben

Metrische Aufgaben sind Aufgaben, bei denen es nicht nur, wie bei den Lageaufgaben, um die Inzidenz von Punkten, Geraden und Ebenen geht, sondern bei denen auch Streckenlängen und Winkel eine Rolle spielen.

(8.1) Grundaufgabe VI:

Die wahre Länge einer Strecke bestimmen
Eine Strecke auf einer Geraden abtragen

Strecken erscheinen in den Rissen verkürzt, wenn sie nicht Hauptlage haben. Eine Strecke in erster Hauptlage erscheint im Grundriß, eine Strecke in zweiter Hauptlage erscheint im Aufriß in wahrer Größe (Fig. 8.a). Mit wahrer Größe ist natürlich die im Maßstab der Zeichnung gemessene Länge gemeint.

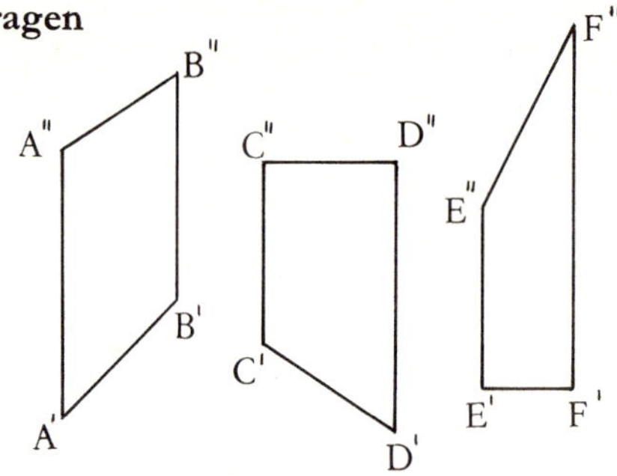

Fig. 8.a

Die wahre Länge einer Strecke AB kann auf zwei Arten bestimmt werden:

(8.2) Erste Methode:

Umlegen einer durch die Strecke gehenden projizierenden Ebene

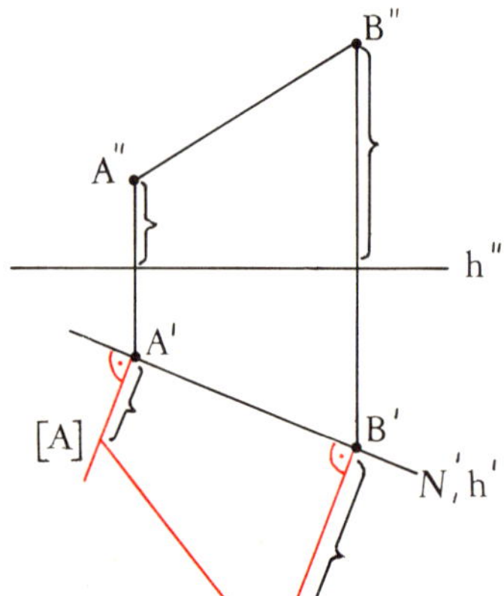

Fig. 8.b

Man nimmt eine die Strecke AB enthaltende projizierende Ebene (Fig. 8.b), z. B. die erstprojizierende Ebene N, und wählt in ihr eine Hauptgerade h. Diese Ebene N wird um h gedreht, bis sie parallel zur Grundrißebene liegt; sie wird in Hauptlage umgelegt. Das Trapez, begrenzt durch AB, h und die projizierenden Geraden durch A und B, das sog. Neigungstrapez, erscheint nach der Umlegung im Grundriß in wahrer Größe und kann im Grundriß gezeichnet werden; die parallelen Seiten des Trapezes werden vom Aufriß geliefert. Die umgelegten Punkte werden gewöhnlich mit eckigen Klammern versehen: [A], [B] und, weil man ihren Aufriß nicht benötigt, nur im Grundriß gezeichnet und dort ohne den Grundriß-Strich angeschrieben. Mit Vorteil legt man h gerade durch einen Endpunkt der Strecke AB.

(8.3) Zweite Methode:

Drehen der Strecke um eine sie schneidendeprojizierendeGerade, bis sie Hauptlage hat

Man legt durch einen der Endpunkte der Strecke AB eine projizierende Gerade, z. B. die zweitprojizierende Gerade l durch A (Fig. 8.c). Dann dreht man die Strecke um l, bis sie erste Hauptlage bekommt. Bei der Drehung bewegt sich B auf einem Kreis mit der Achse l, der im Aufriß gezeichnet werden kann. Der Grundriß B′ bewegt sich horizontal. Die gedrehte Strecke AB_1 erscheint im Grundriß in wahrer Größe.

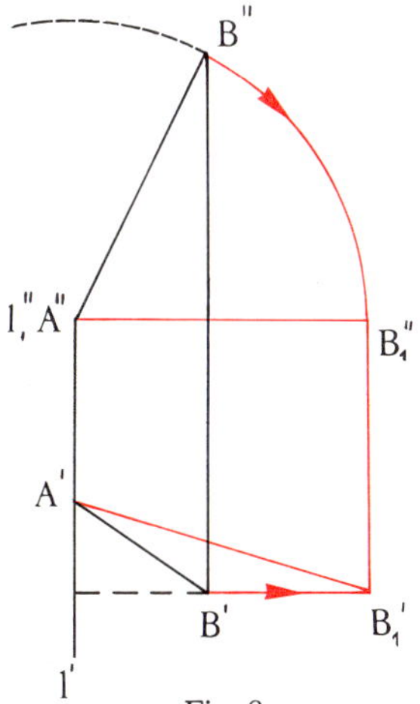

Fig. 8.c

(8.4) Muß auf einer Geraden g eine Strecke s von einem Punkt P aus abgetragen werden, so bringt man die Gerade mit Hilfe des Punktes P und eines weiteren Punktes G nach einer der beiden Methoden in Hauptlage, trägt die Strecke s ab und führt die Gerade wieder zurück.

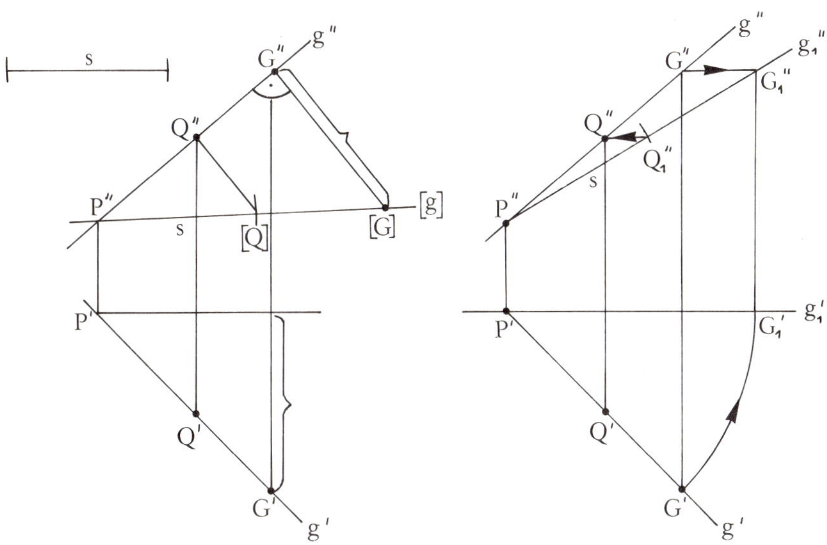

Fig. 8.d

In der Fig. 8.d wurde die zweitprojizierende Ebene durch g umgelegt rsp. wurde um die erstprojizierende Gerade durch P gedreht.

(8.5) **Grundaufgabe VII:**

Durch einen Punkt die Normale zu einer Ebene legen. Durch einen Punkt die Normalebene zu einer Geraden legen

Wenn eine Gerade n senkrecht steht auf einer Ebene Φ, so steht sie auf allen Geraden von Φ senkrecht, insbesondere auf deren Hauptgeraden. Nach (1.6) bilden darum der Grundriß n′ und der Grundriß irgendeiner ersten Hauptgeraden von Φ einen rechten Winkel, ebenso der Aufriß n″ und der Aufriß irgendeiner zweiten Hauptgeraden.

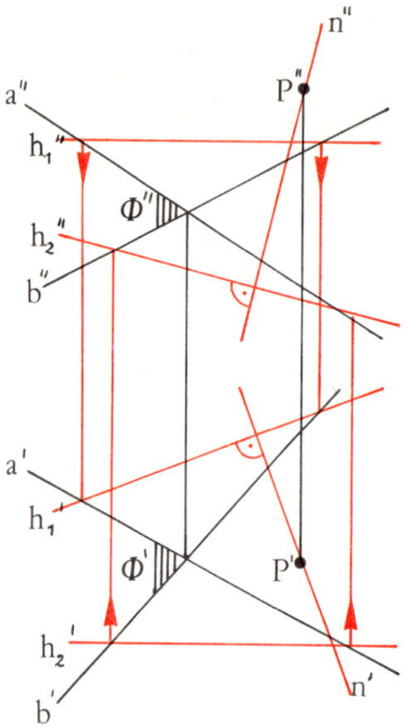

Fig. 8.e

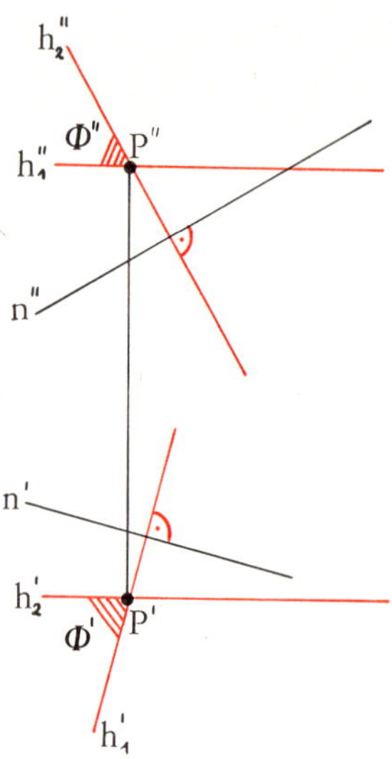

Fig. 8.f

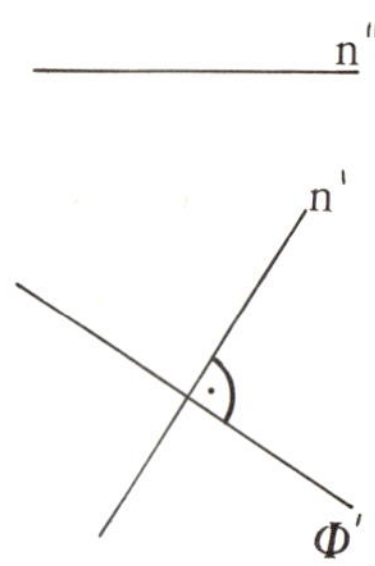

Fig. 8.g

1) Gegeben: Ebene Φ = ab, Punkt P
   Gesucht: Normale n zu Φ durch P (Fig. 8.e).

Man zeichnet eine beliebige erste Hauptgerade h_1 und eine zweite Hauptgerade h_2 der Ebene Φ ein. n′ steht senkrecht auf h_1', n″ senkrecht auf h_2''.

2) Gegeben: Punkt P, Gerade n
   Gesucht: Normalebene Φ zu n durch P (Fig. 8.f).

Man konstruiert die Hauptgeraden h_1 und h_2 der Ebene Φ, welche durch P gehen: h_1' senkrecht zu n′, h_1'' horizontal, und h_2'' senkrecht zu n″, h_2' horizontal.

Einfach sind die Verhältnisse, wenn die Ebene Φ gerade projizierend ist, rsp. die Gerade n Hauptlage hat (Fig. 8.g).
Häufig treten Normalebenen als Mittelnormalebenen gegebener Strecken auf.

(8.6) Eine Anwendung:

Konstruktion der kürzesten Transversalen zweier windschiefer Geraden

Es seien a und b zwei windschiefe Geraden. Wie bei (7.2) denkt man sich durch a und b parallele Ebenen gelegt. Die gesuchte kürzeste Transversale t von a und b steht senkrecht auf den beiden Ebenen, somit senkrecht auf a und senkrecht auf b (Fig. 8.h).

Konstruktionsprogramm:

1) Durch einen beliebigen Punkt P von a die Parallele $\overline{b}$ zu b ziehen.
2) In P die Normale n zur Ebene $\Phi = a\overline{b}$ konstruieren.
3) Die Ebene N = an schneiden mit b. Der Schnittpunkt ist der Endpunkt B der gesuchten Transversalen.
4) n verschieben durch B.

Es handelt sich bei dieser Konstruktion um eine Kombination der Grundaufgaben VII und IV.

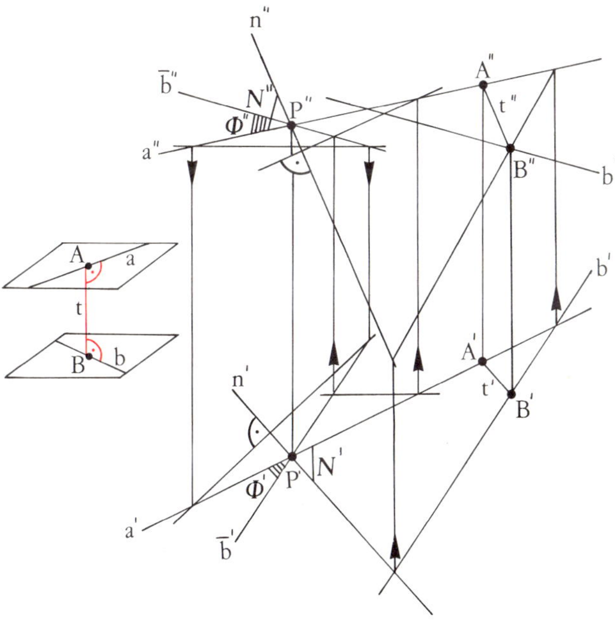

Fig. 8.h

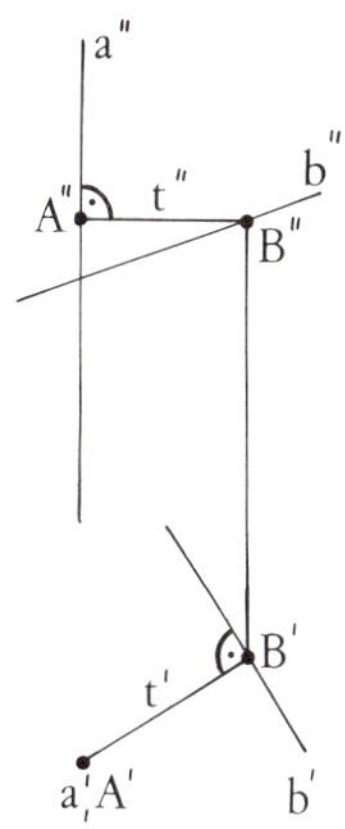

Fig. 8.i

Ist eine der Geraden projizierend, so vereinfacht sich die Konstruktion (Fig. 8.i).

(8.7) **Grundaufgabe VIII:**

Das Lot fällen von einem Punkt auf eine Gerade

(8.8) **Grundaufgabe IX:**

Den Abstand eines Punktes von einer Ebene bestimmen

Diese beiden Aufgaben sollen hier als spätere Konstruktionseinheiten auch zu den Grundaufgaben gezählt werden. Es sind aber, wie man sieht, Kombinationen der Aufgaben VII und IV rsp. VII, IV und VI.
Die Reihe der Grundaufgaben ließe sich natürlich noch weiter fortsetzen. Häufig treten auch die folgenden Detailaufgaben auf: Einen Punkt an einer Ebene spiegeln. Zu einer Ebene die Parallelebenen in vorgegebenem Abstand konstruieren. Die Symmetrieebenen zweier sich schneidender Geraden konstruieren usw.

Bei den folgenden Übungen wähle man jeweils selber verschiedene Dispositionen.

Übungen:

(8.9) Gegeben sind zwei Punkte A, B und eine Gerade g. Man konstruiere das gleichschenklige Dreieck mit der Basis AB, dessen Spitze auf g liegt.

(8.10) Von einem rechtwinkligen Dreieck ist der ganze Grundriß und im Aufriß eine Kathete gezeichnet. Wie konstruiert man den Aufriß der dritten Ecke?

(8.11) Gegeben sind ein Punkt P und eine Gerade f. Man konstruiere ein Quadrat mit der Ecke P und zwei Ecken auf f.

(8.12) Gegeben sind vier Punkte. Man konstruiere den Mittelpunkt der Kugel, die durch diese Punkte geht.

(8.13) Man spiegle einen Punkt und eine Gerade an einer Ebene.

(8.14) Man verschiebe eine Ebene um eine vorgegebene Strecke.

(8.15) Gegeben sind zwei sich schneidende Geraden f und g. Man konstruiere die Symmetrieebenen von f und g. (Man trägt auf den beiden Geraden gleichlange Strecken vom Schnittpunkt aus ab und konstruiert bei den entstehenden gleichschenkligen Dreiecken die Mittelnormalebenen der Grundlinien.)

(8.16) Gegeben sind zwei windschiefe Geraden p und q. Man suche auf p eine Strecke mit der vorgegebenen Länge d, deren Endpunkte von q gleiche Abstände haben, und bestimme diese Abstände. (Die Mitte der gesuchten Strecke ist Endpunkt der kürzesten Transversalen von p und q.)

(8.17) Gegeben sind eine Ebene Φ und in Φ zwei Punkte A und B. Man konstruiere einen Würfel mit der Kante AB, von dem eine Seitenfläche in Φ liegt.

9. Normale Affinität

In der Fig. 9.a wird ein Dreieck ABC in zwei verschiedenen Richtungen l_1 und l_2 parallel auf eine Ebene Π projiziert. Dabei soll keine der beiden Projektionsrichtungen parallel zur Ebene Σ des Dreiecks sein. Zwischen den beiden Bilddreiecken $A_1B_1C_1$ und $A_2B_2C_2$ in Π besteht ein wichtiger geometrischer Zusammenhang: Erstens sind die Geraden A_1A_2, B_1B_2, C_1C_2 durch die entsprechenden Ecken der beiden Bilddreiecke parallel, es sind die Geraden, in denen die zu l_1 und l_2 parallelen Ebenen durch A, B, C die Ebene Π schneiden, und zweitens schneiden sich entsprechende Seiten der Bilddreiecke, z. B. A_1B_1 und A_2B_2, auf einer festen Geraden, nämlich der Schnittgeraden der Ebenen Σ und Π. Man spricht bei diesem geometrischen Zusammenhang in Π von einer **perspektiven Affinität.** Die beiden Dreiecke $A_1B_1C_1$ und $A_2B_2C_2$ heißen perspektiv affin.

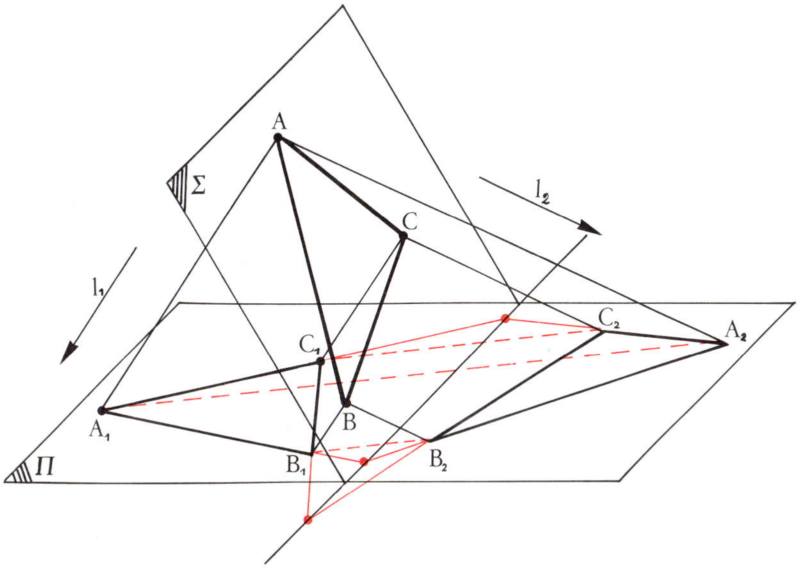

Fig. 9.a

Im Kap. 21 werden solche perspektive Affinitäten als Abbildungen einer Ebene auf sich im Rahmen noch allgemeinerer geometrischer Verwandtschaften behandelt.
Hier soll vorerst nur ein Spezialfall betrachtet werden.

(9.1) **Definition:**

Eine **normale Affinität in der Ebene** ist eine Abbildung der Ebene auf sich mit der folgenden Abbildungsvorschrift:
Zur Abbildung gehört eine feste Gerade s der Ebene, die **Achse** der Affinität, und eine feste reelle Zahl λ ($\neq 0$), das **Verhältnis** der Affinität.

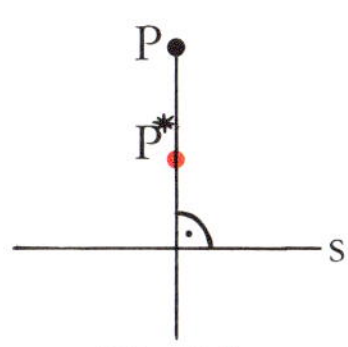

Fig. 9.b

Das Bild P* eines Punktes P (Fig. 9.b) liegt auf der Senkrechten durch P zur Achse s. Der Abstand des Punktes P* von s ist $|\lambda|$ mal so groß wie der Abstand des Punktes P von s. Wenn $\lambda > 0$ ist, liegt P* auf der gleichen Seite von s wie P, wenn $\lambda < 0$ ist, auf der anderen.

Zwei Figuren, die durch eine normale Affinität ineinander übergeführt werden können, heißen **normalaffin.**

Zum Beispiel sind Geradenspiegelungen normale Affinitäten mit dem Verhältnis -1. Die zu einer normalen Affinität gehörende inverse Abbildung ist die normale Affinität mit derselben Achse und dem reziproken Verhältnis.

Eigenschaften einer normalen Affinität mit der Achse s und dem Verhältnis λ:

(9.2) Es ist sofort ersichtlich, daß bei einer normalen Affinität jede Gerade wieder in eine Gerade abgebildet wird.

(9.3) Eine Gerade und ihr Bild schneiden sich auf der Achse s. Die Punkte von s sind Fixpunkte der Abbildung.

(9.4) Parallele Geraden werden abgebildet in parallele Geraden. Eine normale Affinität läßt sich daher auch auf die Fernpunkte der Ebene erstrecken. Fernpunkte werden in Fernpunkte abgebildet.

(9.5) Streckenlängen und Winkel ändern sich im allgemeinen.
Strecken parallel zur Achse s behalten ihre Länge, Strecken senkrecht dazu ändern sich mit dem Faktor $|\lambda|$.
Ein rechter Winkel geht bei einer normalen Affinität mit $|\lambda| \neq 1$ genau dann in einen rechten Winkel über, wenn einer seiner Schenkel parallel zur Achse ist.

(9.6) Teilverhältnisse bleiben erhalten.
Zum Beispiel geht der Mittelpunkt einer Strecke wieder über in den Mittelpunkt.

Kreise werden, wenn $|\lambda| \neq 1$ ist, nicht wieder in Kreise abgebildet. Es gilt der

(9.7) **Satz:**

Ein normalaffines Bild eines Kreises ist eine Ellipse.

Beweis: Es soll hier nur der Fall $0 < \lambda < 1$ betrachtet werden.
P sei ein beliebiger Punkt eines Kreises k mit dem Mittelpunkt M und dem Radius a, P_0 der Fußpunkt des Lots von P auf den Kreisdurchmesser, welcher parallel zur Affinitätsachse s verläuft (Fig. 9.c).

Es gilt
$$MP_0 = a \cdot |\cos\varphi|$$
$$P_0P = a \cdot |\sin\varphi|$$
$$P_0{}^*P^* = \lambda \cdot P_0P = \lambda a \cdot |\sin\varphi|.$$

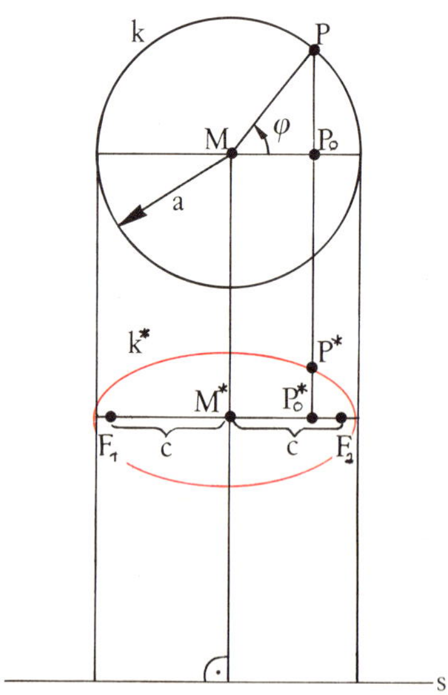

Fig. 9.c

Auf der Parallelen zu s durch M* trägt man von M* aus auf beide Seiten die Strecke $c = \sqrt{1-\lambda^2} \cdot a$ ab. Das gibt die Punkte F_1 und F_2. Wir zeigen, daß die Summe der Entfernungen des Punktes P* von F_1 und F_2 gleich 2a ist, d. h. daß das Bild k* des Kreises die Ellipse ist mit den Brennpunkten F_1 und F_2 und den Halbachsen a und λa. Siehe (14.2).

$$\text{Es ist } (F_1P^*)^2 = (F_1P_0^*)^2 + (P_0^*P^*)^2 = (c + a\cos\varphi)^2 + \lambda^2 a^2 \sin^2\varphi$$
$$= c^2 + 2ac \cdot \cos\varphi + a^2\cos^2\varphi + \lambda^2 a^2 \sin^2\varphi$$

Ersetzt man c^2 durch $(1-\lambda^2)\,a^2$ und $\sin^2\varphi$ durch $1-\cos^2\varphi$, so ergibt sich

$$(F_1P^*)^2 = a^2 - \lambda^2a^2 + 2ac \cdot \cos\varphi + a^2\cos^2\varphi + \lambda^2a^2 - \lambda^2a^2\cos^2\varphi$$
$$= a^2 + 2ac \cdot \cos\varphi + (1-\lambda^2)\,a^2\cos^2\varphi = (a + c \cdot \cos\varphi)^2$$

Also $\quad F_1P^* = a + c \cdot \cos\varphi.$

Ebenso bekommt man $F_2P^* = a - c \cdot \cos\varphi.$

Somit $\quad F_1P^* + F_2P^* = 2a.$

Wenn $\lambda > 1$ ist, liegen die Brennpunkte auf der Geraden senkrecht zu s durch M* im Abstand $c = \sqrt{\lambda^2 - 1} \cdot a$ von M*. Der Beweis gestaltet sich dann analog.

Für die konstruktive Behandlung normaler Affinitäten ist die Eigenschaft (9.3) besonders wichtig: Das Bild eines Punktes Q konstruiert man mit Hilfe des Bildes eines schon abgebildeten Punktes P einfach, indem man zuerst die ganze Gerade PQ abbildet (Fig. 9.d).

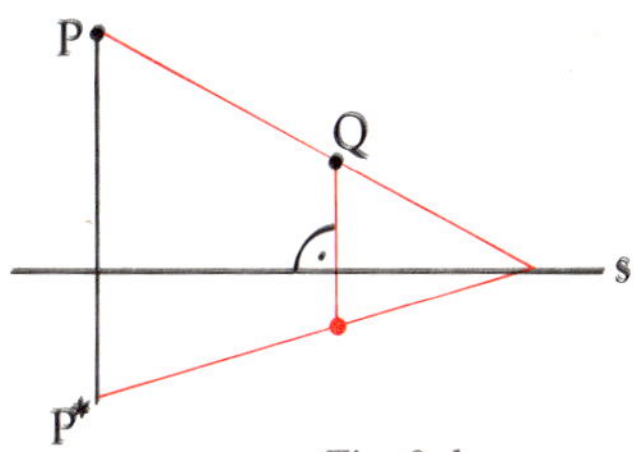

Fig. 9.d

10. Umklappen einer Ebene

Um in einer Ebene, die nicht parallel ist zu einer der Rißebenen und in den Rissen verkürzt erscheint, bequem konstruieren zu können oder um die wahre Gestalt einer ebenen Figur zu bestimmen, dreht man die Ebene um eine ihrer Hauptgeraden, bis sie Hauptlage hat. In der Fig. 10.a ist eine solche Drehung, eine sog. **Umklappung** der Ebene, dargestellt.

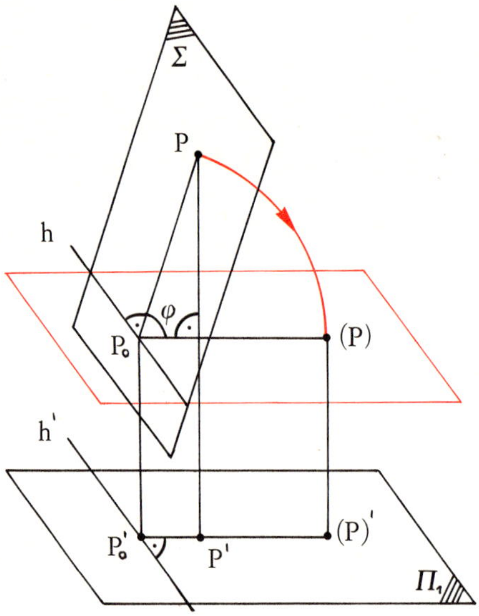

Fig. 10.a

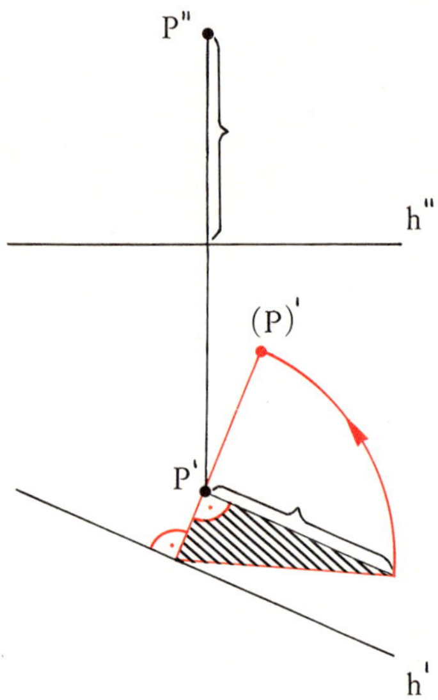

Fig. 10.b

Die Ebene Σ wird hier um eine erste Hauptgerade h in Hauptlage bezüglich der Grundrißebene Π_1 umgeklappt. Die Umklappung (P) eines Punktes P von Σ — es ist üblich, den umgeklappten Punkt mit einer Klammer anzuschreiben — liegt in der Normalebene zu h durch P und hat von h den gleichen Abstand wie P. Im Grundriß wird dieser Abstand sichtbar als Strecke (P)′ P_0', wobei P_0 der Fußpunkt des Lotes von P auf h ist. Dieser Abstand ist gleich der Hypotenuse des die Ebene stützenden, schraffierten Dreiecks.

Im Zweitafelverfahren ergibt sich die folgende Konstruktion.

(10.1) **Umklappen einer Ebene um eine ihrer Hauptgeraden** (Fig. 10.b):

Eine Ebene Σ soll um eine ihrer ersten Hauptgeraden h umgeklappt werden.

1) Man fällt in der Grundrißebene vom Grundriß P′ eines Punktes P von Σ das Lot auf h′ und zieht durch P′ die Parallele zu h′.
2) Der im Aufriß zwischen P″ und h″ abmeßbare Höhenunterschied zwischen dem Punkt P und der Geraden h wird auf dieser Parallelen abgetragen und damit das in die Grundrißebene umgelegte Stützdreieck gezeichnet.

3) Der Kreis um den Fußpunkt P_0' des Lotes von P' auf h' mit der Hypotenuse des Stützdreiecks als Radius schneidet $P_0'P'$ im Punkt $(P)'$, dem Grundriß der Umklappung (P) des Punktes P.
Je nachdem auf welche Seite die Ebene Σ umgeklappt wird, kommt $(P)'$ auf die eine oder auf die andere Seite von h' zu liegen.

Da man den Aufriß $(P)''$ des Punktes (P) bei der Konstruktion nicht benötigt, zeichnet man gewöhnlich nur den Grundriß $(P)'$ und nennt direkt diesen Grundriß $(P)'$ die Umklappung von P. Der den Riß anzeigende Strich braucht jeweils nicht geschrieben zu werden.
Selbstverständlich kann eine Ebene in gleicher Weise statt um eine erste Hauptgerade ebensogut um eine zweite Hauptgerade, in Hauptlage bezüglich der Aufrißebene, umgeklappt werden.

Es sei φ der Neigungswinkel der Ebene Σ bezüglich der Rißebene Π_1. Dann ist $P'P_0' = PP_0 \cdot \cos\varphi$. Man nennt $\cos\varphi$ den Stauchungsfaktor der Ebene Σ bei der Normalprojektion auf Π_1. Wegen $PP_0 = (P)'P_0'$ ergibt sich

$$P'P_0' = (P)'P_0' \cdot \cos\varphi .$$

Das bedeutet für eine nichtprojizierende Ebene Σ, daß die Abbildung in Π_1, die dem Punkt $(P)'$ den Punkt P' zuordnet, eine normale Affinität mit der Achse h' und dem Verhältnis $\cos\varphi$ ist.

(10.2) **Satz:**

Wird eine nichtprojizierende Ebene Σ um eine ihrer Hauptgeraden h in Hauptlage umgeklappt bezüglich der Rißebene Π, so ist die Abbildung in Π, welche der Umklappung des Punktes P von Σ den Riß von P zuordnet, eine normale Affinität mit dem Riß von h als Achse.

Diese Affinität erleichtert das Umklappen und Zurückklappen einer Ebene sehr. Ist die Umklappung eines ersten Punktes gezeichnet, so kann man die Umklappung weiterer Punkte wie in der Fig. 9.d konstruieren, ohne jedesmal ein Stützdreieck zu Hilfe zu nehmen.

Ist die Ebene Σ durch zwei beliebige sich in einem Punkt Q schneidende Geraden gegeben (Fig. 10.c), so zeichnet man sich zuerst eine Hauptgerade ein, um die man umklappen will, und beginnt dann am besten mit der Umklappung des Punktes Q. Hier wurde Σ um eine zweite Hauptgerade h umgeklappt. Man kann (Q) auf der einen oder andern Seite von h'' zeichnen, je nach den Platzverhältnissen.

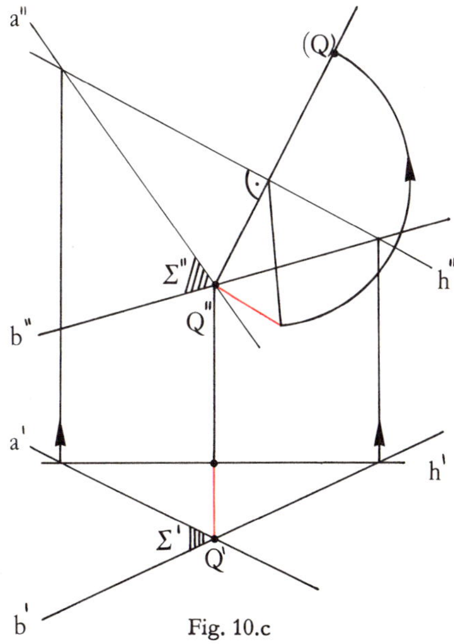

Fig. 10.c

Die Konstruktion vereinfacht sich, wenn die Ebene Σ gerade projizierend, beispielsweise erstprojizierend, ist (Fig. 10.d,e).

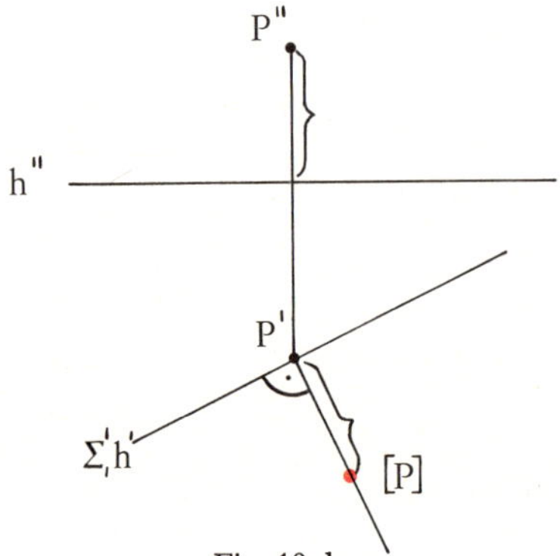

Fig. 10.d

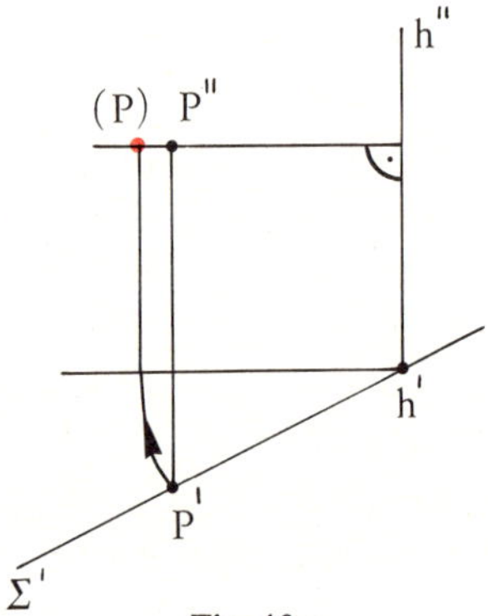

Fig. 10.e

Bei der Fig. 10.d wird Σ in erste Hauptlage geklappt. Eine solche Umklappung einer *projizierenden* Ebene bezeichnet man auch als **Umlegung**, wie bei der Grundaufgabe (8.2). In der Fig. 10.e wird Σ in zweite Hauptlage geklappt.

(10.3) **Ein Beispiel:**

Gegeben sind drei Punkte A, C, P. Man konstruiere in der Ebene Ω = ACP das Quadrat, von dem A und C gegenüberliegende Ecken sind (Fig. 10.f).

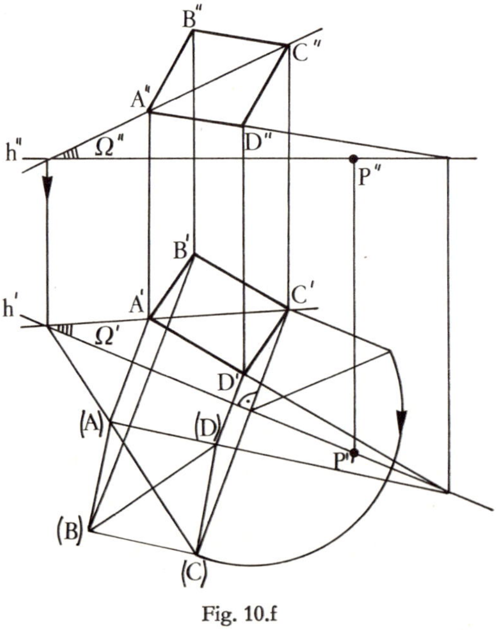

Fig. 10.f

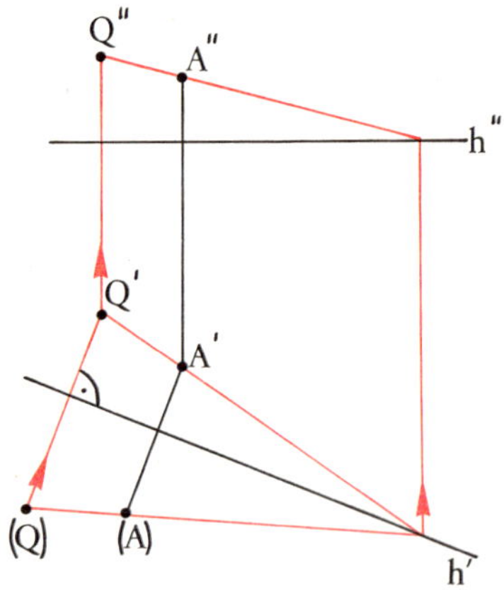

Fig. 10.g

Die Ebene Ω wird um ihre erste Hauptgerade h durch P umgeklappt.
Die Fig. 10.g hält das wichtige Detail fest, wie ein Punkt Q, von dem vorerst nur die Umklappung (Q) gezeichnet ist, mit Hilfe eines in den Rissen und in der Umklappung schon gezeichneten Punktes A in den Grund- und Aufriß zurückgenommen werden kann.

Im Kap. 8 fehlten verschiedene Winkelaufgaben. Jetzt kann die Größe eines Winkels mit Hilfe einer Umklappung seiner Ebene ermittelt werden.

(10.4) **Der Winkel zwischen zwei sich schneidenden Geraden** (Fig. 10.h)

(10.5) **Der Winkel zwischen einer Geraden und einer Ebene**

Den Winkel zwischen einer Geraden g und einer Ebene Φ konstruiert man am besten mit Hilfe einer Normalen n zu Φ durch einen Punkt von g. Man erhält dann zwischen n und g das Komplement des gesuchten Winkels.
Den Neigungswinkel einer Geraden bezüglich einer Rißebene bestimmt man durch Umlegen der durch die Gerade gehenden projizierenden Ebene.
Auch

(10.6) **der Winkel zwischen zwei Ebenen** läßt sich am einfachsten mit Hilfe von Normalen konstruieren.

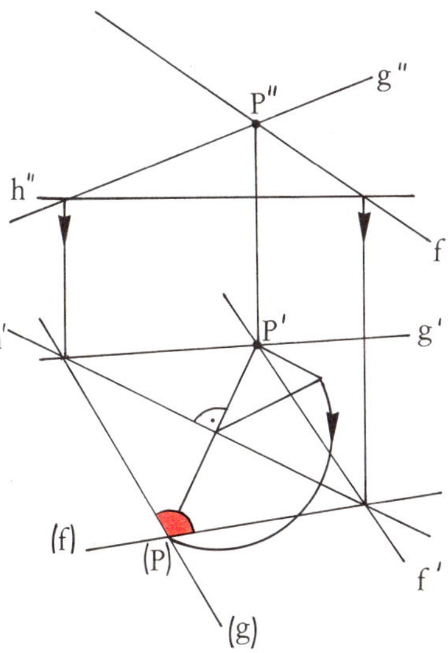

Fig. 10.h

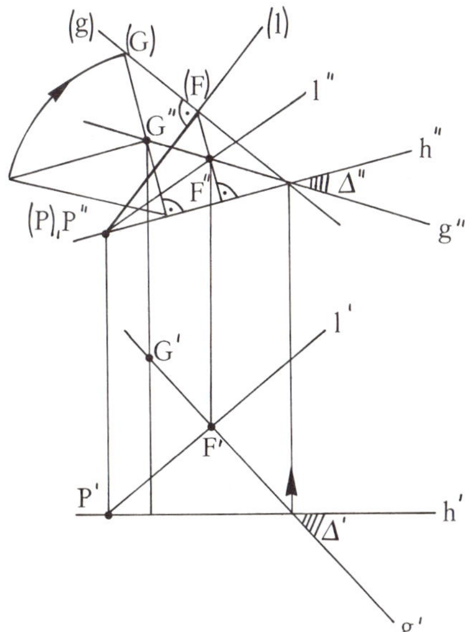

Fig. 10.i

Wie die Grundaufgabe VIII (8.7) sich mit einer Umklappung lösen läßt, zeigt die Fig. 10.i. Gegeben sind hier ein Punkt P und eine Gerade g, gesucht ist das Lot l von P auf g:
Die Ebene Δ durch P und g wird um ihre zweite Hauptgerade h durch P umgeklappt. Zu diesem Zweck wählt man auf g einen Punkt G, mit dessen Hilfe man (g) konstruiert. Die wahre Länge der Abstandstrecke PF kann in der Umklappung abgelesen werden.

11. Weitere Anwendungen

(11.1) **Beispiel:**

Gegeben sind zwei Punkte A, B und eine Ebene Γ. Man konstruiere ein gleichseitiges Dreieck mit den Ecken A, B und der dritten Ecke in Γ.

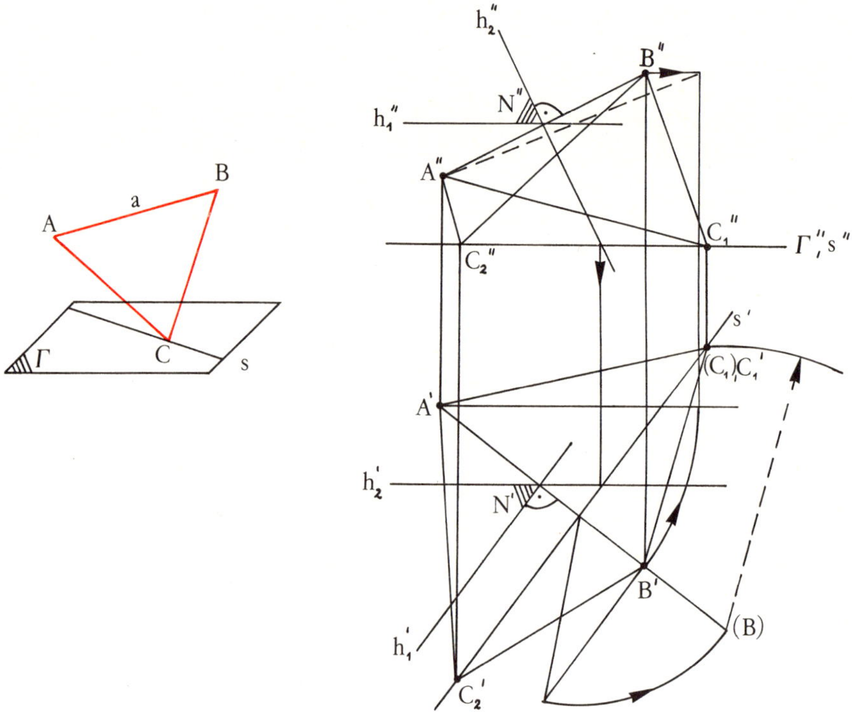

Fig. 11.a

Konstruktionsprogramm (Fig. 11.a):

1) Die Mittelnormalebene N von AB konstruieren.
2) N schneiden mit Γ; Schnittgerade s.
3) Die wahre Länge von AB bestimmen; Dreiecksseite a.
4) Die Ebene Φ = Bs umklappen, den Kreis um B mit Radius a schneiden mit s und die Ebene Φ wieder zurückklappen.

Vereinfachend wurde hier die Ebene Γ in erster Hauptlage angenommen; dadurch verkürzt sich die Konstruktion der Geraden s (vgl. Fig. 6.c), und die Ebene Φ kann gerade um s umgeklappt werden. Der Leser führe die Konstruktion auch bei einer allgemeiner liegenden Ebene Γ aus.
Statt Φ umzuklappen, kann man auch die Ebene N umklappen und in ihr den Kreis mit der Dreieckshöhe $\frac{\sqrt{3}}{2}a$ als Radius verwenden.

(11.2) **Beispiel:**

Gegeben sind zwei Geraden f, g und eine Ebene Λ. Man konstruiere eine zu Λ parallele Transversale von f und g, die f und g unter gleichen Winkeln schneidet.

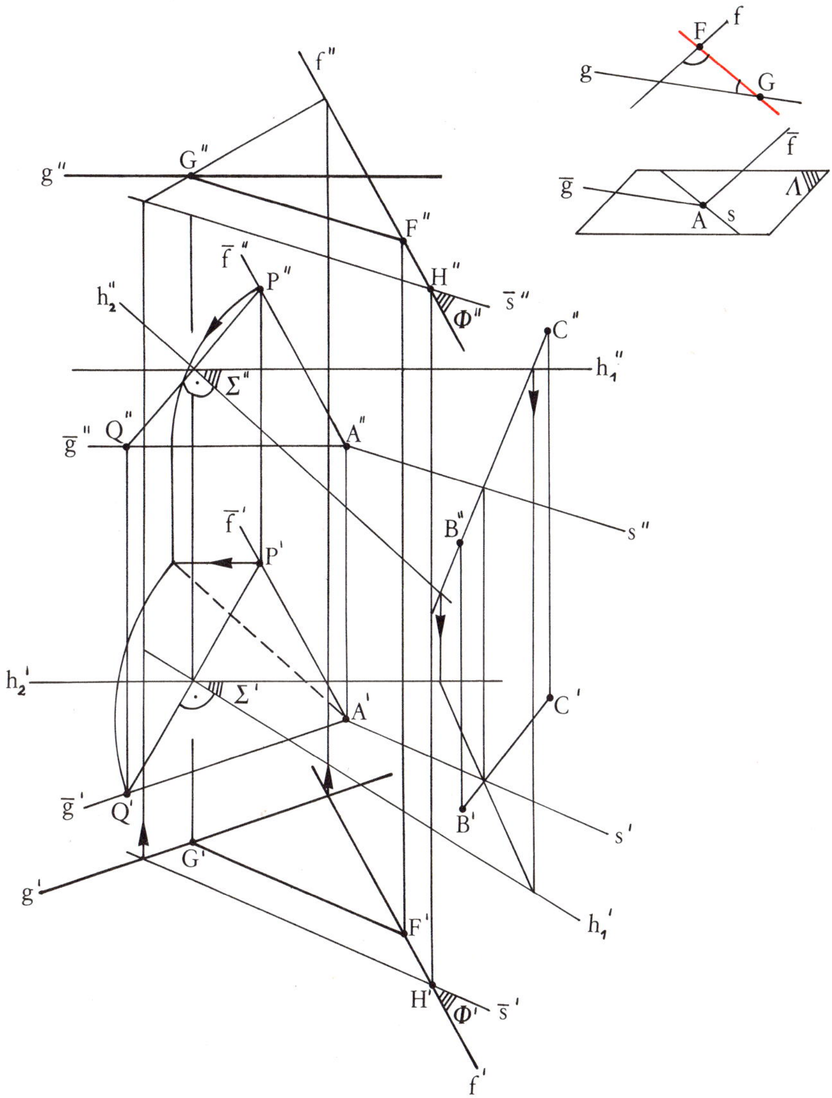

Fig. 11.b

Konstruktionsprogramm:

(Fig. 11.b. Die Ebene Λ ist gegeben durch die Punkte A, B, C; die Gerade g hat spezielle Lage.)

1) Durch einen beliebigen Punkt, z. B. den Punkt A der Ebene Λ, die Parallele $\bar{f}$ zu f und die Parallele $\bar{g}$ zu g ziehen.
2) Von A aus auf $\bar{f}$ und $\bar{g}$ zwei gleich lange Strecken AP und AQ abtragen. Dazu wählt man auf $\bar{f}$ den Punkt P, bestimmt die Länge der Strecke AP und trägt diese auf $\bar{g}$ ab.
3) Die Mittelnormalebene Σ von PQ konstruieren. Σ ist Symmetrieebene von $\bar{f}$ und $\bar{g}$.
4) Σ mit Λ schneiden. Die Schnittgerade s bildet mit $\bar{f}$ und $\bar{g}$ gleiche Winkel.
5) Die Transversale FG von f und g konstruieren, die parallel ist zu s. Dazu zieht man durch einen beliebigen Punkt H von f die Parallele $\bar{s}$ zu s und schneidet die Ebene $\Phi = \bar{s}f$ mit g.

Es wurde hier nur eine Lösung gezeichnet. Die andere Symmetrieebene von $\bar{f}$ und $\bar{g}$ liefert eine zweite Lösung.

(11.3) **Beispiel:**

Gegeben sind eine Gerade g und ein Punkt S. Gesucht ist das reguläre Tetraeder mit dem Schwerpunkt S, von dem eine Kante auf g liegt (Fig. 11.c).

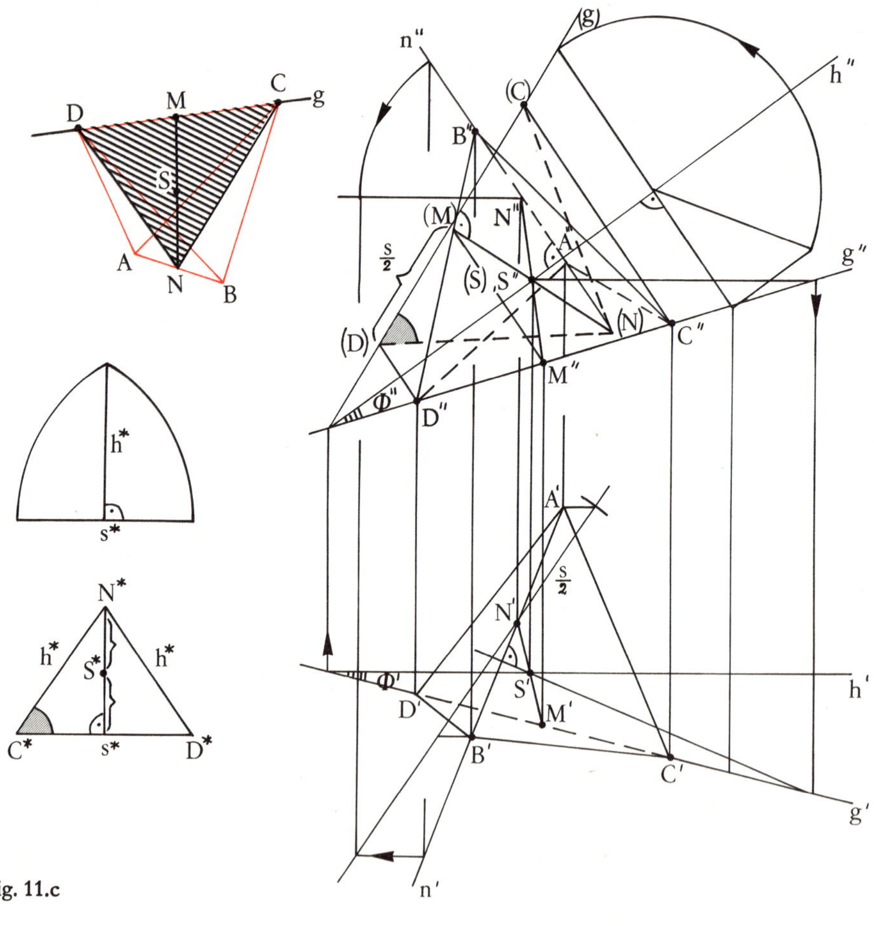

Fig. 11.c

Der Schwerpunkt eines regulären Tetraeders ist die Mitte der kürzesten Transversalen gegenüberliegender Kanten.

Konstruktionsprogramm:

1) Die durch S und g aufgespannte Ebene Φ umklappen.
2) In einer Hilfsfigur bei einem Tetraeder mit beliebig langer Kante die wahre Form des durch Φ herausgeschnittenen Dreiecks CDN ermitteln.
3) In der Umklappung das ähnliche Dreieck (C) (D) (N) mit dem Punkt (S) konstruieren und zurückklappen.
4) Im Punkt N die Normale n zu Φ konstruieren.
5) Auf n von N aus die in der Umklappung greifbare halbe Tetraederkante abtragen.

(11.4) **Beispiel:**

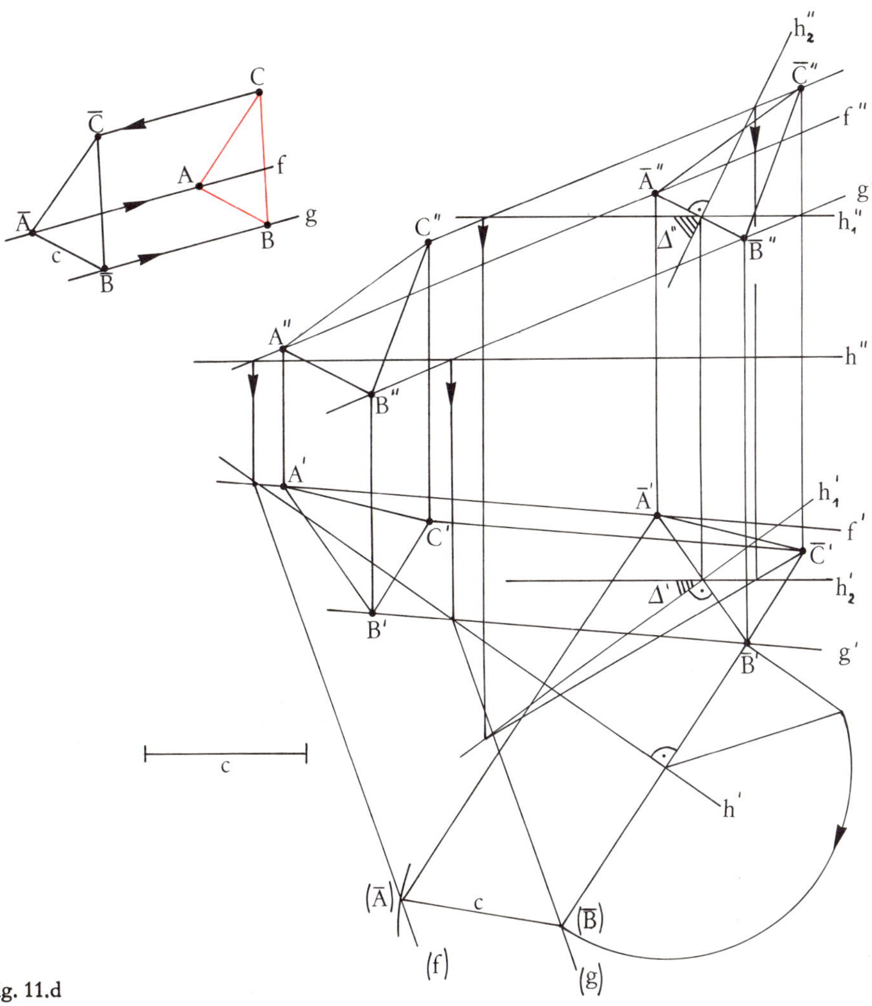

Fig. 11.d

Gegeben sind zwei parallele Geraden f, g und ein Punkt C. Man lege eine Strecke AB mit vorgegebener Länge c so zwischen die Parallelen, daß das Dreieck ABC gleichschenklig wird mit der Spitze C (Fig. 11.d).
Eine Verschiebungsaufgabe. Man legt eine Strecke $\overline{A}\overline{B}$ mit der Länge c irgendwo zwischen f und g und konstruiert das Dreieck $\overline{A}\overline{B}\overline{C}$ mit der Spitze $\overline{C}$ in der Mittelnormalebene von $\overline{A}\overline{B}$ und auf der Parallelen zu f und g durch C. Dieses Dreieck muß in der Richtung der Parallelen verschoben werden.
Der Gang der Konstruktion ist in der Fig. 11.d leicht abzulesen.

Die vier hier vorgeführten Beispiele zeigen, wie Konstruktionsaufgaben in kleine Teilschritte zerlegt werden. Es sind stets die einfachen Grundaufgaben, die auf mannigfaltige Weise kombiniert auftreten. Zum Beispiel bei (11.1) kommen die Grundaufgaben VII, V, VI und eine Umklappung vor. Ein Konstruktionsprogramm ist einfach eine Aneinanderreihung von Grundaufgaben.
Ein wichtiges Lehrziel der Darstellenden Geometrie ist unter anderem die Schulung der Fähigkeit, einen längeren Arbeitsprozeß, dessen Teilschritte man alle beherrscht, konsequent und unbeirrt von auftretenden Verwicklungen, übersichtlich und rationell durchzuführen.

Es folgen weitere **Aufgaben**, die man zuerst ohne die nachfolgenden Hinweise zu lösen versuche.

(11.5) Man konstruiere ein reguläres Tetraeder, von dem die Ebene einer Seitenfläche und zwei Ecken dieser Seitenfläche gegeben sind.

(11.6) Gegeben sind eine Gerade p und zwei Punkte Q, R. Man konstruiere eine zu p parallele Gerade, welche von p, Q und R gleiche Abstände hat.

(11.7) Gegeben sind ein Punkt P, eine Gerade g und eine Ebene Λ. Gesucht ist in Λ ein Punkt X, so daß die Gerade PX senkrecht steht auf der Ebene gX.

(11.8) Gegeben sind drei Geraden a, b, g. Man lege durch g eine Ebene, die mit a und b gleiche Winkel einschließt.

(11.9) Gegeben sind drei Punkte A, B, C und eine Ebene Ω. Gesucht ist in Ω ein Punkt P, so daß die Geraden PA, PB und PC mit Ω gleiche Winkel einschließen.

(11.10) Gegeben sind zwei Ebenen Φ und Ψ, eine Gerade a und ein Punkt P. Man drehe den Punkt P um a, bis er von Φ und Ψ gleiche Abstände hat.

(11.11) Man konstruiere die Symmetrieachse zweier windschiefer Geraden f und g.

(11.12) Gegeben sind eine Strecke d, eine Gerade g und zwei Punkte A und B. Man lege die Strecke so auf g, daß der eine Endpunkt X gleich weit von A entfernt ist wie der andere Endpunkt Y von B.

(11.13) Gegeben ist eine Pyramide über einem beliebigen Viereck und ein Punkt P. Man lege durch P eine Ebene, welche die Pyramide in einem Parallelogramm schneidet.

(11.14) Gegeben ist ein beliebiges Tetraeder. In welcher Richtung muß man es beleuchten, damit sein Schlagschatten auf eine Ebene ein Parallelogramm wird?

(11.15) Man ermittle beim Gebäude der Fig. 7.k die wahre Form aller Begrenzungsflächen und stelle ein Papiermodell her.

Hinweise zu den vorangehenden Aufgaben:

Bei (11.6) zeichnet man eine Normalebene zu p und projiziert p, Q und R in der Richtung von p auf diese Ebene.
Wenn bei (11.7) PX senkrecht auf gX stehen soll, muß PX in der Normalebene N zu g durch P liegen. Es sei D der Schnittpunkt von N und g. Auf der Schnittgeraden der Ebenen N und Λ wird der Punkt X so konstruiert, daß der Winkel PXD ein rechter ist.
Die Aufgabe (11.8) ist eine Variante zur Aufgabe (11.2). Man betrachte die Geraden, welche auf der gesuchten Ebene normal stehen.
Es seien bei (11.9) $\overline{A}$, $\overline{B}$, $\overline{C}$ die Fußpunkte der Lote von A, B, C auf die Ebene Ω. Aus der Ähnlichkeit der Dreiecke $A\overline{A}P$, $B\overline{B}P$, $C\overline{C}P$ folgt die Proportion
$P\overline{A} : P\overline{B} : P\overline{C} = A\overline{A} : B\overline{B} : C\overline{C}$. Der Punkt P kann in Ω als Schnittpunkt von zwei Apollonischen Verhältniskreisen konstruiert werden.
Bei (11.10) beschreibt P einen Kreis mit der Achse a und kommt in die Symmetrieebene oder winkelhalbierende Ebene von Φ und Ψ zu liegen.
Bei (11.11) sei l die gesuchte Symmetrieachse. Die Drehung um l um 180° führt die Geraden f und g ineinander über. l halbiert die kürzeste Transversale von f und g, steht senkrecht auf ihr und bildet mit f und g gleiche Winkel.
Verschiebt man bei (11.12) den Punkt A parallel zu g um die Strecke d in den Punkt $\overline{A}$, so bilden die Punkte $\overline{A}$, Y und B ein gleichschenkliges Dreieck.
Eine Ebene, welche bei (11.13) zwei gegenüberliegende Pyramidenseitenflächen in parallelen Geraden schneidet, ist parallel zur Schnittgeraden dieser beiden Seitenflächen.
Man denkt sich bei (11.14) durch die Tetraederkanten, welche die Schattengrenze liefern sollen, die Lichtstrahlen gelegt. Es ergeben sich parallele Ebenenpaare.

12. Umprojizieren

Die Darstellung eines Körpers im Zweitafelverfahren gibt nicht immer befriedigend anschauliche Bilder, besonders dann nicht, wenn die Rißebenen so gewählt sind, daß wichtige Ebenen des dargestellten Körpers projizierend erscheinen.

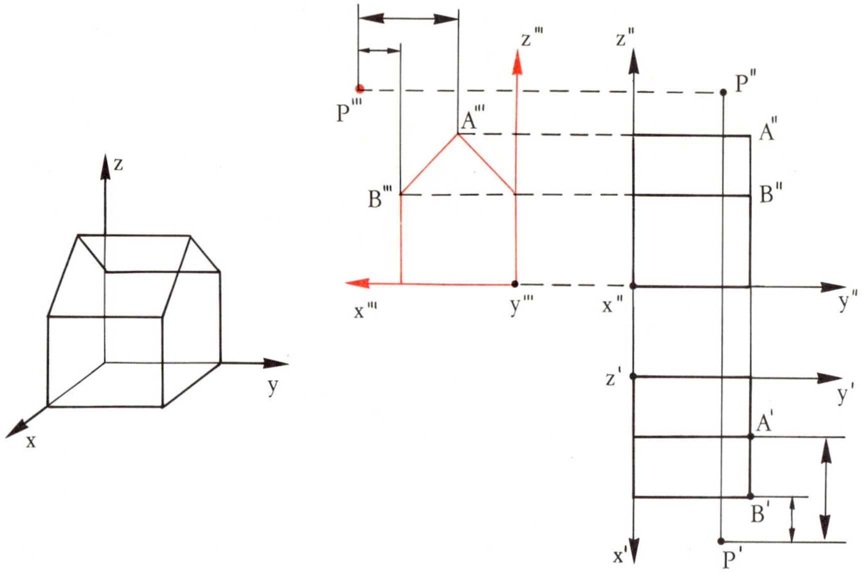

Fig. 12.a

Bei der Zweitafeldarstellung des Hauses in der Fig. 12.a wurde zum Grundriß und Aufriß links neben den Aufriß noch ein dritter Riß gezeichnet, die Ansicht in der (umgekehrten) Richtung der y-Achse, der sog. **Seitenriß** oder Kreuzriß. In ihm ist die Form des Dachgiebels genau ersichtlich.

Im Seitenriß erscheinen Strecken, welche parallel zur xz-Ebene verlaufen in wahrer Größe, insbesondere Strecken parallel zur x-Achse. Den Seitenriß P''' eines Punktes P, von dem der Grundriß und der Aufriß gezeichnet sind, konstruiert man folgendermaßen: Man zieht durch P'' die neue horizontale Ordnungslinie und überträgt dann in der Richtung dieser Ordnungslinie die x-Koordinatendifferenz zwischen P und einem beliebigen andern Punkt, z. B. A oder B, dessen Seitenriß schon gezeichnet ist, vom Grundriß in den Seitenriß. Die Koordinatenachsen braucht man dazu nicht.

(12.1) **Anwendung:**

Gegeben sei in der Fig. 12.b eine Ebene Φ, gezeichnet im Grundriß und Aufriß. Φ werde aufgespannt durch eine Gerade f und eine Gerade h. Die Gerade h soll zugleich erste und zweite Hauptlage haben.

Wie trägt man dann auf der Normalen n zu Φ durch den Schnittpunkt P von h und f eine vorgegebene Strecke s von P aus ab?

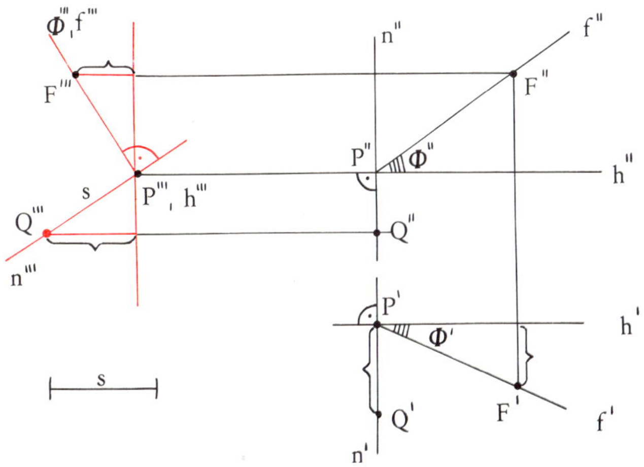

Fig. 12.b

Bei dieser speziellen Disposition, wo beide Risse von n auf dem Zeichnungsblatt vertikal verlaufen, kann man s nicht einfach wie bei (8.4) abtragen. Hier hilft der Seitenriß.

Man wählt zuerst den Seitenriß P''' von P irgendwo auf der neuen Ordnungslinie durch P''. Der Seitenriß h''' von h fällt mit P''' zusammen; h ist drittprojizierend, d. h. projizierend bezüglich des Seitenrisses. Mit Hilfe eines Punktes F auf f wird der Seitenriß f''' von f konstruiert. Da die Ebene Φ drittprojizierend ist, steht n''' senkrecht auf Φ''', und die Strecke s kann sofort auf n''' abgetragen werden. Den Grundriß des Punktes Q bekommt man, indem man, wie vorher bei F, den Abstand zwischen Q und P, gemessen in der Ordnungslinienrichtung, in den Grundriß zurückträgt.

Der Seitenriß und der Aufriß sind zugeordnete Risse. (Man drehe das Zeichnungsblatt um 90°.) Statt im Grundriß und Aufriß kann man ebensogut im Aufriß und Seitenriß Konstruktionen ausführen, z. B. eine Ebene mit einer Geraden schneiden (Fig. 12.c).

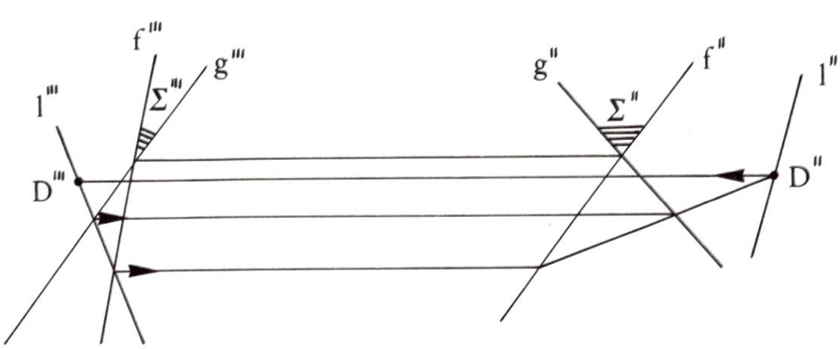

Fig. 12.c

Der Anfänger übe sich hier gründlich in allen Grundaufgaben auf diese Weise.

Der Übergang zum Seitenriß ist nur ein spezieller Fall eines allgemeinen Verfahrens, mit dem man zu zwei zugeordneten Rissen einen dritten, dem einen der beiden Risse auch wieder zugeordneten Riß konstruieren kann. In der Fig. 12.d ist ein solcher Riß gezeichnet, der noch anschaulicher ist als der Seitenriß der Fig. 12.a. Hier wurde das Haus schräg von vorn, in der Richtung einer ersten Hauptgeraden l projiziert. Die neue Rißebene steht normal auf l und somit wie die Aufrißebene senkrecht auf der Grundrißebene. Man hat direkt ihre Umlegung in die Grundrißebene gezeichnet. Der neue Riß ist durch Ordnungslinien, welche parallel zu l′ verlaufen, mit dem Grundriß verbunden.
Auch hier kann wie in der Fig. 12.a die Kotendifferenz zweier Punkte A und B, der Abstand also zwischen A und B, gemessen in der neuen Ordnungslinienrichtung, einfach aus dem alten zugeordneten Riß, in diesem Fall dem Aufriß, in den neuen Riß übertragen werden.

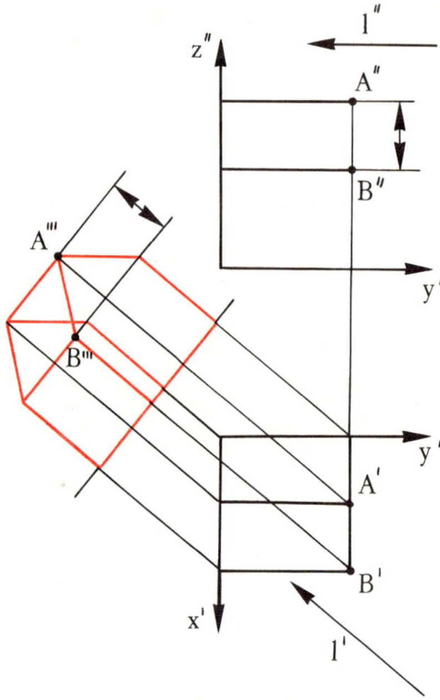

Fig. 12.d

(12.2) **Wie man umprojiziert:**

Umprojizieren (oder transformieren) heißt, ausgehend von zwei zugeordneten Rissen dem einen dieser Risse einen neuen Riß zuordnen.

Umprojiziert wird folgendermaßen (Fig. 12.e):

1) Man wählt den Riß, dem man einen neuen Riß zuordnen will.
2) Dann wählt man die neue Ordnunglinienrichtung.
3) Nun wählt man für irgendeinen ersten Punkt den neuen Riß auf der betreffenden Ordnungslinie.
4) Dann zeichnet man den neuen Riß weiterer Punkte mit Hilfe schon gezeichneter Punkte, indem man die Kotendifferenzen, das sind die in der Richtung der Ordnungslinien gemessenen Abstände, aus dem alten, wegfallenden Riß in den neuen Riß überträgt.

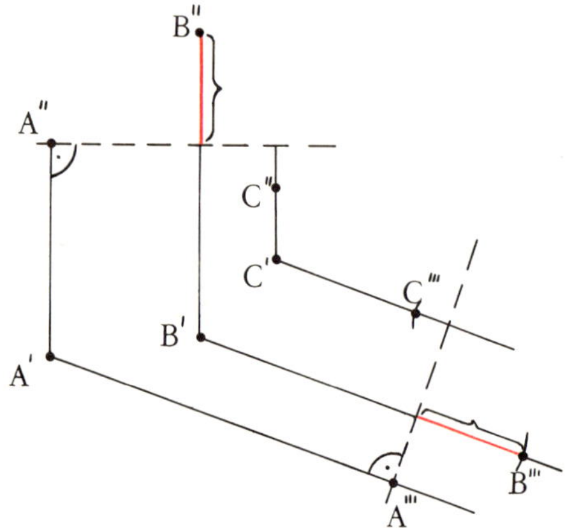

Fig. 12.e

Beim zweiten Punkt hat man noch die Seitenwahl bezüglich des durch den ersten Punkt gegebenen Niveaus.

Durch (ev. mehrmaliges) Umprojizieren können einerseits Figuren, die bezüglich der Rißebenen in zu spezieller Lage sind, in allgemeine Lage gebracht werden (Fig. 12.f).

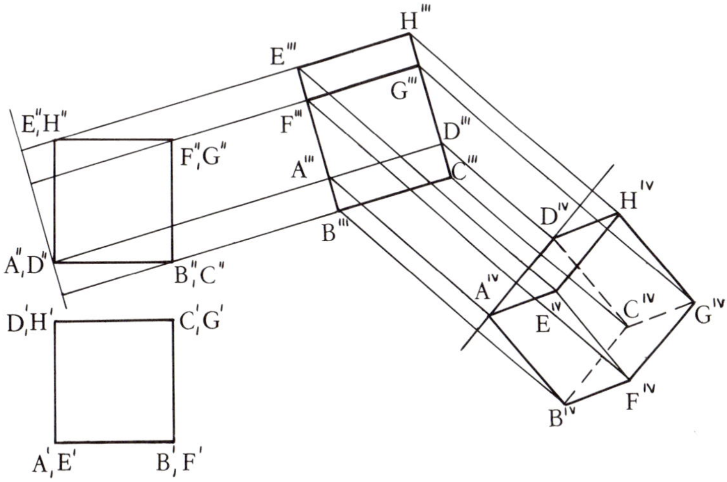

Fig. 12.f

Andererseits können durch Umprojizieren allgemein liegende Figuren in spezielle Lage gebracht und dadurch oft Konstruktionen vereinfacht werden (Fig. 12.g):

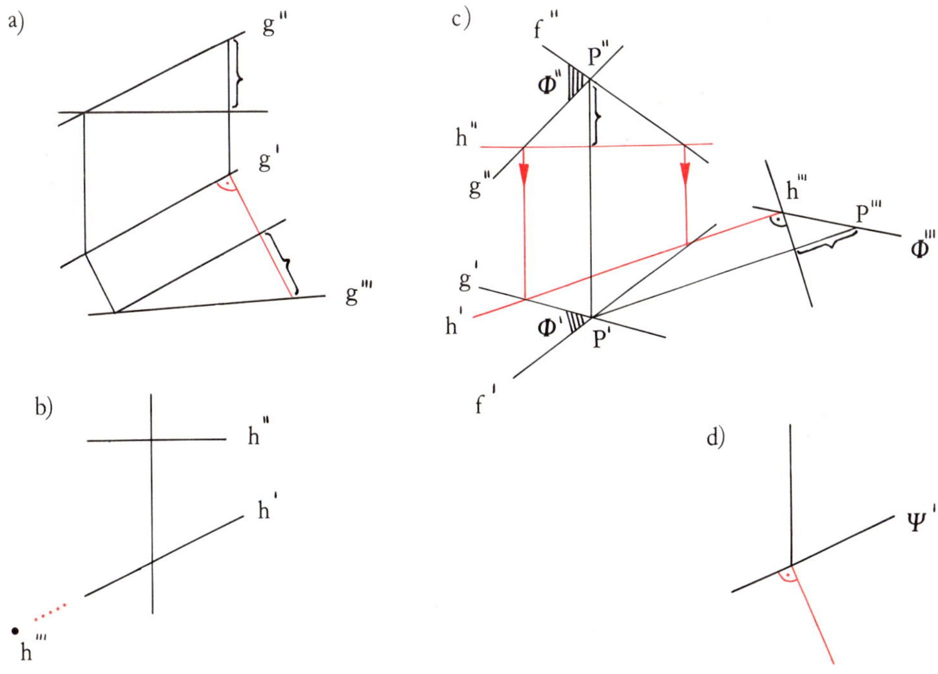

Fig. 12.g

a) Eine allgemein liegende Gerade g kann in Hauptlage gebracht werden. Die neue Ordnungslinienrichtung muß senkrecht stehen auf dem Riß von g, dem der neue Riß zugeordnet wird, z. B. senkrecht auf g′.

b) Eine erste Hauptgerade h kann projizierend gemacht werden. Die neue Ordnungslinienrichtung muß parallel zu h′ verlaufen.

c) Eine Ebene Φ kann projizierend gemacht werden, indem man eine ihrer Hauptgeraden projizierend macht.

d) Aus einer erstprojizierenden Ebene Ψ′ kann man eine Hauptebene machen. Die neue Ordnungslinienrichtung steht senkrecht auf Ψ″.

Zusammengefaßt:

(12.3) **Satz:**

Durch einmaliges Umprojizieren kann
— eine Gerade in Hauptlage
— eine Hauptgerade in projizierende Lage
— eine Ebene in projizierende Lage
— eine projizierende Ebene in Hauptlage,
durch zweimaliges Umprojizieren kann
— eine Gerade in projizierende Lage
— eine Ebene in Hauptlage
gebracht werden.

Einige der in den Kap. 6 und 8 behandelten Grundaufgaben können nun mit Umprojizieren ebensogut wie früher oder sogar leichter gelöst werden.
Zum Beispiel die Grundaufgaben VI (Fig. 12.h) und IX (Fig. 12.i).

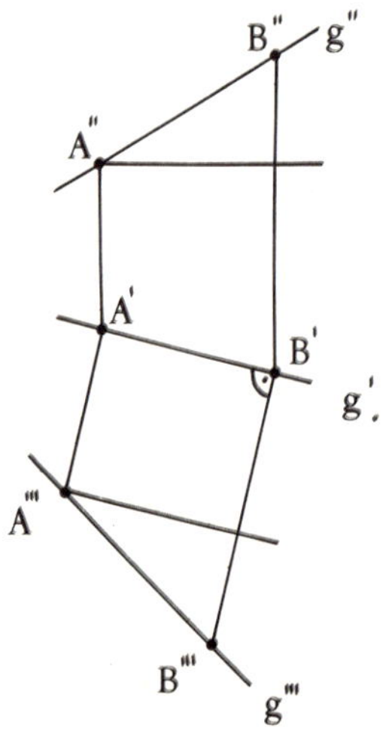

Fig. 12.h

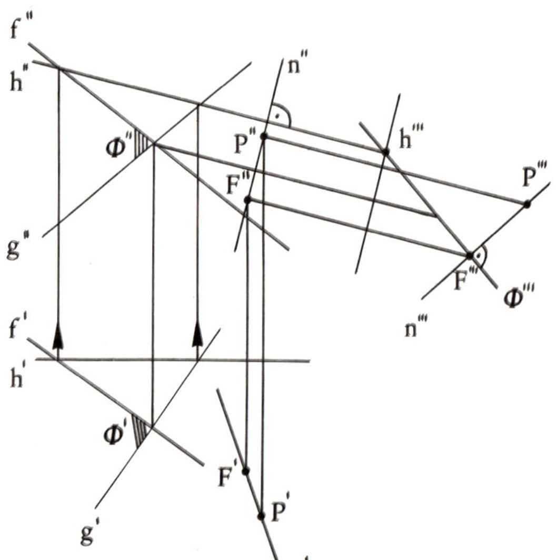

Fig. 12.i

Auch die Konstruktion der kürzesten Transversalen zweier windschiefer Geraden wird einfach (Fig. 12.k).

Die Risse ''' und ^{IV} stellen hier den schon in der Fig. 8.i gezeichneten Spezialfall dar.

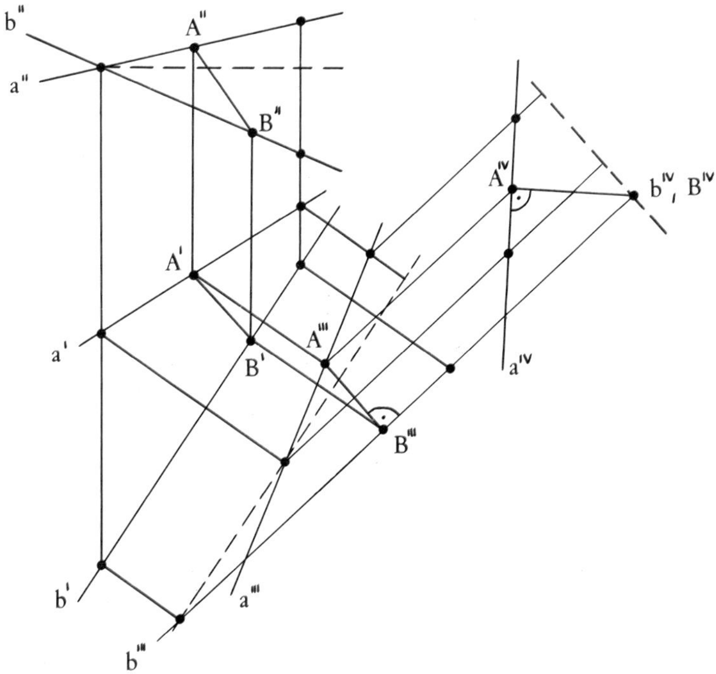

Fig. 12.k

Aus dem Vorangehenden geht auch hervor, wie man Punkte, die in den neuen Rissen konstruiert worden sind, in die alten Risse zurücktransformiert. Man vergewissere sich dabei stets mit Hilfe von anderen Punkten, daß man die Kotenunterschiede jeweils auf die richtige Seite abträgt!

Noch zwei **Details:**

(12.4) Kennt man in der Fig. 12.l, wo, ausgehend vom Grundriß, ein dritter Riß konstruiert worden ist, von einem Punkt P den Aufriß P'' und den dritten Riß P''', so bekommt man den sie überbrückenden Grundriß P' natürlich einfach als Schnittpunkt der beiden Ordnungslinien.

(12.5) Gegeben sind in der Fig. 12.m zwei projizierende Ebenen Φ und Ψ: Φ drittprojizierend, gezeichnet im Seitenriß, und Ψ erstprojizierend, gezeichnet im Grundriß. Gesucht ist die Schnittgerade s von Φ und Ψ.

Da s''' mit Φ''' und s' mit Ψ' zusammenfällt, muß man von s nur noch den Aufriß konstruieren. Man wählt auf s' den Grundriß P' eines Punktes P von s, konstruiert mit Hilfe von anderen Punkten A, B . . ., die in allen drei Rissen eingezeichnet sind, den Seitenriß P''' von P und erhält wie vorher den mittleren Riß. Dann nochmals dasselbe.

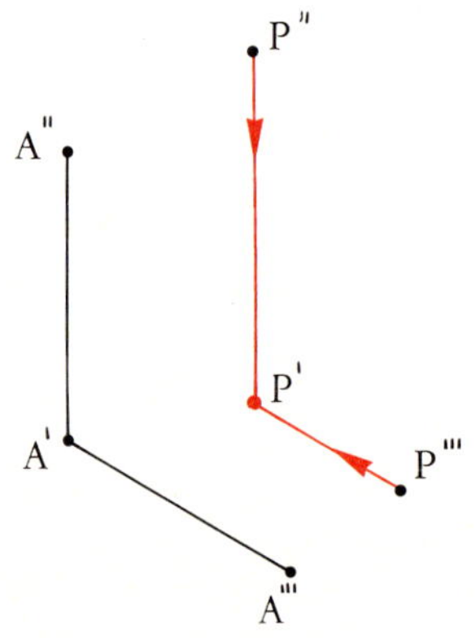

Fig. 12.l

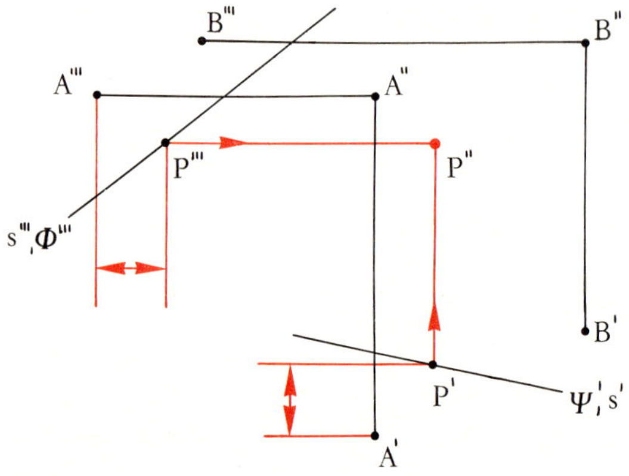

Fig. 12.m

Natürlich können Dispositionen durch Umprojizieren jeweils nur partiell vereinfacht werden. Erreicht man zum Beispiel, daß eine Gerade projizierend wird, so muß man dabei in Kauf nehmen, daß andere Geraden in ungünstigere Lage kommen. Man kann etwa nicht bei zwei windschiefen Geraden f und g, die keinen rechten Winkel bilden, erreichen, daß f projizierend wird und g Hauptlage bekommt in bezug auf denselben Riß.

Umprojizieren braucht Platz. Dafür können die ursprünglichen Risse übersichtlicher gehalten werden.

13. Anwendungen zum Umprojizieren

Beispiel (13.1): Reguläres Dodekaeder (Fig. 13.a)

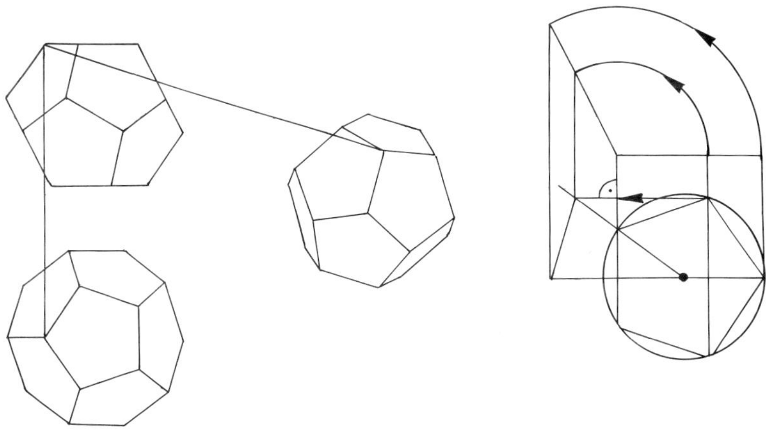

Fig. 13.a

Man stelle auf diese Weise auch noch andere Polyeder dar, z. B. ein Rhombendodekaeder (2.2) oder ein reguläres Ikosaeder (2.4), oder einfache technische Gegenstände (Fig. 13.b).
Bei den so konstruierten Bildern handelt es sich im Gegensatz zu den Darstellungen des Kap. 2 nicht um schiefe, sondern um normale Projektionen. Solche Normalprojektionen sind für weiterführende Konstruktionen zugänglicher als die früheren Schrägbilder.

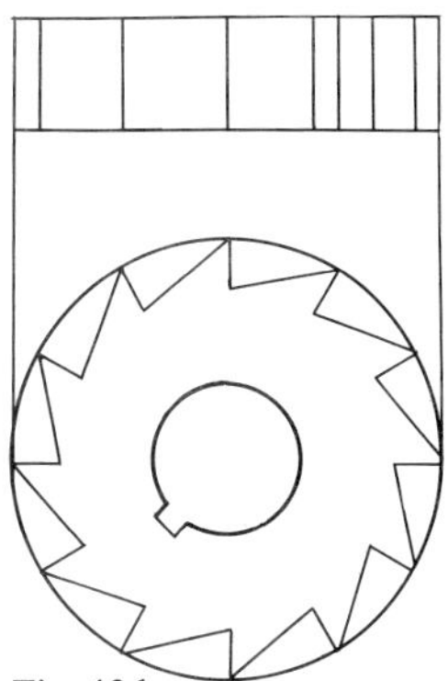

Fig. 13.b

Beispiel (13.2): Nochmals die Aufgabe (11.3)

Die Ebene $\Phi = gS$ wird hier (Fig. 13.c) durch zweimaliges Umprojizieren in Hauptlage gebracht. Das Tetraeder kann im vierten und dritten Riß sofort gezeichnet werden; die Kante AB ist projizierend bezüglich des vierten Risses.

Man bilde sich selber eine Meinung über Vor- und Nachteile der beiden Konstruktionsmethoden.

Beispiel (13.3):

Gegeben sind zwei windschiefe Geraden a und b. Ferner ist eine Transversale t von a und b gegeben. Man bestimme auf a einen Punkt A und auf b einen Punkt B, so daß die Mittelnormalebene Δ von AB die Gerade t enthält (Fig. 13.d, e).

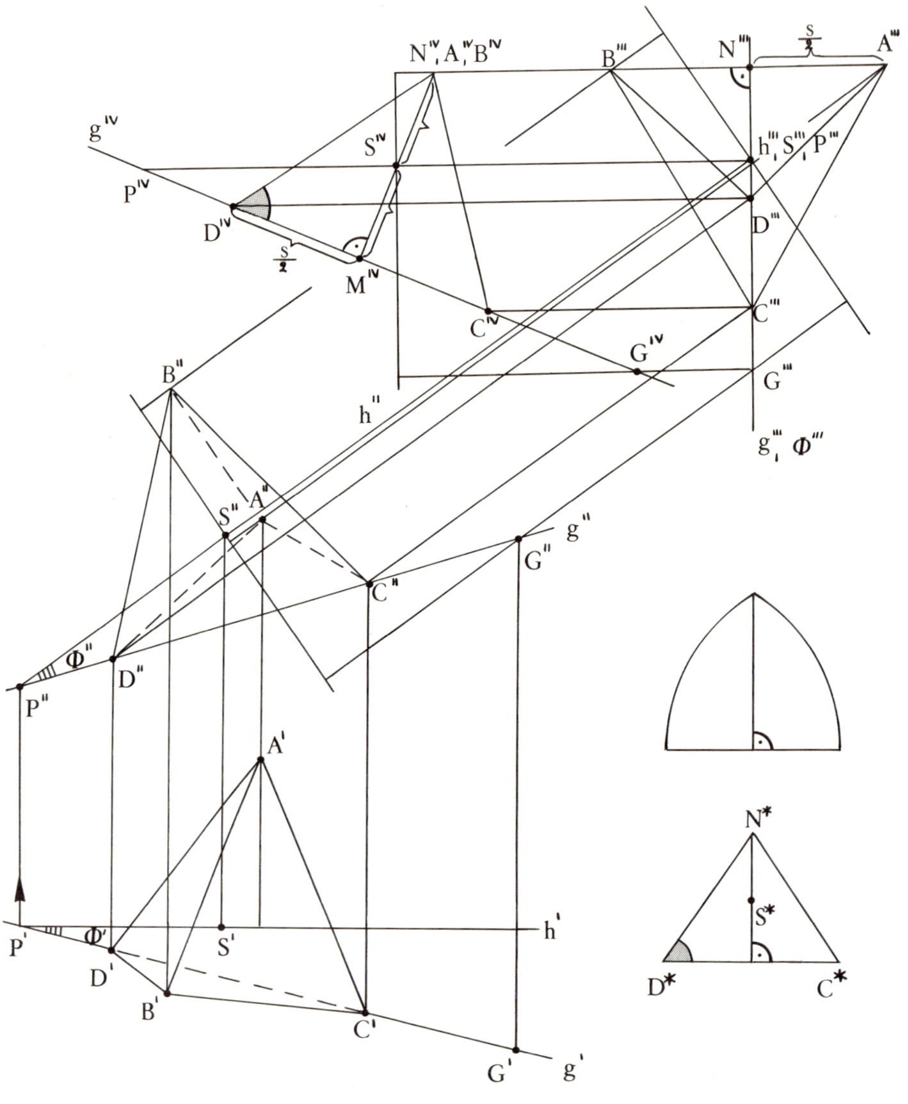

Fig. 13.c

Bei der Analyse einer Konstruktionsaufgabe überlegt man sich jeweils, ob sich vielleicht bei einer besonders einfachen Disposition leicht eine Lösung finden läßt. Die allgemeine Skizze in der Fig. 13.d erhellt hier die Zusammenhänge nicht gut; eine Zweitafelskizze aber, bei der t günstig liegt, nämlich projizierend ist, zeigt, daß die Aufgabe mit einer Drehung gelöst werden kann: Man dreht die Ebene at um t, bis sie mit bt zusammenfällt. a gehe dabei in ā über, B ist der Schnittpunkt von ā und b. Ausgehend von einer allgemeinen Disposition kann die spezielle durch zweimaliges Umprojizieren erreicht werden (Fig. 13.e).

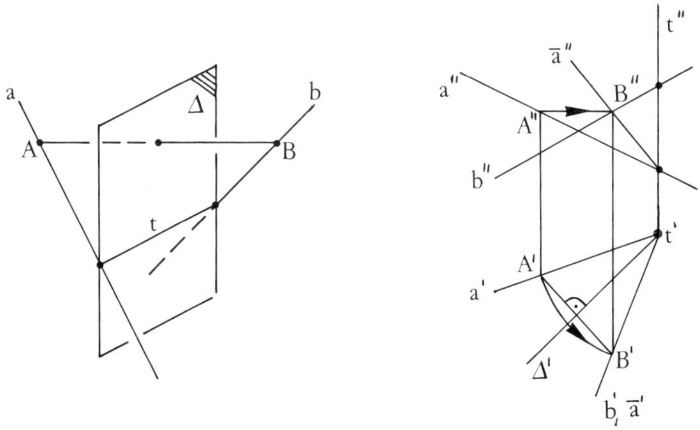

Fig. 13.d

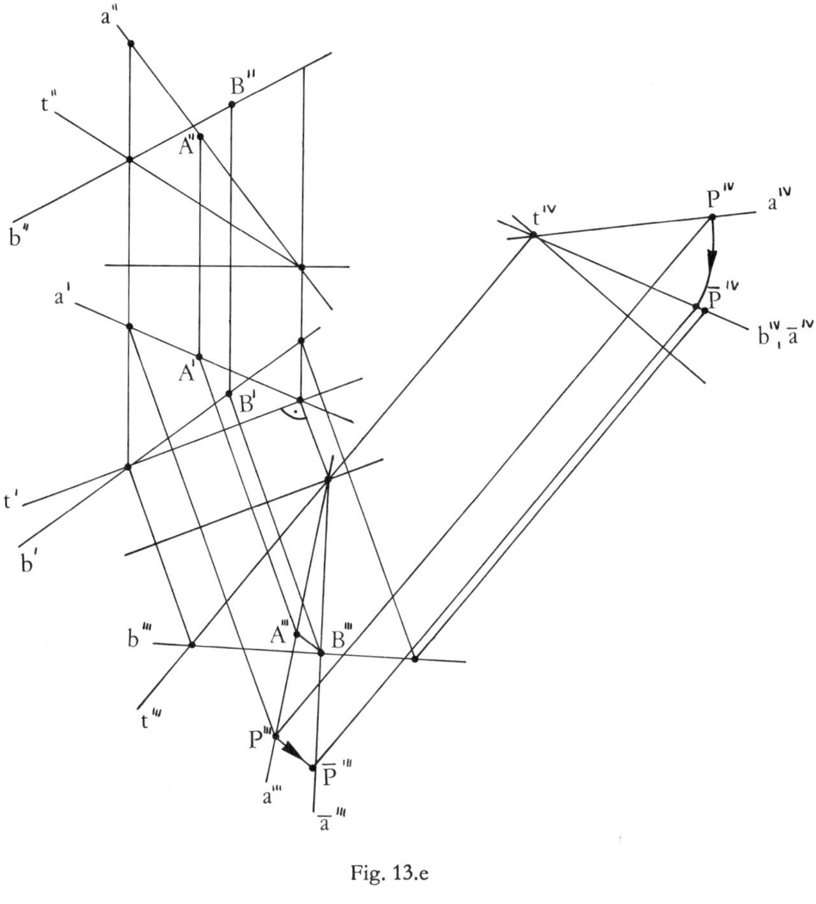

Fig. 13.e

Einige weitere **Aufgaben:**

Man suche auch unter den früheren Aufgaben solche, bei denen Umprojizieren vorteilhaft ist, z. B. (11.6), (11.7).

(13.4) Gegeben sind eine Gerade g und zwei Punkte P, Q. Man konstruiere auf der Strecke PQ den Punkt, der von den Ebenen gP und gQ gleiche Abstände hat.

(13.5) Gegeben sind eine Gerade l und zwei Punkte A, B. Man drehe den Punkt A um l, bis sein Abstand vom Punkt B möglichst klein ist.

(13.6) Gegeben sind vier Geraden a, b, c und f. Man konstruiere eine Parallele zu f, welche von a, b und c gleiche Abstände hat.

(13.7) Man verschiebe eine gegebene Gerade f in gegebener Richtung l, bis sie von zwei gegebenen Punkten A und B gleiche Abstände hat.

(13.8) Gegeben sind zwei windschiefe Geraden f und g. Man konstruiere einen Würfel mit vorgegebener Kantenlänge s, von dem eine Kante auf f liegt und eine Ecke auf g.

(13.9) Gegeben sind ein Punkt P und eine Gerade g. Man konstruiere ein reguläres Tetraeder mit vorgegebener Kantenlänge s. Eine Kante soll auf g liegen, und die Gerade der gegenüberliegenden Kante soll durch P gehen.

(13.10) Gegeben sind zwei windschiefe Geraden a, d und eine Ebene Γ. Gesucht ist das reguläre Oktaeder, von dem eine Diagonale auf d liegt, eine Ecke auf a liegt und die gegenüberliegende Ecke in Γ liegt.

14. Darstellung des Kreises

Ein normalaffines Bild eines Kreises ist nach (9.7) eine Ellipse, und nach (10.2) ist eine Umklappung einer ebenen Figur normalaffin zu ihrem Riß. Daraus ergibt sich der

(14.1) **Satz:**

Eine Normalprojektion eines Kreises auf eine Ebene ist, sofern die Kreisebene nicht projizierend ist, eine Ellipse. Die große Ellipsenachse ist die Projektion des Kreisdurchmessers, welcher Hauptlage hat.

Der Kreisdurchmesser, der parallel ist zur Rißebene, ist ja der einzige, der bei der Projektion nicht verkürzt wird. Bei der Projektion geht der Kreismittelpunkt über in das Ellipsenzentrum, und Kreisdurchmesser gehen über in Ellipsendurchmesser. Der Kreisdurchmesser in der Fallrichtung der Ebene geht über in die kleine Ellipsenachse. Ist die Kreisebene projizierend, so ist der Riß des Kreises eine Strecke.
Umgekehrt kann jede Ellipse einer Ebene Π aufgefaßt werden als Normalprojektion eines über Π liegenden Kreises.

(14.2) **Definition:**

Der geometrische Ort aller Punkte P einer Ebene, für welche die Summe der Entfernungen von zwei festen Punkten F_1 und F_2 dieser Ebene konstant ist (größer als F_1F_2), heißt eine **Ellipse** (Fig. 14.a).

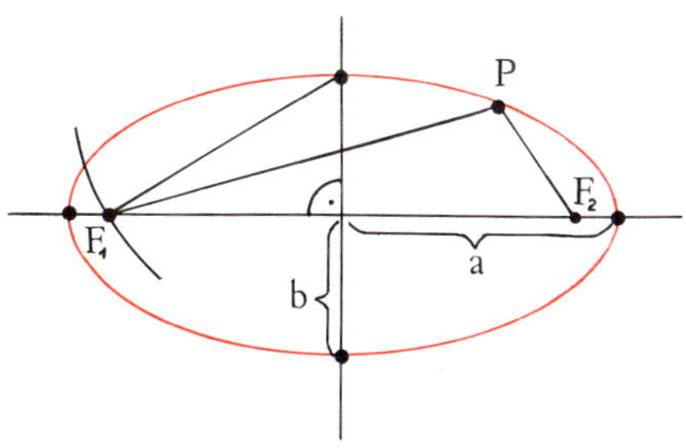

Fig. 14.a

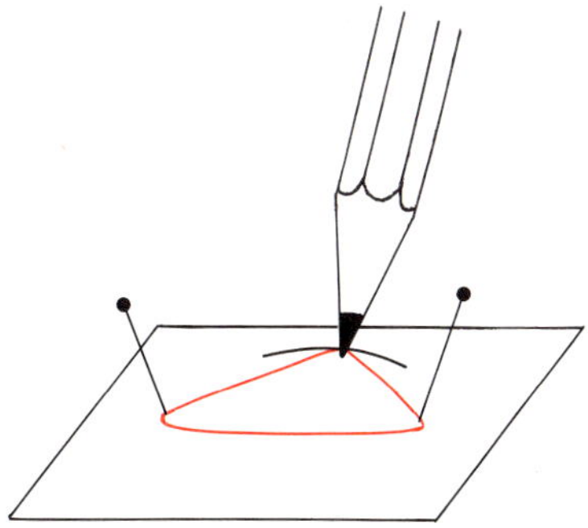

Fig. 14.b

Die Punkte F_1 und F_2 heißen die **Brennpunkte** der Ellipse. Die Gerade durch F_1 und F_2 ist die **Hauptachse**, die Mittelsenkrechte von F_1F_2 ist die **Nebenachse**, der Schnittpunkt der Achsen ist das **Zentrum** der Ellipse. Die Scheitel auf der Hauptachse sind die **Hauptscheitel**, die Scheitel auf der Nebenachse sind die **Nebenscheitel**. Die Strecke a vom Zentrum zu den Hauptscheiteln nennt man die **große Halbachse**, die Strecke b zu den Nebenscheiteln die **kleine Halbachse**. (Man braucht das Wort Achse bald im Sinne von Symmetrieachse, bald für die auf den Symmetrieachsen liegenden Ellipsendurchmesser oder deren Länge.)

Der Umfang des Dreiecks F_1F_2P ist konstant. Eine Ellipse kann, wie die Fig. 14.b zeigt, mit Hilfe zweier Stecknadeln und einer Fadenschlaufe ausgezogen werden.
Daß die konstante Entfernungssumme $PF_1 + PF_2$ gleich 2a ist, zeigen die Hauptscheitel. Kennt man von einer Ellipse die vier Scheitel, so erhält man die Brennpunkte mit Hilfe der Kreise um die Nebenscheitel mit dem Radius a.
Fallen die Brennpunkte F_1 und F_2 zusammen, so ist die Ellipse ein Kreis.

(14.3) **Satz:**

Eine Ellipse ist normalaffin zu ihren Scheitelkreisen (Fig. 14.c).

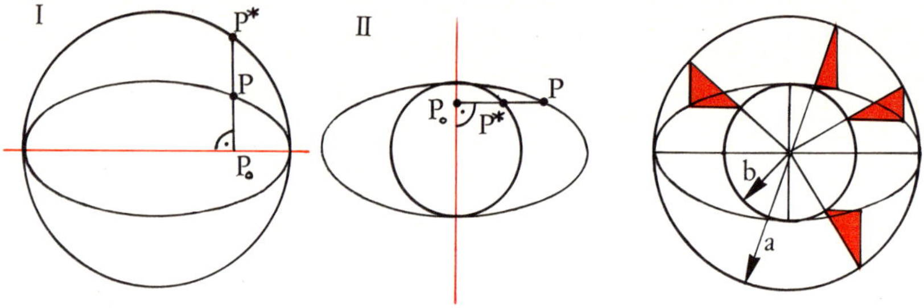

Fig. 14.c

Das ist der Satz (9.7). Bei der Zeichnung I ist die Hauptachse der Ellipse die Affinitätsachse, und das Affinitätsverhältnis $P^*P_0 : PP_0$ ist gleich dem Verhältnis a : b der Ellipsenhalbachsen. Bei II ist die Nebenachse die Affinitätsachse, und es gilt $P^*P_0 : PP_0 = b : a$. Daraus leitet sich die sog. **Fähnchenkonstruktion** der Ellipse, rechts im Bilde, ab.

(14.4) Ergänzt man das zu einem Ellipsenpunkt P gehörende Fähnchen (Fig. 14.d) zu einem Rechteck und verlängert man die Rechteckdiagonale, die das Fähnchen schneidet, bis zum Schnitt mit den Ellipsenachsen in U und V, so ergibt sich wegen der Symmetrie: PU = a und PV = b.

Darauf beruht die sog. **Papierstreifenkonstruktion** der Ellipse: Man legt eine Strecke der Länge a + b mit ihren Endpunkten auf ein rechtwinkliges Achsenkreuz und läßt die Endpunkte auf den Achsen gleiten. Der Punkt P, der die Strecke in die Teilstrecken mit den Längen a und b teilt, beschreibt dann die Ellipse mit den Halbachsen a und b.

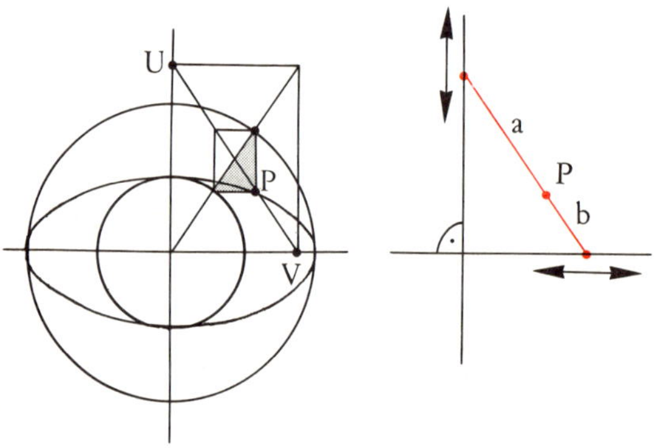

Fig. 14.d

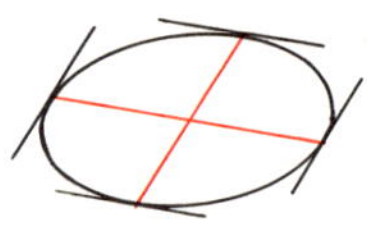

Fig. 14.e

Häufig sind von einer Ellipse die beiden Hauptscheitel und noch ein weiterer Punkt gegeben. Für die Konstruktion der Nebenscheitel hat man dann die Wahl zwischen der Fähnchen- und der Papierstreifenmethode.

(14.5) **Definition:**

Zwei Ellipsendurchmesser heißen **konjugiert**, wenn jeder parallel ist zu den Tangenten in den Endpunkten des andern (Fig. 14.e).

Bei einer normalen Affinität Kreis – Ellipse gehen orthogonale Kreisdurchmesser über in konjugierte Ellipsendurchmesser, denn Tangenten gehen in Tangenten über und parallele Geraden in parallele Geraden. Insbesondere sind die Achsen einer Ellipse konjugiert, das einzige konjugierte Durchmesserpaar, das einen rechten Winkel einschließt.
Wie konstruiert man die Achsen einer Ellipse, von welcher ein konjugiertes Durchmesserpaar vorgegeben ist?

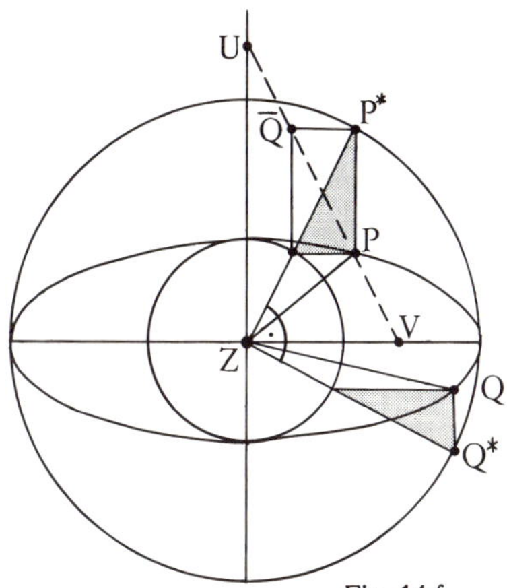

Fig. 14.f

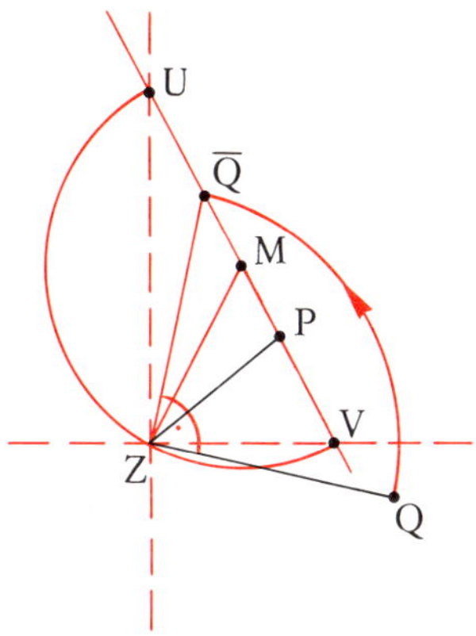

Fig. 14.g

Es seien ZP* und ZQ* (Fig. 14.f) zwei aufeinander senkrecht stehende Radien des Hauptscheitelkreises einer Ellipse, ZP und ZQ die zugehörigen konjugierten Ellipsenradien. Die zu P und Q gehörenden Fähnchen sind wegen des rechten Winkels bei Z kongruent. Dreht man das Dreieck ZQ*Q um Z um 90° gegen P, so bekommt man bei P die gleiche Rechteckfigur wie in der Fig. 14.d. Daraus ergibt sich die

Rytz'sche Achsenkonstruktion *(David Rytz 1801—1868):*

Gegeben sind zwei konjugierte Radien ZP und ZQ einer Ellipse. Man konstruiere die Ellipsenachsen (Fig. 14.g).

1) Man dreht den einen Radius ZQ gegen den andern um 90°. Q gehe dabei über in $\overline{Q}$.
2) Um die Mitte M der Strecke $P\overline{Q}$ schlägt man den Kreis mit dem Radius MZ.
3) Die Schnittpunkte U und V dieses Kreises mit der Geraden $P\overline{Q}$ sind Punkte der gesuchten Ellipsenachsen.
   Die Strecken PU und PV haben die Längen der Ellipsenhalbachsen; PU gehört zur Achse durch V, PV zur Achse durch U.

Man sieht auch, daß es zu *jedem* Dreieck ZPQ eine Ellipse gibt, so daß ZP und ZQ konjugierte Radien sind.

(14.6) Eine Ellipse läßt sich leichter zeichnen, wenn die **Krümmungskreise in den Ellipsenscheiteln** zu Hilfe genommen werden.

Die Fig. 14.h zeigt ohne weitere Erklärung, wie die Mittelpunkte dieser Scheitelkrümmungskreise konstruiert werden.

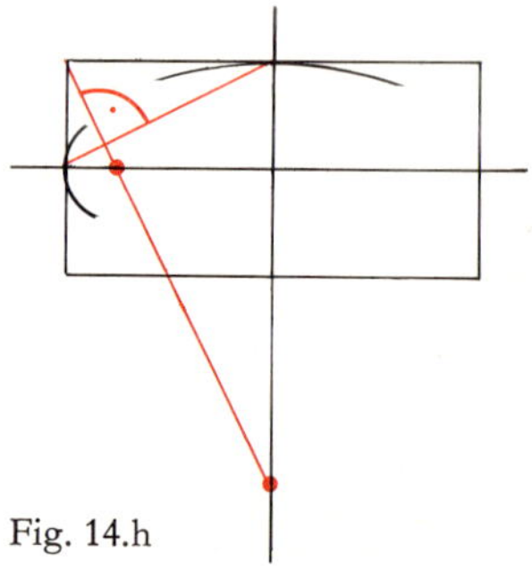

Fig. 14.h

(14.7) Die normale Affinität zwischen einer Ellipse und ihren Scheitelkreisen macht es möglich, gewisse Konstruktionen bei Ellipsen einfach als Kreisaufgaben zu behandeln, z. B. die beiden folgenden Aufgaben:

(a) **Schnitt einer Ellipse mit einer Geraden** (Fig. 14.i)

(b) **Konstruktion der Tangenten von einem Punkt aus an eine Ellipse** (Fig. 14.k)

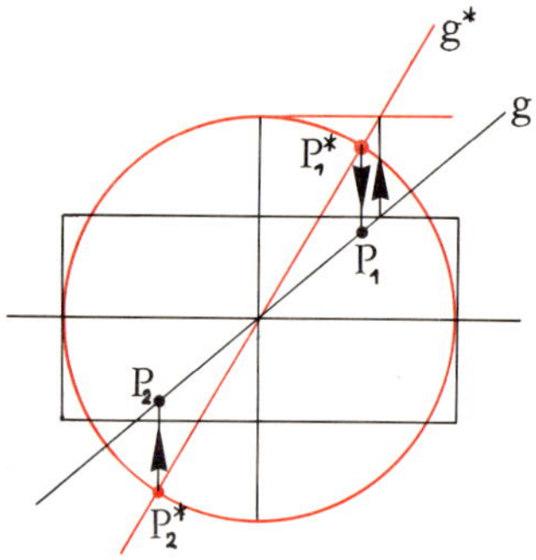

Fig. 14.i

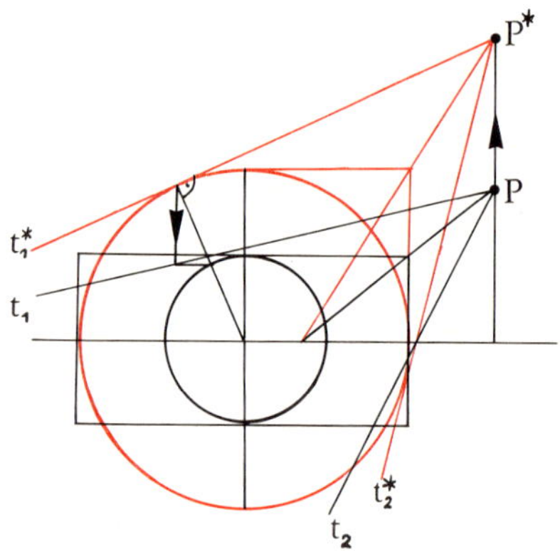

Fig. 14.k

Bei beiden Aufgaben wird die Ellipse normalaffin abgebildet in einen ihrer Scheitelkreise, und gleichzeitig werden die Gerade g rsp. der Punkt P mitabgebildet. Dann wird die Konstruktion beim affinen Kreis ausgeführt und das Resultat zurückgenommen.

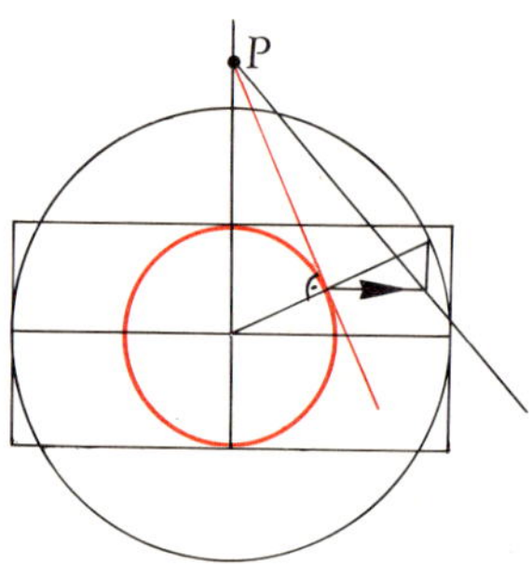

(14.8) Soll eine Ellipse durch irgendeine normale Affinität in einen Kreis abgebildet werden, so muß die Affinitätsachse parallel zu einer der Ellipsenachsen verlaufen, denn der rechte Winkel zwischen den Ellipsenachsen bleibt nach (9.5) nur so erhalten. Ist die Ellipse durch konjugierte Durchmesser gegeben, so liefert die Rytz'sche Konstruktion die möglichen Affinitätsrichtungen.

Es folgen zwei einfache Konstruktionen von im Raume liegenden Kreisen:

Aufgabe (14.9):

Gegeben ist eine Ebene Φ durch eine Gerade l und einen Punkt M. Man konstruiere in Φ den Kreis mit dem Mittelpunkt M und dem gegebenen Radius r (Fig. 14.1).

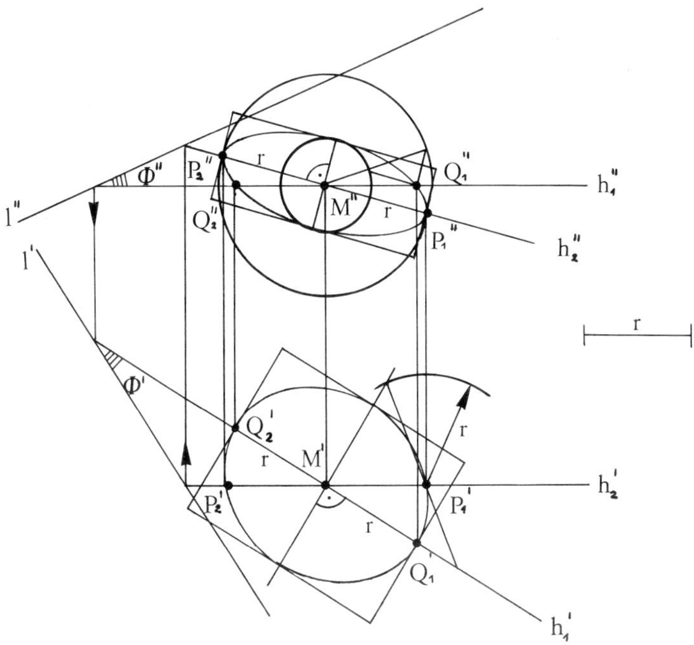

Fig. 14.1

Man zeichnet die durch den Kreismittelpunkt M laufenden Hauptgeraden h_1 und h_2 der Ebene Φ. Der Grundriß h_1' der ersten Hauptgeraden h_1 ist die Hauptachse der Grundrißellipse, also des Grundrisses des darzustellenden Kreises; h_2'' ist die Hauptachse der Ellipse im Aufriß. Auf diesen Hauptachsen wird der Kreisradius r abgetragen. Das ergibt die Ellipsenhauptscheitel P_1'', P_2'' und Q_1', Q_2'. Wichtig ist, daß man sofort auch den anderen Riß der Punkte P und Q einzeichnet. Dadurch bekommt man von jeder Ellipse neben den Hauptscheiteln noch zwei weitere Punkte, im Aufriß die Punkte Q_1'' und Q_2'', im Grundriß P_1' und P_2'. (Anfänger verfallen oft dem Irrtum P_1'' P_2'' und Q_1' Q_2' für die beiden Risse ein und desselben Kreisdurchmessers zu halten.) Dann können die Ellipsen fertig gezeichnet werden. Eine Ellipse gilt als konstruiert, wenn ihre vier Scheitel konstruiert sind. Im Grundriß wurde hier die Papierstreifenmethode angewendet, der Aufriß wurde mit der Fähnchenmethode, also mit Hilfe der Umklappung der Ebene Φ um h_2 konstruiert. Beim Ausziehen der Ellipsen achte man jeweils darauf, daß die äußersten Ellipsenpunkte links und rechts korrespondierend in beiden Rissen gezeichnet sind.

Aufgabe (14.10):

Gegeben sind drei Punkte A, B, C. Man konstruiere den Umkreis des Dreiecks ABC (Fig. 14.m).

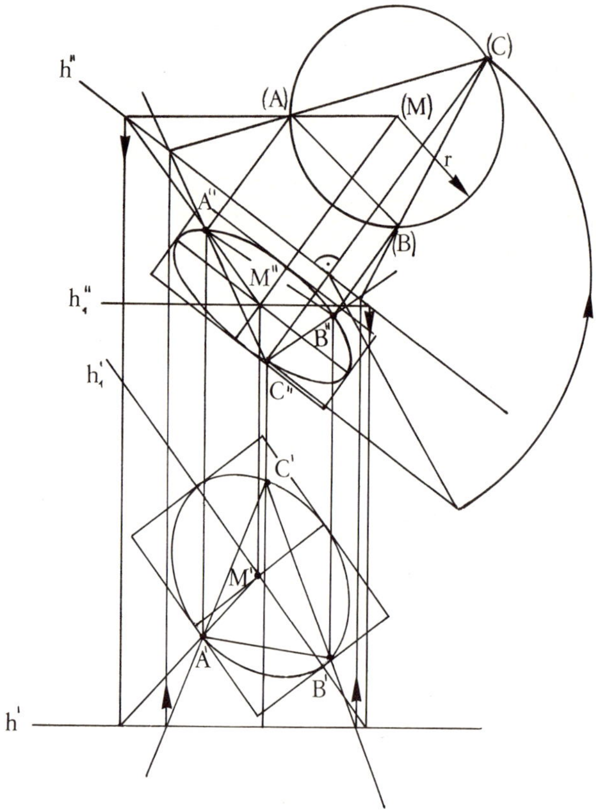

Fig. 14.m

Den Kreismittelpunkt M und den Kreisradius r kann man sich mit Hilfe einer Umklappung verschaffen. Die Ebene ABC wird hier um die zweite Hauptgerade h umgeklappt; usw.

Ein Kreis kann aufgefaßt werden als Bahn eines Punktes, der um eine Gerade rotiert. Man merke sich, daß die Achse dieser Rotation, die Kreisachse, in den Rissen senkrecht auf den Ellipsenhauptachsen erscheint (Fig. 14.n).

Die Darstellung eines Kreises vereinfacht sich, wenn die Kreisebene Φ projizierend ist, beispielsweise erstprojizierend (Fig. 14.o).
Kreisprojektionen lassen sich darum auch durch Umprojizieren leicht konstruieren. Die Fig. 14.p zeigt den Fall der Aufgabe (14.9). Auch bei der Aufgabe (14.10) könnte man, statt umzuklappen, die Ebene ABC durch zweimaliges Umprojizieren in Hauptlage bringen. Den Verhältnissen angepaßt wählt man jeweils das günstigste Verfahren.

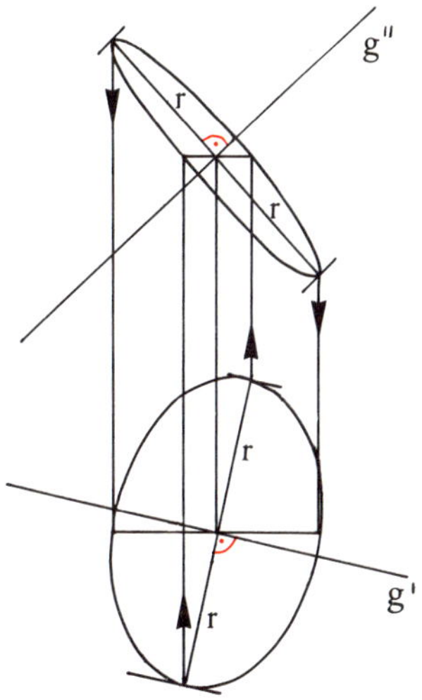

Fig. 14.n

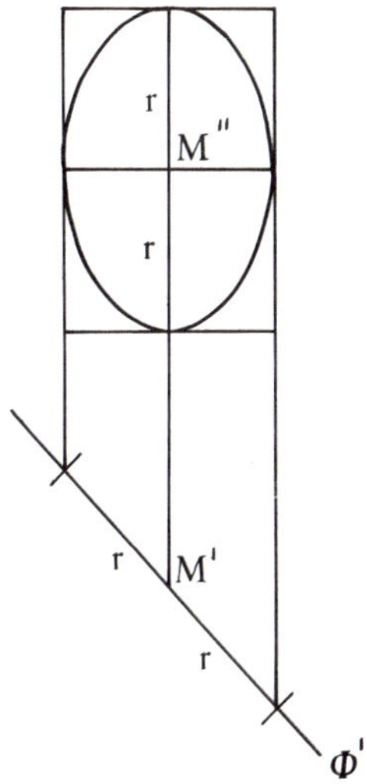

Fig. 14.o

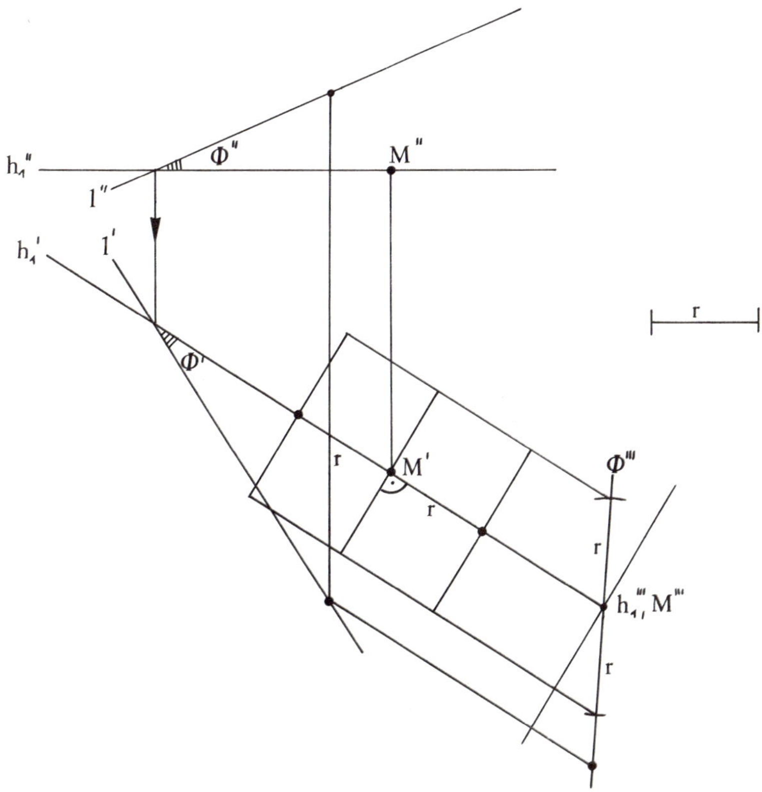

Fig. 14.p

Noch einige **Kreisaufgaben:**

(14.11) Von einem Kreis kennt man den Mittelpunkt und eine Tangente.

(14.12) Gegeben sind ein Punkt M, eine Ebene Δ und in Δ ein Punkt B. Man konstruiere den Kreis mit dem Mittelpunkt M, welcher Δ in B berührt. (Δ schneiden mit der Normalebene zu MB durch B.)

(14.13) Gegeben sind zwei Ebenen Δ_1, Δ_2 und in jeder Ebene ein Punkt B_1, B_2. Gesucht ist ein Kreis, welcher Δ_1 in B_1 und Δ_2 in B_2 berührt. (Die Mittelnormalebene von B_1B_2 schneiden mit der Schnittgeraden von Δ_1 und Δ_2.)

(14.14) Gegeben sind zwei Punkte A, B und eine Ebene Γ. Man konstruiere einen Kreis mit dem Durchmesser AB, der Γ berührt. (Sekantensatz)

(14.15) Gegeben sind zwei windschiefe Geraden g und t. Man stelle den kleinsten Kreis dar, welcher t berührt und g in einem Punkt schneidet. (t projizierend machen.)

(14.16) Eine Strecke PS wird um eine durch S gehende Gerade gedreht. Man stelle den entstehenden Rotationskegelkörper dar.

Zwei **Anwendungen** zu (14.8):

Aufgabe (14.17):

Von einem Quadrat ABCD ist der Grundriß (das Parallelogramm A'B'C'D') gegeben und von der Ecke A auch noch der Aufriß. Man konstruiere den ganzen Aufriß des Quadrats (Fig. 14.q).

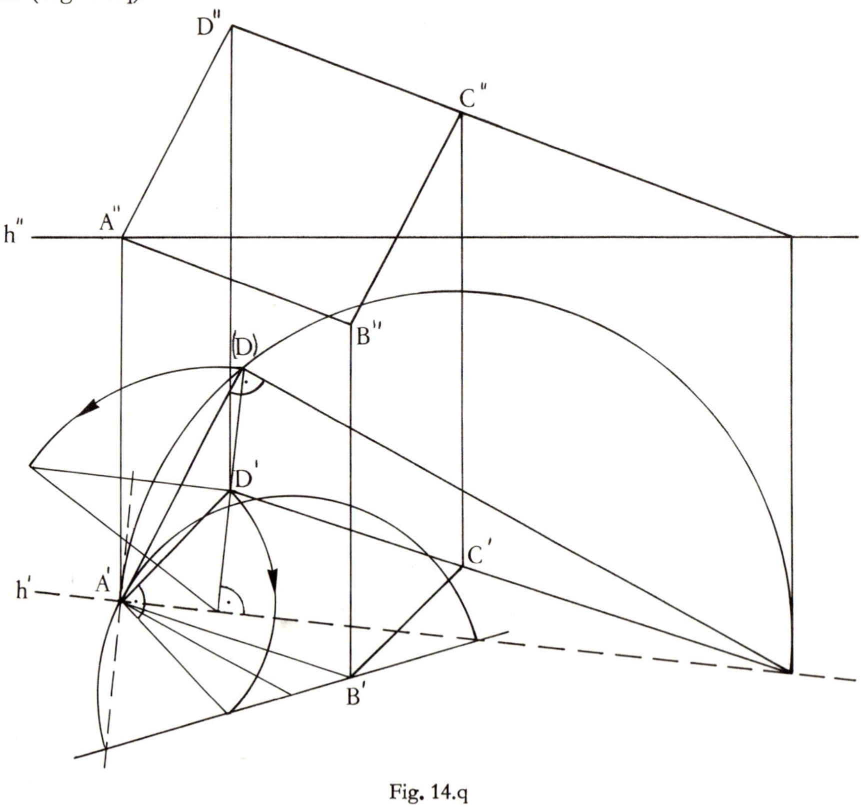

Fig. 14.q

Die Quadratseiten AB und AD werden aufgefaßt als Radien eines Kreises der Quadratebene, mit dem Mittelpunkt A. Den Grundriß dieses Kreises kann man sofort konstruieren: A'B' und A'D' sind konjugierte Radien der Grundrißellipse (Rytz'sche Konstruktion). Dann denkt man sich die Quadratebene um ihre erste Hauptgerade h durch A in erste Hauptlage umgeklappt. Die Umklappung des Kreises ist normalaffin zur Grundrißellipse. Nach (14.8) muß die Affinitätsachse h' die Ellipsenhauptachse sein. Das Quadrat kann in der Umklappung mit Hilfe des rechten Winkels bei D konstruiert werden. Den Aufriß von D liefert das zu D gehörende Stützdreieck.

Aufgabe (14.18):

Von einem auf der Grundrißebene stehenden, geraden dreiseitigen Prisma ist der Grundriß gegeben. Man konstruiere eine Ebene Φ, welche das Prisma in einem gleichseitigen Dreieck ABC schneidet (Fig. 14.r).

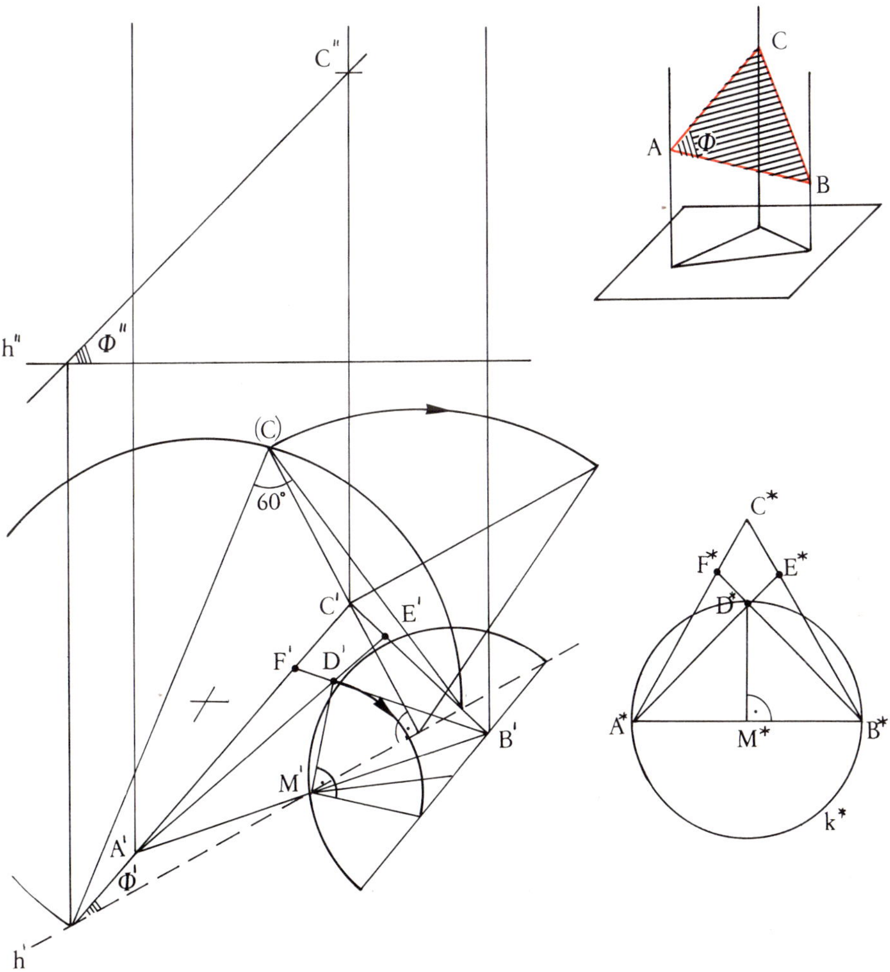

Fig. 14.r

Man denkt sich in der gesuchten Ebene Φ irgendeinen Kreis gezeichnet, z. B. den Kreis mit dem Durchmesser AB. Diesen Kreis k und damit die Ebene Φ kann man wie bei (14.17) mit Hilfe zweier orthogonaler Kreisradien konstruieren.
Zwar kennt man die wahre Größe des Dreiecks ABC nicht, man kann aber in einer Hilfsfigur bei einem ähnlichen Dreieck A*B*C* den entsprechenden Kreis k* und zwei beliebige orthogonale Radien, z. B. M*B* und M*D* einzeichnen. Da bei einer Normalprojektion Teilverhältnisse erhalten bleiben, lassen sich die entsprechenden Punkte M und D des Kreises k im Grundriß leicht konstruieren durch Übertragen von Verhältnissen aus der Hilfsfigur. Mit der Rytz'schen Konstruktion konstruiert man aus den konjugierten Radien M'B' und M'D' die Achsen der Grundrißellipse k' und damit die Umklappungshauptgerade h der Ebene Φ. Man zeichnet das Dreieck in der Umklappung und klappt zurück.
Es zeigt sich, daß bei dieser Konstruktion die Gleichseitigkeit des Dreiecks ABC nicht von Bedeutung ist. Es gilt der

(14.19) **Satz:**

Ein dreiseitiges Prisma mit den parallelen Kanten a, b, c kann mit einer Ebene so geschnitten werden, daß die Schnittpunkte A, B, C auf a, b, c ein Dreieck bilden, das einem vorgegebenen Dreieck A*B*C* ähnlich ist.

15. Die Kugel

Die Normalprojektion einer Kugel auf eine Ebene ist ein Kreis. Die Fig. 15.a zeigt die Grund-Aufriß-Darstellung einer Kugel. Die Kreise, welche im Grundriß und Aufriß gezeichnet werden, heißen die **Umrisse** der Kugel.

Unter dem **Umriß** (oder der **Kontur**) eines Körpers bei einer Projektion auf eine Ebene oder auf irgendeine Fläche versteht man den Rand des Gebietes, auf das die Punkte des Körpers abgebildet werden. Ein **Umrißpunkt** des Körpers ist ein Punkt des Körpers, dessen Projektion zum Umriß gehört.

(Gelegentlich präzisiert man folgendermaßen: Den Umriß im hier beschriebenen Sinn nennt man den **scheinbaren** Umriß des Körpers, die Menge der Umrißpunkte auf dem Körper nennt man den **wahren** Umriß des Körpers.)

Bei einer Normalprojektion liegen die Umrißpunkte einer Kugel auf einem Großkreis, dem Großkreis senkrecht zur Projektionsrichtung. In der Fig. 15.a bilden die **ersten** Umrißpunkte, das sind die Umrißpunkte bezüglich des Grundrisses, den Kreis k_1, die **zweiten** Umrißpunkte den Kreis k_2.

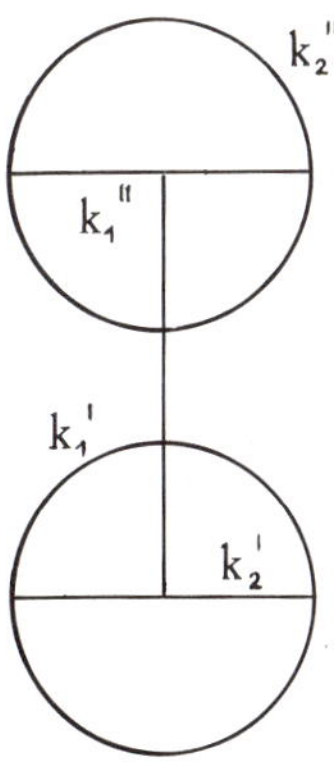

Fig. 15.a

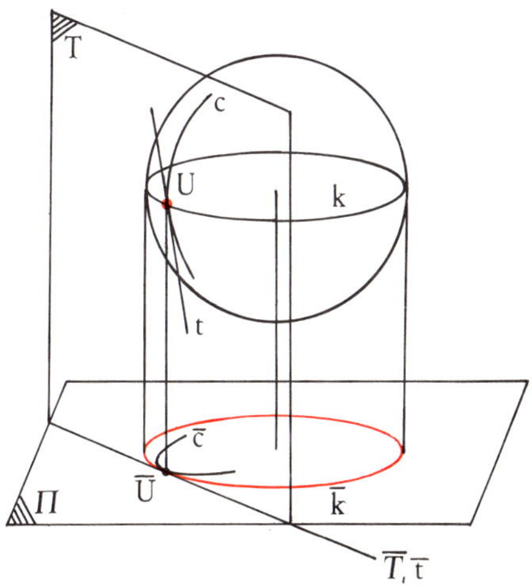

Fig. 15.b

Die Tangentialebene T in einem Umrißpunkt U einer Kugel (Fig. 15.b) ist projizierend. Ihre Schnittgerade mit der Rißebene Π ist die Tangente an den Umriß $\overline{k}$ der Kugel im Riß $\overline{U}$ des Punktes U. Hat eine auf der Kugeloberfläche liegende, durch U laufende Kurve c in U eine nichtprojizierende Tangente t, so berührt ihr Riß $\overline{c}$ den Umriß $\overline{k}$ in $\overline{U}$. Man nennt dann U einen Umrißpunkt der Kurve c.
Deutet man die Projektion als Parallelbeleuchtung, so ist k die Eigenschattengrenze, $\overline{k}$ die Schlagschattengrenze der Kugel.
Gleicherweise werden die Begriffe bei schiefen Parallelprojektionen und Zentralprojektionen gebraucht und natürlich ebenso bei irgendwelchen anderen Körpern und Flächen.

Es folgen die wichtigsten Kugel-Grundkonstruktionen:

(15.1) **Konstruktion des anderen Risses eines Punktes auf einer Kugel** (Fig. 15.c)

Kennt man von einem Punkt P auf einer Kugel nur *einen* Riß, beispielsweise nur den Aufriß P'', so kann man den Grundriß P' mit Hilfe einer Hauptebene, nämlich der ersten Hauptebene Δ durch P konstruieren. Die Ebene Δ schneidet die Kugel im Kreis k, der im Grundriß in wahrer Größe erscheint. Die Punkte P_1' und P_2' auf der Ordnungslinie durch P'' sind die beiden in Frage kommenden ersten Risse von P.
Man beachte speziell den Fall, wo P gerade ein Umrißpunkt der Kugel ist.

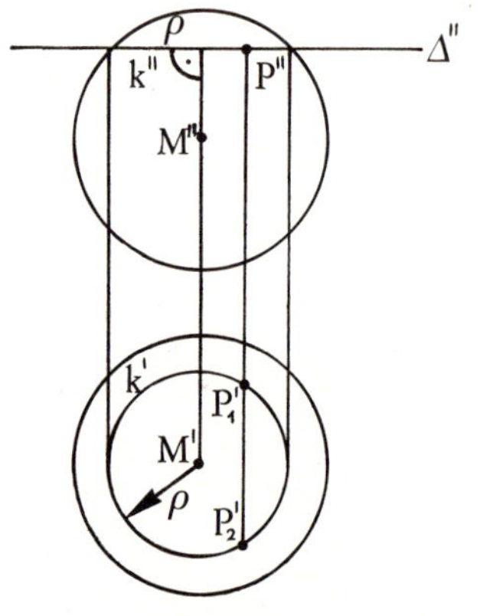

Fig. 15.c

(15.2) **Schnitt einer Kugel mit einer Geraden** (Fig. 15.d)

Zwei Methoden, eine Kugel mit einer Geraden g zu schneiden, stehen zur Verfügung:

a) Man klappt die Ebene Γ, welche aufgespannt wird durch g und den Kugelmittelpunkt M, in Hauptlage um, am besten gerade um eine der Hauptgeraden durch M, z. B. um die erste Hauptgerade h. Die Ebene Γ schneidet die Kugel im Großkreis k, dessen Umklappung (k) mit dem ersten Umriß der Kugel zusammenfällt (weil h durch M geht). In der Umklappung wird (g) mit (k) geschnitten, und die Schnittpunkte (A) und (B) werden zurückgezogen.

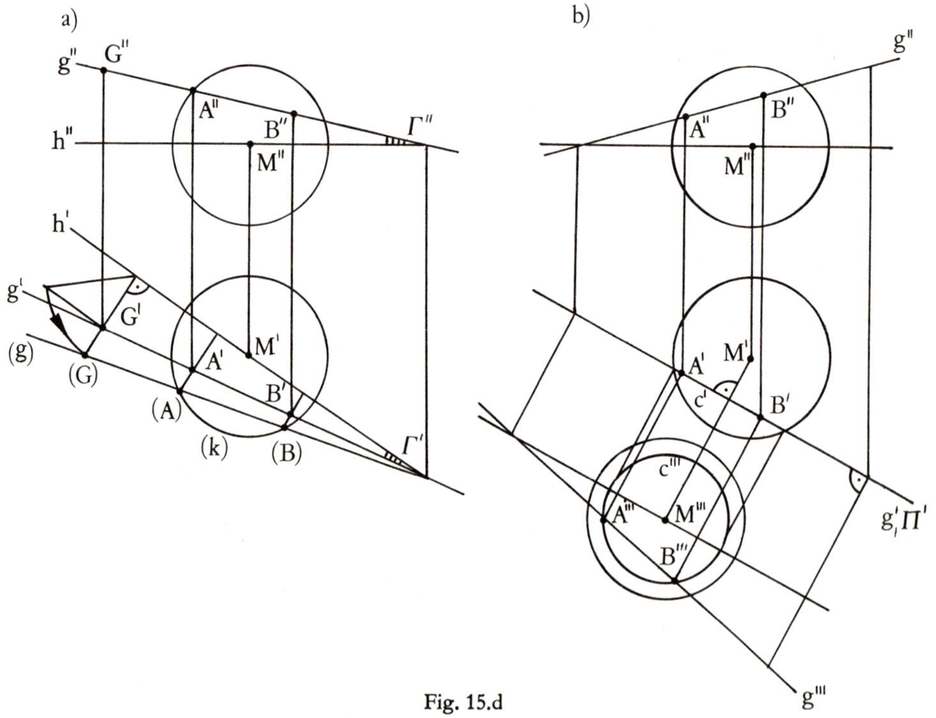

Fig. 15.d

b) Man legt durch g eine projizierende Ebene, z. B. die erstprojizierende Ebene Π. Dann projiziert man um, bis Π Hauptlage hat, also senkrecht zu g'. Π schneidet die Kugel im Kreis c, der im dritten Riß in wahrer Größe erscheint. Man schneidet c''' mit g''' im dritten Riß und transformiert zurück.

Geht die Gerade g durch den Mittelpunkt M, so kann man auch einfach nach (8.4) auf g von M aus den Kugelradius abtragen.

(15.3) **Tangentialebene in einem Punkt einer Kugel**

Die Tangentialebene in einem Punkt P einer Kugel mit dem Mittelpunkt M ist die Normalebene zum Radius PM. Grundaufgabe VII (8.5).

(15.4) **Tangentialebenen durch eine Gerade an eine Kugel**

Auch hier stehen zwei Lösungsverfahren zur Verfügung (Fig. 15.e).

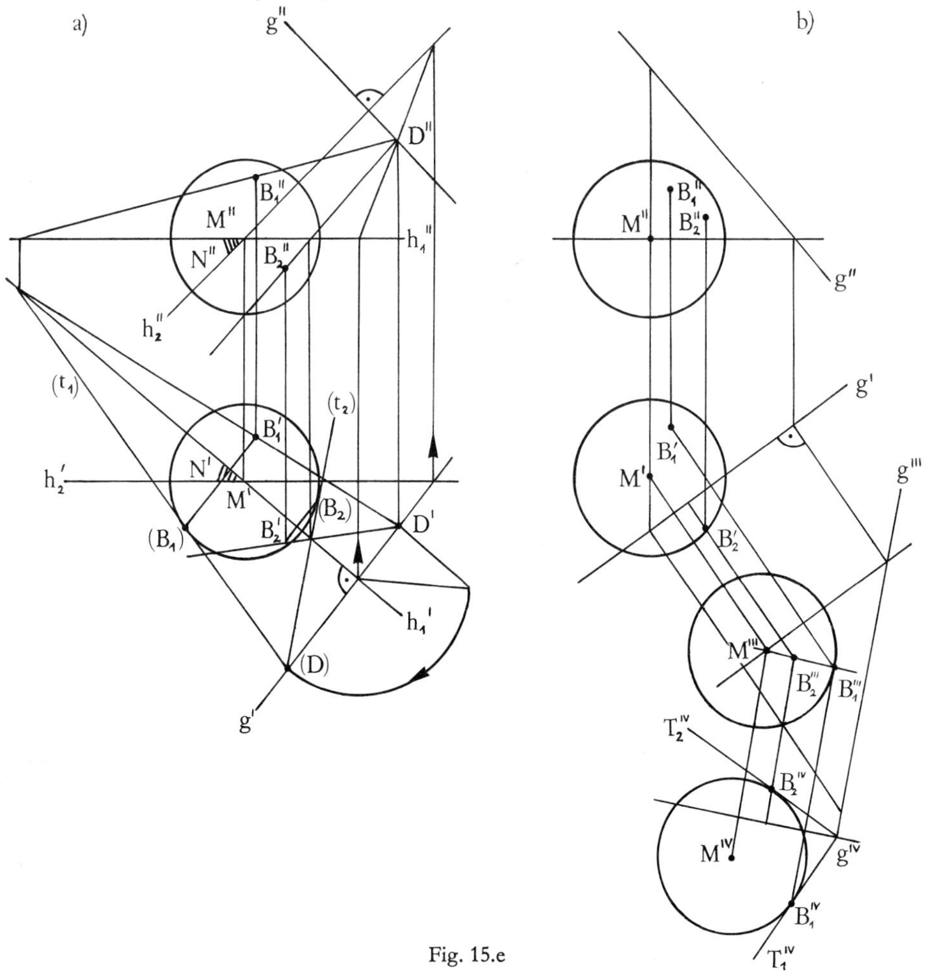

Fig. 15.e

Bei a) wird die Normalebene N zur Geraden g durch den Kugelmittelpunkt M geschnitten mit g; Schnittpunkt D. Dann wird N umgeklappt um die erste Hauptgerade h_1 durch M, und vom Schnittpunkt D aus werden die Tangenten t_1 und t_2 an den Großkreis gezogen, in welchem N die Kugel schneidet und dessen Umklappung mit dem ersten Kugelumriß zusammenfällt. Die beiden Tangentialebenen sind bestimmt durch g und die Berührungspunkte B_1 und B_2.
Mehr Platz braucht die Konstruktion b). Hier wird umprojiziert, bis die Gerade g und damit die Tangentialebenen T_1 und T_2 projizierend sind. g ist projizierend bezüglich des vierten Risses, und die Berührungspunkte B_1 und B_2 sind Umrißpunkte bezüglich des vierten Risses.

(15.5) **Schnitt einer Kugel mit einer Ebene**

Zuerst soll der Fall betrachtet werden, wo die Schnittebene Γ durch das Kugelzentrum M geht. Γ werde aufgespannt durch die Geraden f und g (Fig. 15.f). Die Schnittkurve ist ein Großkreis. Dieser Kreis erscheint in den Rissen als Ellipse, jeweils mit dem Kugelumriß als Hauptscheitelkreis. Die durch M laufenden Hauptgeraden h_1 und h_2 von Γ ergeben die Ellipsenhauptachsen. Konstruktion der Nebenscheitel am besten mit der Fähnchenmethode (14.3).
Natürlich kann man hier auch umprojizieren, z. B. in der Richtung von h_1', und dann vom dritten Riß her den Grundriß des Schnittkreises sofort konstruieren.

Geht die Schnittebene Γ nicht durch das Kugelzentrum, so schneidet sie die Kugel in einem Kleinkreis. Man bringt dann Γ am besten zuerst durch Umprojizieren in projizierende Lage.
Den Fall einer beispielsweise zweitprojizierenden Schnittebene zeigt die Fig. 15.g. Man beachte die Konstruktion der ersten Umrißpunkte U_1 und U_2 des Schnittkreises k.

Den allgemeinen Fall zeigt die Fig. 15.h. Bei der hier gewählten Disposition hat der Schnittkreis k keine ersten. aber zweite Umrißpunkte. Man erhält sie, indem man Γ mit der zweiten Hauptebene Δ durch den Kugelmittelpunkt M schneidet; Schnittgerade s.

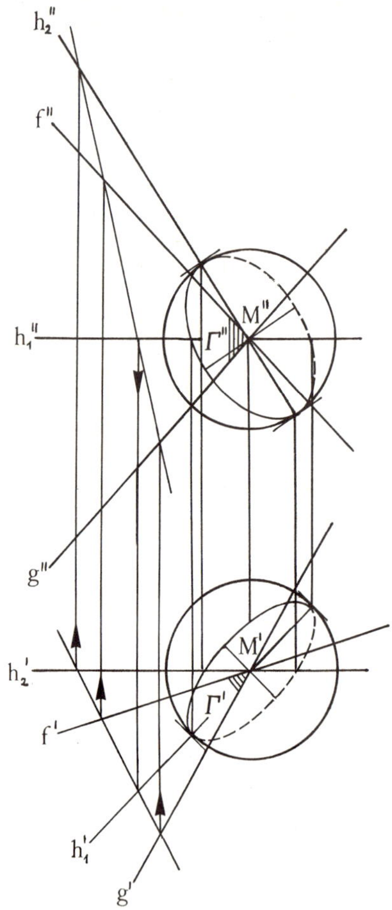

Fig. 15.f

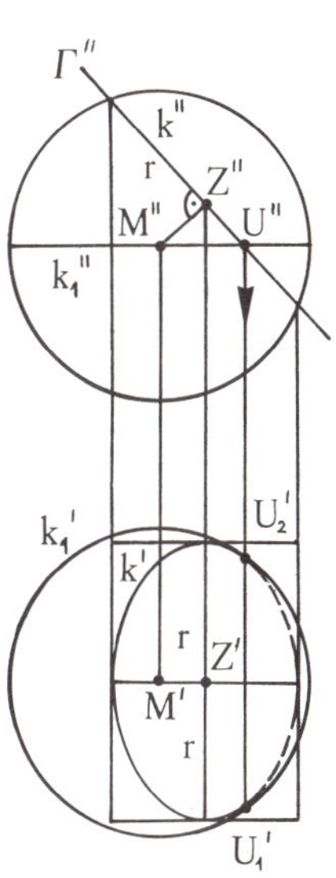

Fig. 15.g

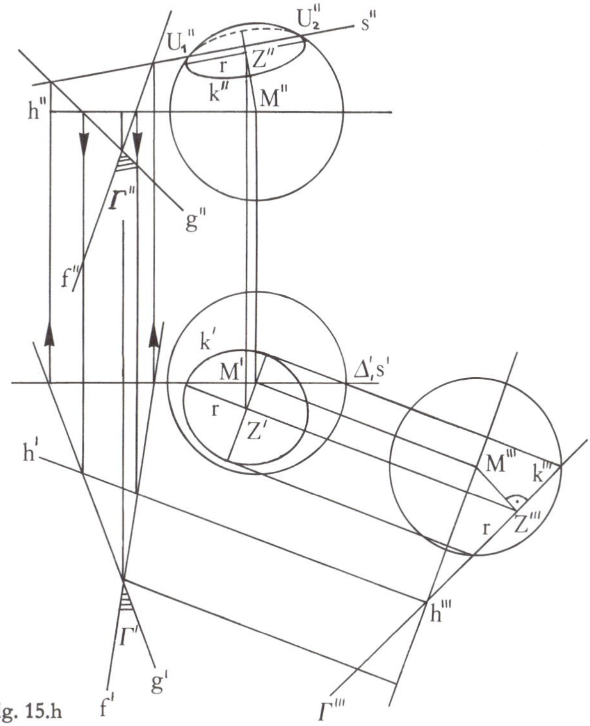

Fig. 15.h

Zwei **Anwendungen:**

(15.6) Eine Kugel wird von einem Punkt L aus beleuchtet. Man konstruiere ihre Eigenschattengrenze (Fig. 15.i).

(15.7) Ein Flugzeug fliegt auf kürzestem Weg von Zürich (geographische Länge 8,5°; Breite 47,3°) nach Rio de Janeiro (–43,2°; –23,0°). Man zeichne auf einer Erdkugel mit erstprojizierender Achse die Flugbahn ein und bestimme den zugehörigen Zentriwinkel des Großkreisbogens.

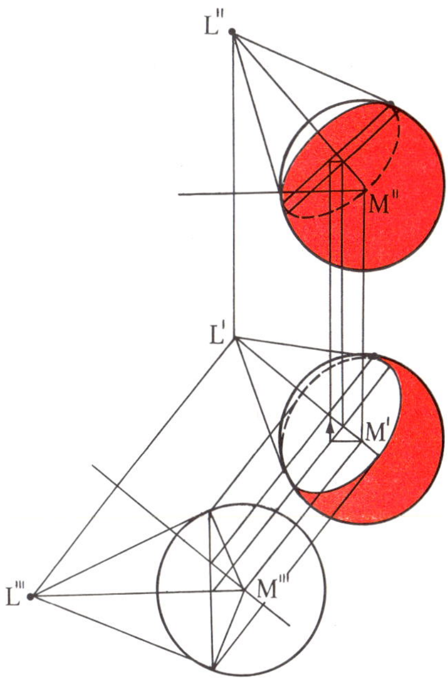

Fig. 15.i

16. Rotationskegel und Rotationszylinder

Rotationskegelflächen und Rotationszylinderflächen werden mit Hilfe von **Inkugeln** gezeichnet (Fig. 16.a).

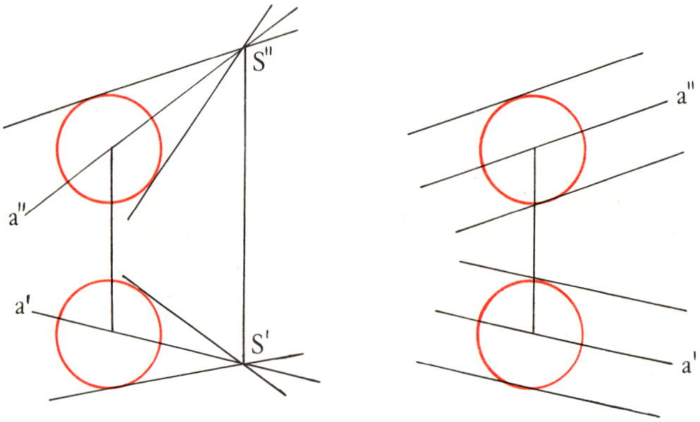

Fig. 16.a

Da ein Zylinder ein Kegel ist, mit einem Fernpunkt als Spitze, genügt es, wenn im Folgenden einfach von Kegeln die Rede ist. (Wo es geht, wird auf die Präzisierung Kegel*fläche*/Kegel*körper* verzichtet und einfach Kegel gesagt.)

Man beachte zuerst, daß nicht ein und dieselbe Kegelmantellinie zugleich Umrißmantellinie bezüglich des Grundrisses und bezüglich des Aufrisses sein kann. Die Mantellinien m_1 und m_2 (Fig. 16.b) sind die ersten Umrißmantellinien, m_3 und m_4 die zweiten. Man bekommt z. B. m_3' aus m_3'', indem man den Punkt T, in welchem m_3 die Inkugel berührt, auch im Grundriß zeichnet. T ist ein zweiter Umrißpunkt der Kugel und liegt in der zweiten Hauptebene durch den Kugelmittelpunkt M.

Wenn die Kegelachse a Hauptlage hat, vereinfacht sich die Zeichnung; beispielsweise bei zweiter Hauptlage von a fallen m_3' und m_4' mit a' zusammen.

Ist von einer Mantellinie eines Rotationskegels nur *ein* Riß gegeben, z. B. von der Mantellinie m (Fig. 16.c) nur der Grundriß m', so kann der Aufriß m'' folgendermaßen konstruiert werden: Man faßt m auf als Tangente einer beliebig gewählten Inkugel. Die erstprojizierende Ebene Γ durch m schneidet die Kugel im Kreis k. m ist Tangente von S an k. Projiziert man um, senkrecht zu m', so wird k in wahrer Größe sichtbar, und man kann m''' sofort zeichnen.

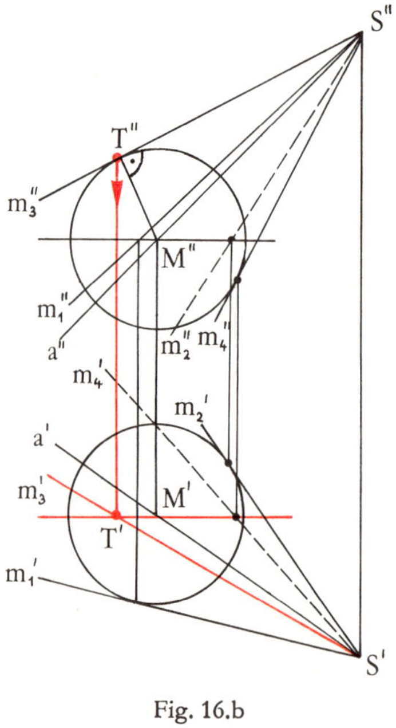

Fig. 16.b

Man könnte auch wie bei der Fig. 15.g direkt ohne neuen Riß den Aufriß des Kreises k zeichnen und wie bei der Fig. 14.k von S″ aus die Tangenten ziehen.

Den Fall eines Rotationszylinders zeigt die Fig. 16.d.

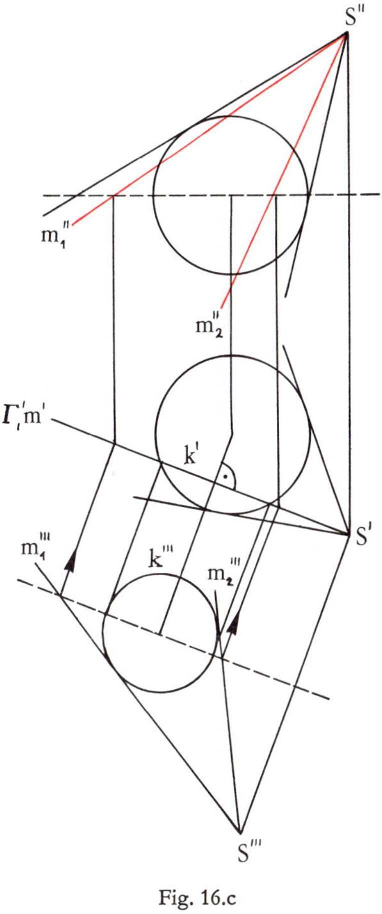

Fig. 16.c

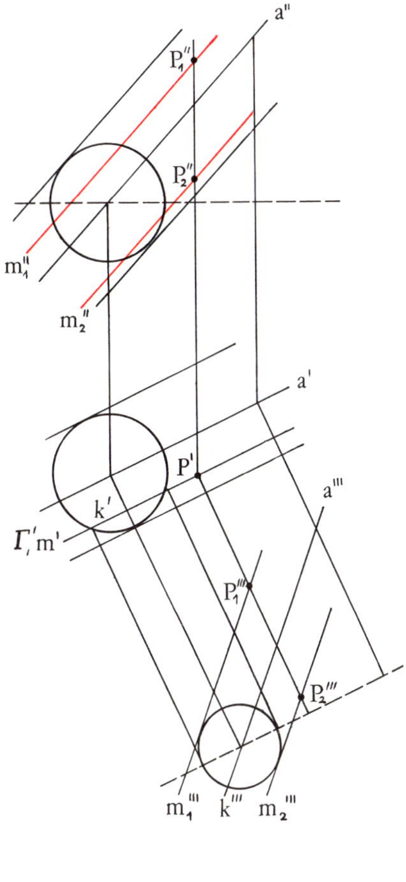

Fig. 16.d

Kennt man von einem Punkt P einer Kegelfläche nur einen Riß, so konstruiert man den anderen auf diese Weise mit Hilfe der durch P laufenden Mantellinie.

Ergänzend zur Fig. 16.a zeigt die Fig. 16.e noch zwei Fälle, wo die Projektion der Kegelspitze nicht in jedem der Risse außerhalb des Inkugelumrisses liegt.

Der Öffnungswinkel eines Rotationskegels erscheint, wenn die Achse nicht Hauptlage hat, in den Rissen nicht in wahrer Größe. Sind die Achse a, die Spitze S und der halbe Öffnungswinkel φ gegeben und die Umrisse gesucht, so bringt man a zuerst in Hauptlage (Fig. 16.f), trägt im dritten Riß φ ab und nimmt eine Inkugel zurück.

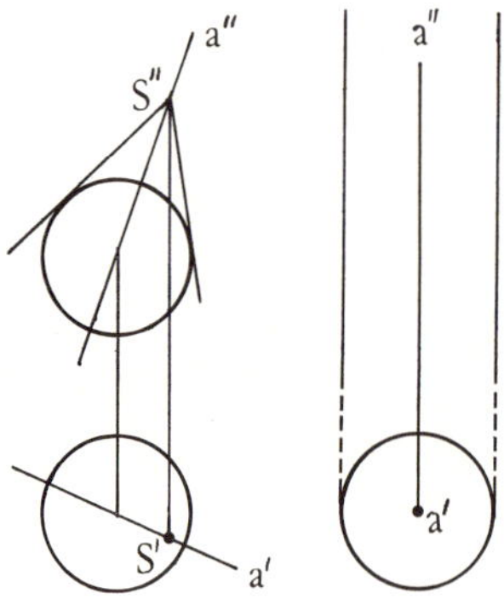

Fig. 16.e

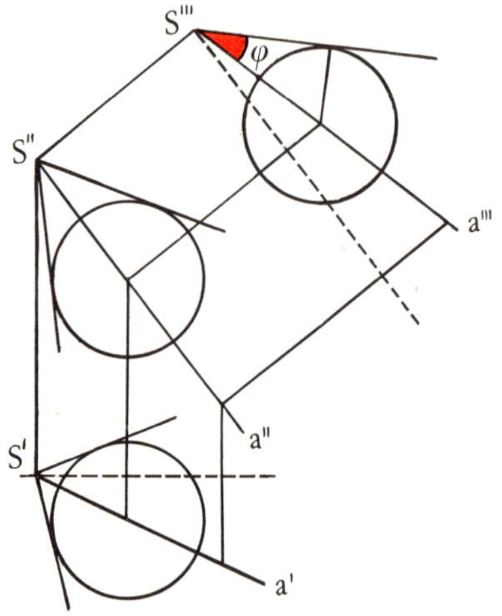

Fig. 16.f

(16.1) **Konstruktion eines Leitkreises**

Gegeben sind von einem Rotationskegel die Spitze S, die Achse a und eine Inkugel (Fig. 16.g).
Man schneide den Kegel mit einer Ebene Σ normal zu a.
Durch Umprojizieren, z. B. vom Grundriß aus, wird a in Hauptlage gebracht. Σ ist dann bezüglich des dritten Risses projizierend. Vom dritten Riß her bekommt man sofort den Grundriß des Schnittkreises k und nachher auch den Aufriß. Die Ellipsenhauptachsen stehen senkrecht auf a′ resp. a″. Die Umrißpunkte U_1, U_2, U_3, U_4 des Kreises k konstruiert man am besten mit Hilfe der Inkugel, die den Kegel längs k berührt.
Man führe die Konstruktion auch bei einem Rotationszylinder durch.
Wenn umgekehrt von einem Rotationskegel ein Leitkreis und die Spitze (auf der Leitkreisachse) gegeben sind, können die Kegelumrisse wie bei der Fig. 14.k konstruiert werden oder durch Umprojizieren.

Es folgen die wichtigen Schnitt- und Berührungsaufgaben mit Rotationskegeln und Rotationszylindern.

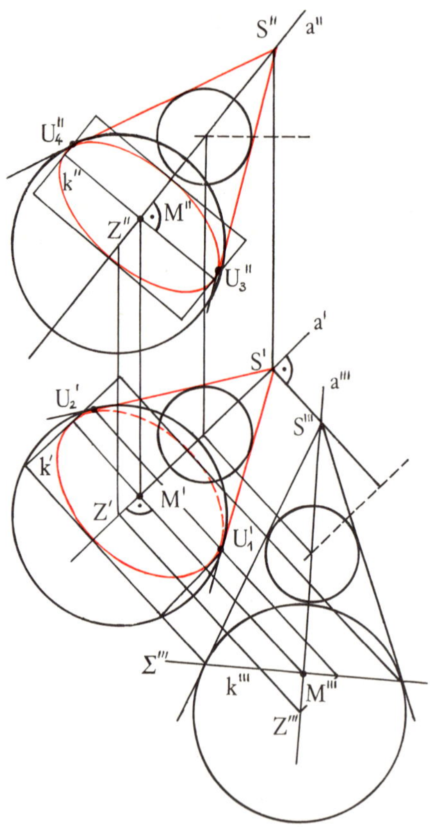

Fig. 16.g

(16.2) **Schnitt eines Rotationskegels mit einer Geraden** (Fig. 16.h)

Ein Rotationskegel mit der Achse a, der Spitze S und einem Leitkreis k soll mit einer Geraden g geschnitten werden.

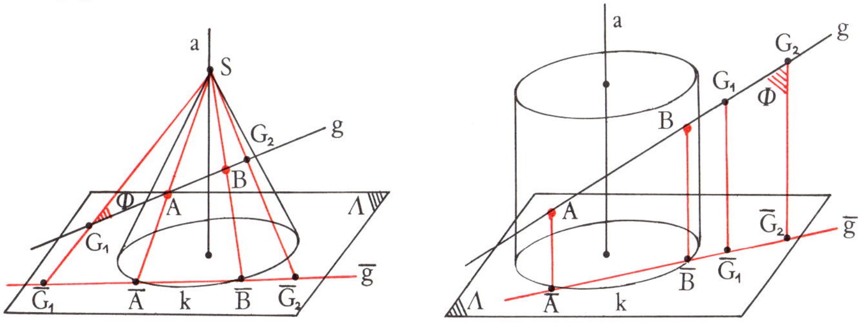

Fig. 16.h

Die Spitze S und die Gerade g spannen eine Ebene Φ auf. Diese Ebene Φ schneidet den Kegel in den Mantellinien, auf denen die gesuchten Durchstoßpunkte A und B liegen. Man schneidet Φ mit der Leitkreisebene Λ und dann die Schnittgerade $\overline{g}$ mit dem Leitkreis k und verbindet die Schnittpunkte $\overline{A}$ und $\overline{B}$ mit S. Mit anderen Worten: Die Gerade g wird von S aus, rsp. bei einem Zylinder in der Richtung der Achse a, auf die Leitkreisebene Λ projiziert, und die Projektion $\overline{g}$ wird mit dem Leitkreis k geschnitten. Projiziert wird mit Hilfe zweier Punkte G_1 und G_2 von g; mit Vorteil nimmt man als einen dieser Punkte gerade den Schnittpunkt von g mit Λ.

(16.3) **Tangentialebene durch einen Punkt an einen Rotationskegel** (Fig. 16.i)

Gesucht sind die Tangentialebenen eines Rotationskegels mit der Achse a, der Spitze S und einem Leitkreis k, welche durch einen gegebenen Punkt P gehen.

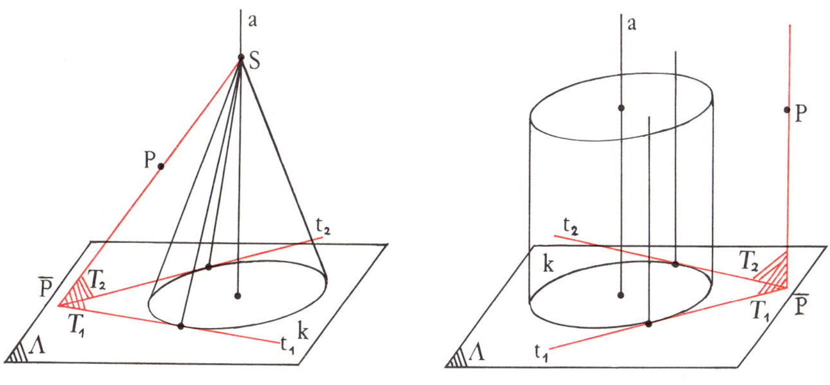

Fig. 16.i

Man projiziert P von S aus, rsp. bei einem Zylinder in der Richtung der Achse a, auf die Leitkreisebene Λ und zieht vom Bild $\overline{P}$ die Tangenten t_1 und t_2 an den Leitkreis k. Diese Tangenten spannen zusammen mit der Geraden $\overline{P}S$ die Tangentialebenen T_1 und T_2 auf.

Der Punkt P kann natürlich auch ein Fernpunkt sein.
Liegt P gerade auf der Kegelfläche, so vereinfacht sich die Konstruktion (Fig. 16.k).

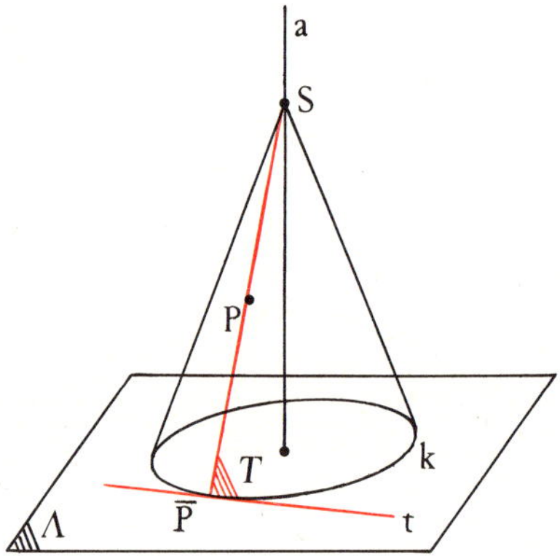

Fig. 16.k

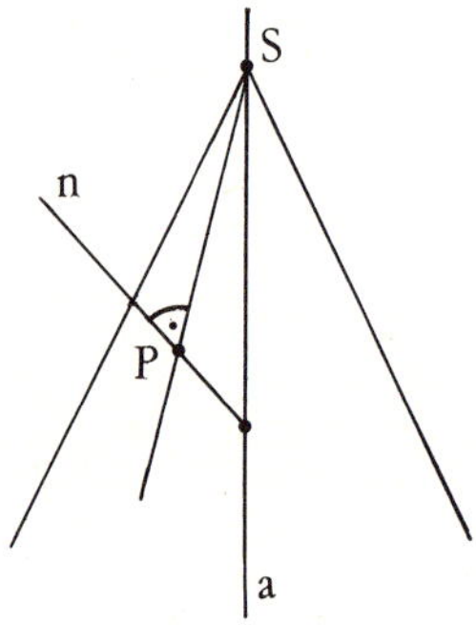

Fig. 16.l

Um die Konstruktionen (16.2) und (16.3) bequem durchführen zu können, bringt man die Leitkreisebene jeweils zuerst durch Umprojizieren in Hauptlage.
Die beiden Konstruktionsverfahren werden natürlich nicht nur bei Rotationskegeln, sondern auch bei schiefen Kreiskegeln, ja überhaupt bei Kegeln mit irgendwelchen ebenen Leitlinien angewendet.
Ist von einem Rotationskegel kein Leitkreis gezeichnet, so kann die Aufgabe (16.3) auch ohne Leitkreis, mit Hilfe einer Inkugel gelöst werden. Man konstruiert dann wie bei (15.4) die Inkugeltangentialebenen, welche durch die Gerade SP gehen.
Und die Tangentialebene T in einem Punkt P eines Rotationskegels kann mit Hilfe der Normalen n zu T in P konstruiert werden (Fig. 16.l). Diese Normale n liegt in der zur Mantellinie SP normalen Ebene durch P und schneidet die Kegelachse a.

Eine **Anwendung:**

Schattenkonstruktion bei einem Rotationskegel

Ein Rotationskegel (Fig. 16.m) wird von einem Punkt L aus beleuchtet. Die Eigenschattengrenze besteht aus den beiden Mantellinien, längs denen die durch L gehenden Tangentialebenen den Kegel berühren. Der Schlagschatten in der Leitkreisebene Λ wird begrenzt durch die Tangenten, die vom Schattenpunkt D der Kegelspitze S aus an den Leitkreis gelegt werden können.
Die Schattengrenzen sind allein schon durch die Richtung des Lichtstrahls bestimmt, der durch die Kegelspitze geht; eine Verschiebung der Lichtquelle L auf der Geraden SD (z. B. in den Fernpunkt) verändert nichts.

(16.4) **Schnitt eines Rotationskegels mit einer Ebene**

Dieses zentrale Problem wird im Kap. 18 separat behandelt. Die Schnittkurve ist nur dann ein Kreis, wenn die Schnittebene senkrecht auf der Kegelachse steht.

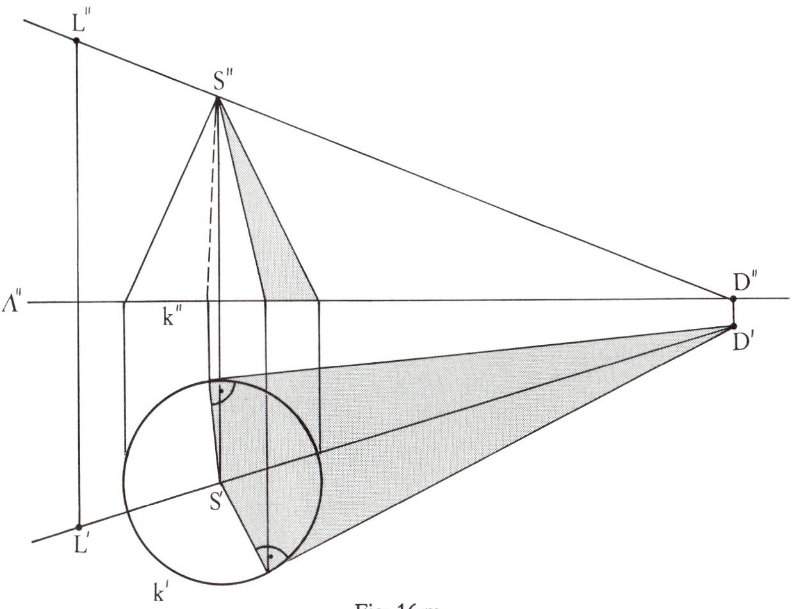

Fig. 16.m

(16.5) **Schnitt zweier Rotationskegel, mit gemeinsamer Spitze** (Fig. 16.n)

Wenn zwei sich schneidende Rotationskegelflächen dieselbe Spitze haben, schneiden sie sich in zwei Mantellinien. (Der allgemeine Fall mit verschiedenen Spitzen folgt im Kap. 23.) Diese gemeinsamen Mantellinien m und n erhält man so: Man legt eine Kugel um die gemeinsame Kegelspitze S. Sie schneidet die beiden Kegel in zwei Kreisen k_1 und k_2. Die Ebenen Λ_1 und Λ_2 dieser Kreise stehen senkrecht auf den Kegelachsen. Ihre Schnittgerade g spannt mit S die Ebene auf, in der m und n liegen. Die Schnittpunkte P und Q der Geraden g mit der Kugel sind Punkte von m und n.
Am einfachsten ist die Konstruktion, wenn die Ebene, welche durch die beiden Kegelachsen aufgespannt wird, in Hauptlage gebracht worden ist.

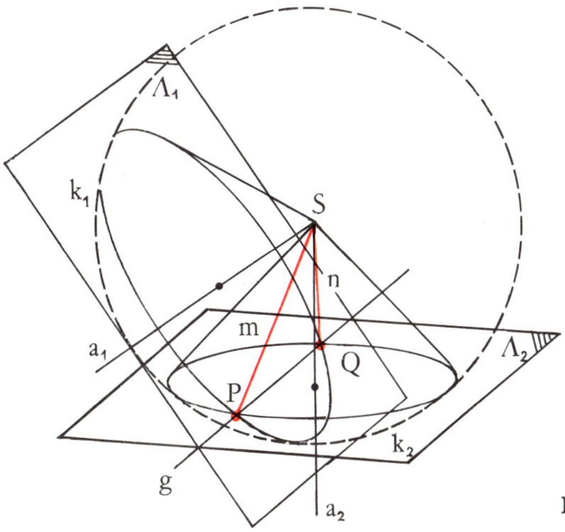

Fig. 16.n

17. Kugel-, Kegel- und Zylinderaufgaben

Aufgabe (17.1):

Gegeben sind zwei windschiefe Geraden f, g und auf f ein Punkt A. Gesucht ist auf f ein Punkt M, der von A und g gleichweit entfernt ist.

Aufgabe (17.2):

Gegeben sind zwei windschiefe Geraden f, g und auf f ein Punkt A. Man konstruiere ein Quadrat, das die folgenden Bedingungen erfüllt: A ist eine Ecke des Quadrats, die Quadratseite AB liegt ganz auf f, und die der Ecke A gegenüberliegende Ecke C liegt auf g.

Aufgabe (17.3):

Gegeben sind zwei windschiefe Geraden f, g und auf f ein Punkt A. Man konstruiere in A eine Normale n zu f, welche von g den vorgegebenen Abstand d hat.

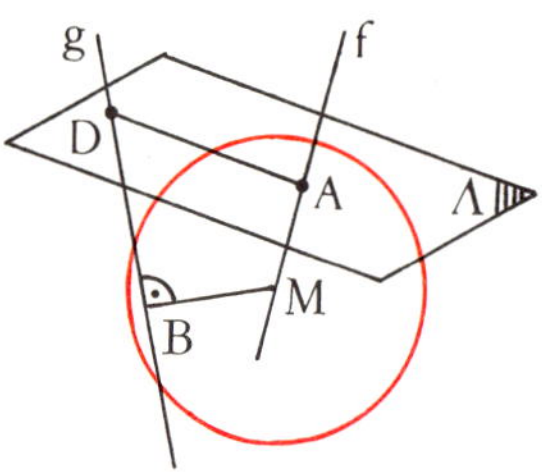

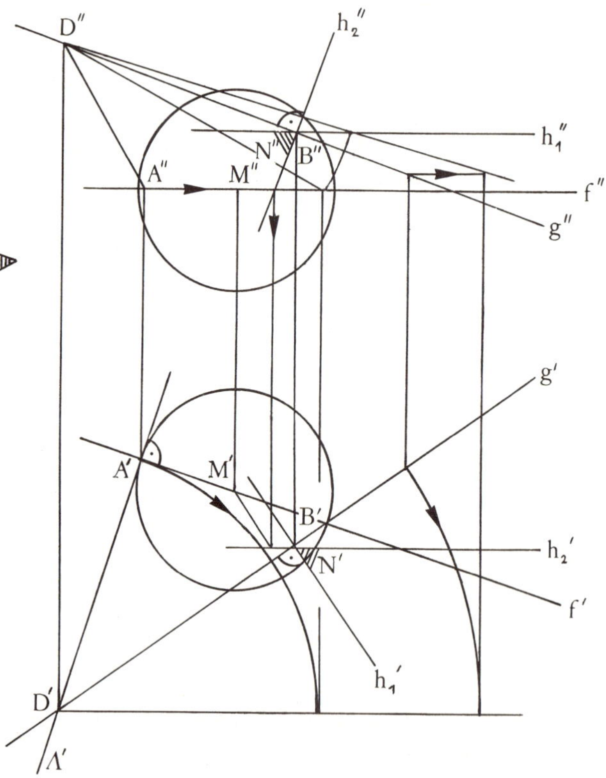

Fig. 17.a

Bei vielen Konstruktionsaufgaben spielen immer wieder Kugeln, Kegel und Zylinder eine Rolle. Oft läßt sich ein Problem sofort lösen, sobald man es als Kugel-, Kegel- oder Zylinderproblem erkannt hat. Die Aufgabe (17.1) ist eine Kugelaufgabe, (17.2) ist eine Kegelaufgabe und (17.3) eine Zylinderaufgabe.

Bei der Aufgabe (17.1) ist der gesuchte Punkt M der Mittelpunkt der Kugel, welche durch A geht und g berührt (Fig. 17.a). Die Normalebene Λ zu f durch A berührt diese Kugel. Man schneidet g mit Λ und trägt vom Schnittpunkt D aus auf g die Strecke DA ab. So bekommt man, da die Abschnitte auf allen Tangenten von D aus an die Kugel gleich lang sind, den Berührungspunkt B von g. Die Normalebene N zu g durch B schneidet f in M.

Bei allen drei Konstruktionen Fig. 17.a,b,c wird hier f vereinfachend in erster Hauptlage angenommen, und es wird jeweils nur *eine* Lösung gezeichnet.

Bei der Aufgabe (17.2) schließt die Quadratdiagonale AC mit der Quadratseite AB den Winkel 45° ein (Fig. 17.b). C liegt somit auf dem Rotationskegel mit der Achse f, der Spitze A und dem halben Öffnungswinkel 45°. Man schneidet g mit dem Kegel und fällt von C das Lot auf f.

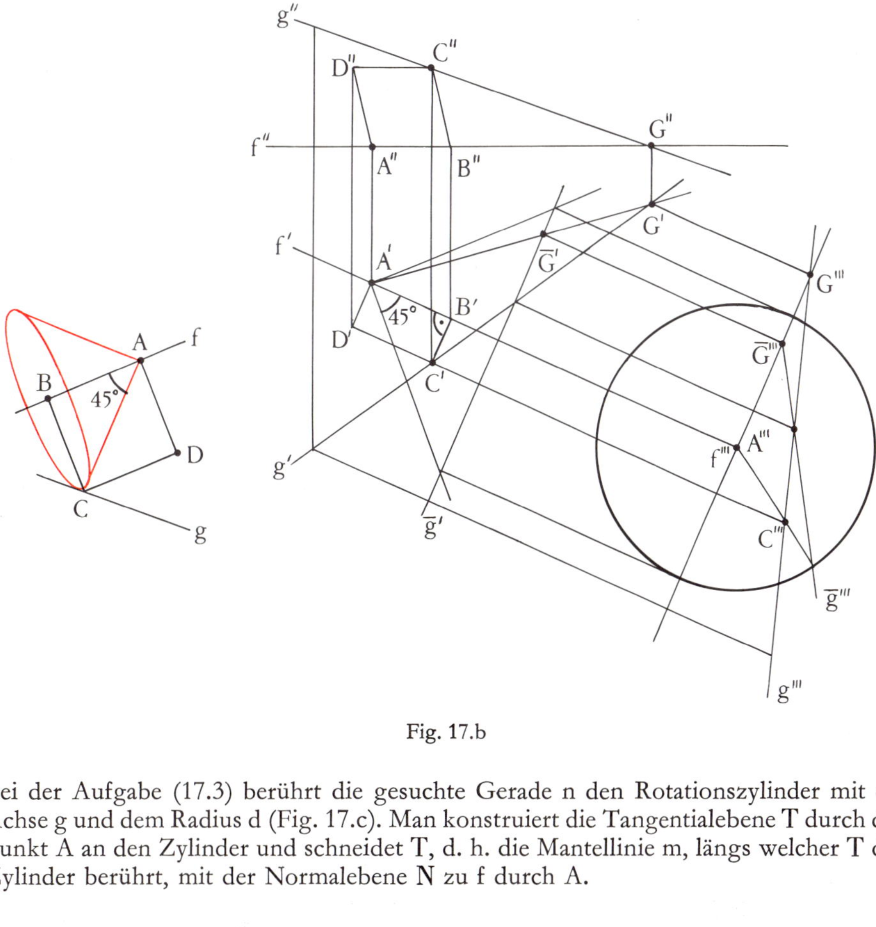

Fig. 17.b

Bei der Aufgabe (17.3) berührt die gesuchte Gerade n den Rotationszylinder mit der Achse g und dem Radius d (Fig. 17.c). Man konstruiert die Tangentialebene T durch den Punkt A an den Zylinder und schneidet T, d. h. die Mantellinie m, längs welcher T den Zylinder berührt, mit der Normalebene N zu f durch A.

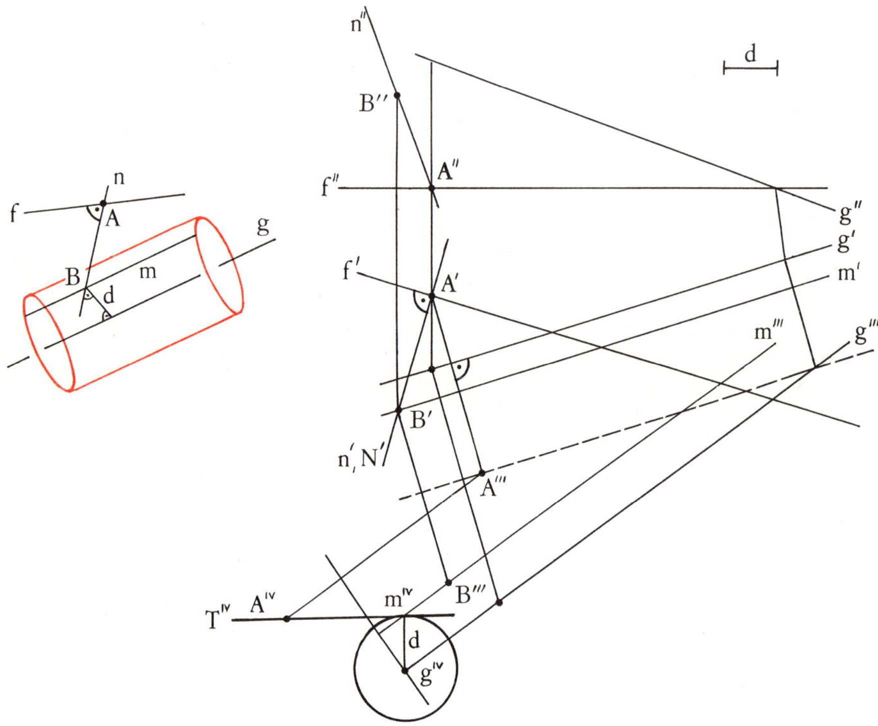

Fig. 17.c

Weitere **vermischte Aufgaben:**

(17.4) Man konstruiere eine Kugel, von der die folgenden Stücke gegeben sind:

a) drei Punkte und der Radius;
b) drei Punkte und eine Tangente;
c) ein Punkt, eine Tangente mit ihrem Berührungspunkt und eine Tangentialebene;
d) zwei parallele Tangenten, eine Tangentialebene und der Radius;
e) eine Tangente mit ihrem Berührungspunkt, eine Tangentialebene und der Radius;
f) zwei Punkte und zwei Tangentialebenen.

Das sind nur einige Beispiele aus der Vielfalt der Möglichkeiten. Man stelle sich selber weitere solche Aufgaben.

(17.5) Gegeben sind eine Kugel k und zwei Punkte A und B. Man konstruiere eine Kugel mit gegebenem Radius, welche k berührt und durch A und B geht.

(17.6) Von einem Rotationskegel kennt man:

a) drei Mantellinien;
b) zwei Mantellinien und eine Tangentialebene;
c) die Spitze, eine Tangente a und eine Tangente b mit ihrem Berührungspunkt;
d) die Achse, einen Punkt und eine Tangente.

(17.7) Gegeben sind zwei Punkte P und Q und eine Gerade g. Man stelle einen Rotationskegelkörper dar, dessen Grundkreis durch P und Q geht und von dem eine Mantellinie auf g liegt.

(17.8) Gegeben sind zwei windschiefe Geraden a, b und ein Punkt A auf a. Man stelle einen Rotationszylinderkörper dar, von welchem ein Randkreis die Gerade a in A berührt, während der andere Randkreis b berührt.

(17.9) In der Ebene liegen in einem Kreis drei Punkte A, B, C. Man lege durch A, B, C eine Ellipse, welche den Kreis an zwei Stellen berührt. (Der Kreis wird aufgefaßt als Riß einer Kugel und die Ellipse als Riß eines Kugelkreises).

(17.10) Gegeben sind eine Kugel und eine Gerade g. Man umschreibe der Kugel einen Kegel mit vorgegebenem Öffnungswinkel, dessen Spitze auf g liegt.

(17.11) Gegeben sind zwei Punkte A, B und eine Gerade f. Man konstruiere ein rechtwinkliges Dreieck mit der Hypotenuse AB und der dritten Ecke auf f.

(17.12) Gegeben sind vier Punkte A, B, C, D. Gesucht ist ein Punkt P, so daß die drei Winkel ABP, BPC und PCD rechte Winkel sind.

(17.13) In einer Ebene liegen zwei Geraden a und b. Man zeichne eine Halbkugel, deren Randkreis a und b berührt, und die durch einen gegebenen Punkt P geht.

(17.14) Gegeben sind zwei Geraden a und g. Man konstruiere den Rotationszylinder mit der Achse a, der aus g eine Strecke mit vorgegebener Länge herausschneidet.

(17.15) Ein Rotationskegel steht auf einer Ebene Λ. Auf einer Geraden g wird ein Punkt gesucht, der vom Kegel und von der Ebene Λ gleiche Abstände hat.

(17.16) Eine Gerade schneidet einen schiefen Kreiszylinder. Man bestimme die Winkel zwischen der Geraden und der Zylinderfläche.

(17.17) Gegeben sind eine Ebene Π und zwei Geraden a und b. Gesucht sind auf a ein Punkt A und auf b ein Punkt B, so daß die Strecke AB parallel ist zu Π und vorgeschriebene Länge hat.

(17.18) Gegeben sind ein Rotationskegel und eine Gerade f. Gesucht ist auf f ein Punkt P, so daß die beiden Tangentialebenen von P an den Kegel einen vorgeschriebenen Winkel einschließen.

(17.19) Gegeben sind eine Gerade g und zwei Punkte P und Q. Gesucht ist auf g der Punkt G, für den die Summe seiner Entfernungen von P und Q minimal ist.

(17.20) Gegeben sind zwei sich schneidende Geraden a, b und eine dritte Gerade c. Man drehe die Gerade a um die Gerade b, bis sie von der Geraden c einen vorgegebenen Abstand hat.

(17.21) Auf einer Kugel liegt ein Punkt P. Man suche auf einer Geraden g einen Punkt L, so daß, bei Beleuchtung von L aus, die Eigenschattengrenze der Kugel durch P geht.

(17.22) Gegeben sind zwei windschiefe Geraden f und g. Man konstruiere das kleinste gleichseitige Dreieck mit einer Seite auf f und der dritten Ecke auf g.

(17.23) Von einem Kreis kennt man den Radius, eine Tangente und einen Punkt seiner Achse.

(17.24) Gegeben sind ein Punkt P und zwei Geraden f und g. Man lege durch P eine Gerade, die von f und von g den gleichen, vorgegebenen Abstand hat.

(17.25) Gegeben sind eine Kugel und zwei Geraden a und b. Man umschreibe der Kugel einen Zylinder, der a und b berührt.

(17.26) Man konstruiere den kürzesten Abstand zweier gegebener schiefer Kreiszylinderflächen mit windschiefen Achsen.

(17.27) Gegeben sind eine Gerade g und eine Ebene Π. Man lege durch g eine Ebene, die mit Π einen vorgegebenen Winkel einschließt.

(17.28) Zwei Geraden a und b sind gegeben. Gesucht ist eine Ebene, die mit a den gegebenen Winkel φ einschließt und von b den gegebenen Abstand d hat.

(17.29) Gegeben sind eine Ebene Λ und zwei Geraden p und q. Man lege durch p eine Ebene, die mit q denselben Winkel einschließt wie Λ.

(17.30) Eine Rotationskegelfläche und eine Gerade sind gegeben. Man konstruiere ihren kürzesten Abstand.

(17.31) Gegeben sind eine Kugel, eine Ebene Π und ein Punkt S. Man lege durch S eine Ebene, welche die Kugel berührt und mit Π den gegebenen Winkel φ einschließt.

(17.32) Man konstruiere eine gemeinsame Tangente eines Rotationskegels und eines Rotationszylinders, welche vorgeschriebene Richtung hat.

(17.33) Gegeben sind eine Gerade f und zwei parallele Geraden a und b. Man drehe die Gerade f um a, bis sie von b einen vorgeschriebenen Abstand hat.

(17.34) Ein Rotationszylinder, eine Gerade a und auf a ein Punkt S sind gegeben. Gesucht ist der Rotationskegel mit der Achse a und der Spitze S, welcher den Zylinder berührt.

(17.35) Man lege durch einen gegebenen Punkt eine Tangente an einen gegebenen Rotationskegel, welche von der Spitze einen vorgegebenen Abstand hat.

(17.36) Gegeben sind eine Kugel und zwei Punkte A und B. Zu konstruieren ist ein Kreis mit dem Durchmesser AB, welcher die Kugel berührt.

(17.37) Eine Kugel und zwei sich schneidende Geraden a und b sind gegeben. Man drehe die Gerade a um die Gerade b, bis sie die Kugel berührt.

(17.38) Zwei Geraden a und b schneiden sich im Punkt S. Man lege durch S eine Gerade, welche mit a und b vorgeschriebene Winkel α und β einschließt.

(17.39) Gegeben sind zwei Kugeln und ein Punkt P. Man konstruiere die durch P gehenden gemeinsamen Tangenten der beiden Kugeln.

(17.40) Gegeben sind zwei windschiefe Geraden a und b. Man konstruiere eine Transversale, die mit a den gegebenen Winkel α einschließt und auf b senkrecht steht.

18. Schnitt eines Rotationskegels mit einer Ebene

Eine Rotationskegelfläche mit der Spitze S, der Achse a und dem halben Öffnungswinkel φ wird mit einer Ebene Σ geschnitten. Was gibt es für eine Schnittkurve? Das hängt von der gegenseitigen Lage und Stellung der Ebene und des Kegels ab.

Einfach sind die Verhältnisse, wenn die Ebene durch die Kegelspitze geht. Dann besteht die Schnitt„kurve" entweder nur aus der Spitze oder aus einer Mantellinie oder aus einem Mantellinienpaar, je nachdem der Winkel α, den die Ebene mit der Kegelachse bildet, größer als φ, gleich φ oder kleiner als φ ist (Fig. 18.a).

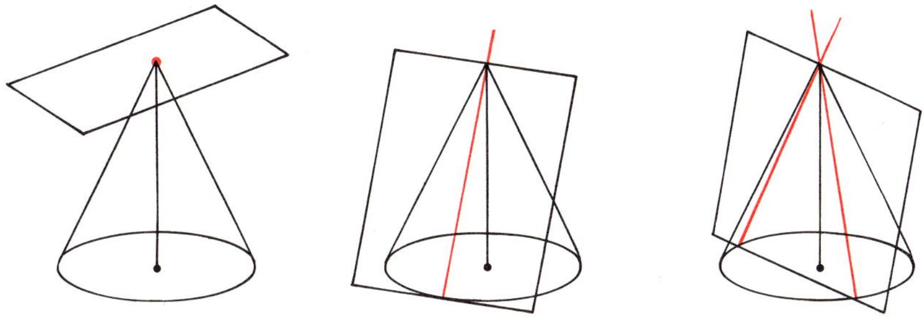

Fig. 18.a

Enthält die Schnittebene die Kegelspitze nicht, so sind die Schnittkurven komplizierter. Man unterscheidet dann auch die drei Fälle $\alpha > \varphi$, $\alpha = \varphi$, $\alpha < \varphi$.

(18.1) Ellipsenschnitt ($\alpha > \varphi$)

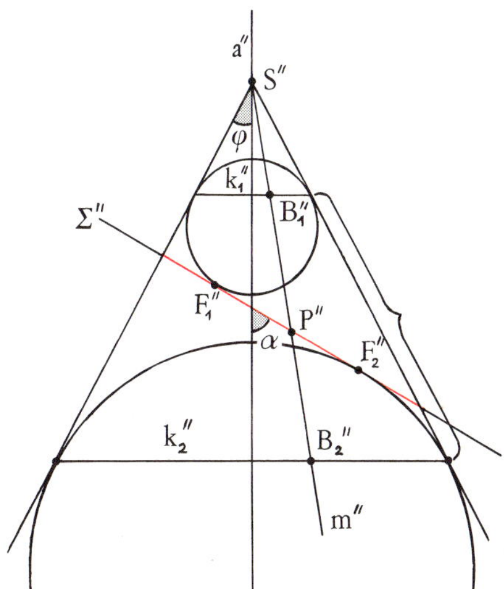

Fig. 18.b

Vereinfachend wird in der Fig. 18.b die Kegelachse a erstprojizierend, die Ebene Σ zweitprojizierend angenommen, und es soll nur der Aufriß gezeichnet werden. Dem Kegel lassen sich zwei Inkugeln einschreiben, welche die Schnittebene Σ berühren. Sie erscheinen in diesem Riß als In- und Ankreis des Dreiecks, gebildet durch den Kegelumriß und den Riß von Σ. Diese beiden Kugeln heißen die zur Ebene Σ gehörenden **Dandelin'schen Kugeln** des Rotationskegels *(Germinal Pierre Dandelin 1794—1847)*. Es seien F_1 und F_2 ihre Berührungspunkte mit Σ, k_1 und k_2 ihre Berührungskreise mit dem Kegel. Durch einen beliebigen Punkt P der in der Ebene Σ liegenden Schnittkurve wird die Mantellinie m gezogen. m berührt die Inkugeln in den Punkten B_1 und B_2 auf k_1 und k_2.
Da alle Tangentenabschnitte von einem Punkt aus an eine Kugel gleich lang sind, ist $PF_1 = PB_1$, ebenso $PF_2 = PB_2$. Daraus ergibt sich, daß die Summe der Entfernungen

des Punktes P von den beiden Punkten F_1 und F_2 konstant ist, unabhängig von der Wahl des Punktes P auf der Schnittkurve. Denn es ist $PF_1 + PF_2 = PB_1 + PB_2 = B_1B_2$, also gleich dem Mantellinienstück zwischen den Kreisen k_1 und k_2. Die Schnittkurve ist eine **Ellipse** mit den Brennpunkten F_1 und F_2 (14.2).

(18.2) **Parabelschnitt** ($\alpha = \varphi$)

Ist $\alpha = \varphi$, so ist die Schnittebene Σ parallel zu einer Tangentialebene des Kegels (Fig. 18.c).

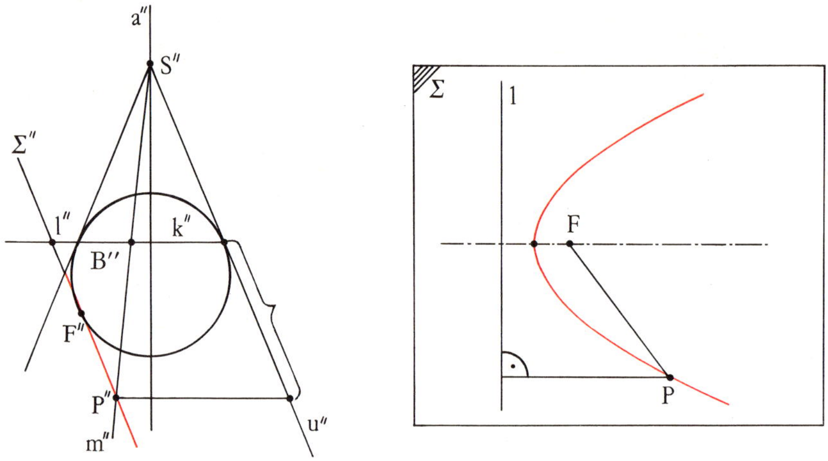

Fig. 18.c

Hier gibt es *eine* Dandelin'sche Kugel. Sie berühre Σ in F und den Kegel längs des Kreises k. Die Schnittgerade der Ebene Σ und der Kreisebene sei l. Für einen beliebigen Punkt P der Schnittkurve gilt wieder PF = PB. Die wahre Länge des Mantellinienstücks PB kann auf der Umrißmantellinie u abgelesen werden. u hat Hauptlage und u'' verläuft parallel zu Σ''. Daraus ergibt sich PF = Pl; der Punkt P hat gleiche Abstände von F und von l. Die Schnittkurve ist eine **Parabel.**

Definition:

Der geometrische Ort aller Punkte P einer Ebene, die von einem festen Punkt F und einer festen Geraden l dieser Ebene gleich weit entfernt sind, ist eine **Parabel**, die Parabel mit dem **Brennpunkt** F und der **Leitgeraden** l.

Die Gerade senkrecht zu l durch F, die Symmetrieachse, ist die **Achse** der Parabel, der Parabelpunkt auf der Achse, die Mitte zwischen F und l, ist der **Scheitel** der Parabel. In der Fig. 18.c kann die Parabel aufgefaßt werden als Zentralprojektion des Kreises k von S aus auf Σ. Bei dieser Projektion geht der Kreispunkt, der auf u liegt, über in den Fernpunkt der Parabelachse. Der Fernpunkt der Parabelachse wird daher auch zur Parabel gerechnet, und weil Kreistangenten in Parabeltangenten übergehen, wird die Ferngerade der Parabelebene aufgefaßt als die Tangente im Fernpunkt der Parabel. Parabelsehnen parallel zur Achse heißen **Durchmesser.**

(18.3) **Hyperbelschnitt** ($\alpha < \varphi$)

Die Schnittkurve zerfällt hier (Fig. 18.d) in zwei Äste. Analog wie bei (18.1) ergibt sich $| PF_1 - PF_2 | = | PB_1 - PB_2 | = B_1B_2$. Die Schnittkurve ist eine **Hyperbel.**

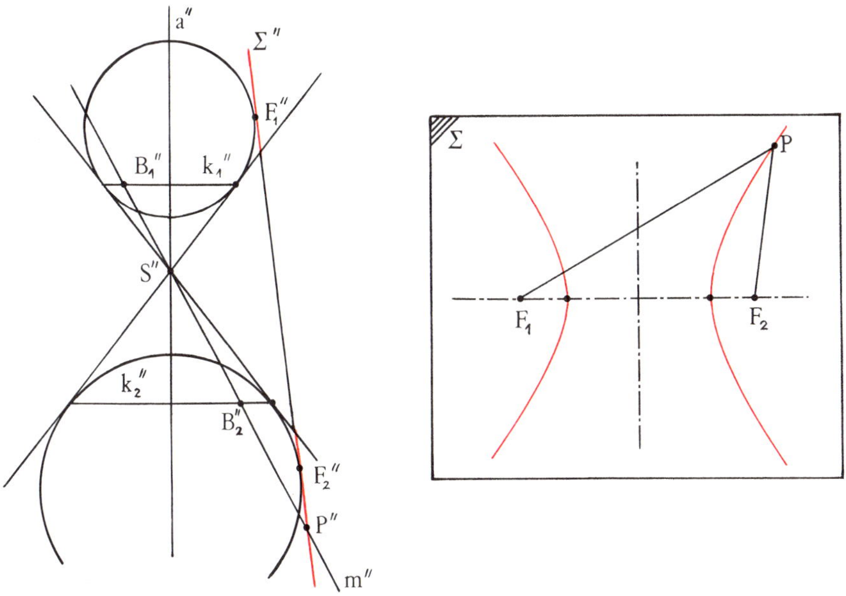

Fig. 18.d

Definition:

Der geometrische Ort aller Punkte P einer Ebene, für welche die Differenz der Entfernungen von zwei festen Punkten F_1 und F_2 dieser Ebene konstant ist, ist eine **Hyperbel** (vgl. 14.2).

Die Punkte F_1 und F_2 sind die **Brennpunkte.** Die Gerade durch F_1 und F_2 ist die **Hauptachse**, die Mittelsenkrechte von F_1F_2 ist die **Nebenachse**, der Schnittpunkt dieser Symmetrieachsen ist das **Zentrum** der Hyperbel. Die Hyperbelpunkte auf der Hauptachse sind die **Scheitel.**

Es seien (Fig. 18.e) F_1 und F_2 die Brennpunkte, S_1 und S_2 die Scheitel einer Hyperbel. Für alle Hyperbelpunkte P ist die Entfernungsdifferenz von F_1 und F_2 konstant. Wir bezeichnen diese Differenz mit 2a, es sei also $PF_1 - PF_2 = 2a$ für den Hyperbelast um F_2 und $PF_2 - PF_1 = 2a$ für den Hyperbelast um F_1. Es zeigt sich, daß a gleich der Strecke vom Zentrum Z zu den Scheiteln ist, denn die Scheitel erfüllen die Bedingung auch: $2a = S_2F_1 - S_2F_2 = S_2F_1 - S_1F_1 = S_1S_2$.

Zu jedem Hyperbelpunkt P gehört ein gleichschenkliges Dreieck mit der Spitze P, mit F_2 als einer Basisecke und mit der anderen Basisecke B auf dem Kreis um F_1 mit dem Radius 2a, dem sog. zu F_1 gehörenden **Leitkreis** der Hyperbel (Die Rollen von F_1 und F_2 können vertauscht werden). Wandert B auf dem Leitkreis, so beschreibt P als

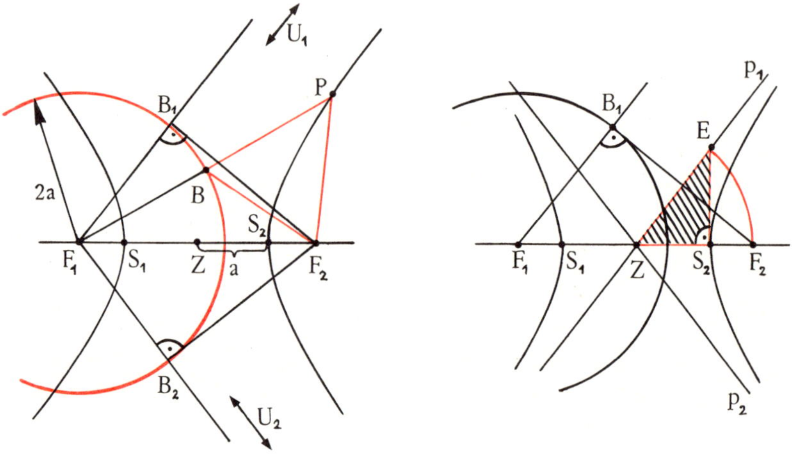

Fig. 18.e

Schnittpunkt der Geraden F_1B und der Mittelsenkrechten von BF_2 die Hyperbel. Für zwei Lagen, B_1 und B_2, gibt es keinen endlichen Schnittpunkt. Man zählt die zu den Geraden F_1B_1 und F_1B_2 gehörenden Fernpunkte U_1 und U_2 auch zur Hyperbel. In (18.12) wird gezeigt, daß die Mittelsenkrechte von BF_2 die Hyperbeltangente im Punkt P ist. Die Geraden p_1 und p_2, die das Zentrum Z mit den Fernpunkten U_1 und U_2 verbinden, sind die Mittelsenkrechten von B_1F_2 und B_2F_2, somit die Tangenten in den Fernpunkten U_1 und U_2. Es sind die beiden **Asymptoten** der Hyperbel.
Es sei E der Schnittpunkt der Asymptote p_1 mit der Scheiteltangente im Scheitel S_2. Aus der Ähnlichkeit der Dreiecke $F_1F_2B_1$ und ZES_2 folgt $ZE = \frac{1}{2} \cdot F_1F_2 = ZF_2$. Der Kreis um Z durch die Brennpunkte F_1 und F_2 schneidet daher die Scheiteltangenten auf den Asymptoten.
Es ist damit ein einfaches Verfahren gefunden, aus den Scheiteln und den Brennpunkten einer Hyperbel die Asymptoten, rsp. aus den Asymptoten und den Scheiteln die Brennpunkte, rsp. aus den Brennpunkten und den Asymptoten die Scheitel zu konstruieren.

Zusammenfassung:

(18.4) **Satz:**

Eine Rotationskegelfläche mit dem halben Öffnungswinkel φ wird von einer Ebene, welche nicht durch die Spitze geht und welche mit der Achse den Winkel α einschließt, in einer Ellipse, einer Parabel oder in einer Hyperbel geschnitten, je nachdem α größer als φ, gleich φ oder kleiner als φ ist.

Für eine Rotationszylinderfläche heißt das: Eine Ebene, die nicht parallel ist zur Zylinderachse, schneidet die Zylinderfläche in einer Ellipse.

Man nennt Ellipsen, Parabeln und Hyperbeln **Kegelschnitte** und braucht dieses Wort ausschließlich für diese Kurven. (Der Schnitt einer Ebene mit einer Kegelfläche, die beispielsweise eine sinus-Kurve als Leitlinie besitzt, ist also kein „Kegelschnitt".) Gelegentlich bezieht man auch die Schnittfiguren der Fig. 18.a mit ein und unterscheidet dann eigentliche und nichteigentliche (oder ausgeartete) Kegelschnitte.

Der Satz (18.4) läßt sich folgendermaßen umkehren:

(18.5) **Satz:**

Durch jeden Kegelschnitt läßt sich eine Rotationskegelfläche legen, die diesen Kegelschnitt als Leitlinie besitzt.

Das heißt, jeder Kegelschnitt kann aufgefaßt werden als Zentralprojektion eines Kreises, nämlich irgendeines Leitkreises der Rotationskegelfläche, welche durch den Kegelschnitt gelegt werden kann.
Den Fall einer Ellipse zeigt die Fig. 18.f.

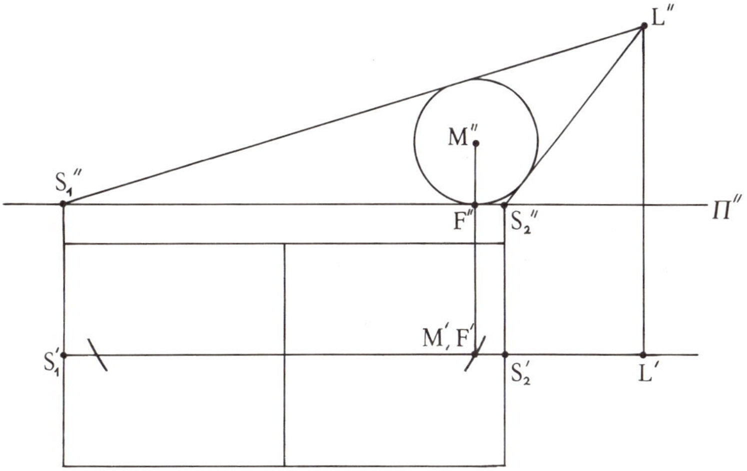

Fig. 18.f

Man zeichnet eine beliebig große Kugel k mit dem Mittelpunkt M, welche die Ebene Π der gegebenen Ellipse in einem der Brennpunkte berührt. Dann zieht man von den Hauptscheiteln S_1 und S_2 in der Ebene S_1S_2M die Tangenten an die Kugel. Sie schneiden sich in einem Punkt L. Der Kegel mit der Spitze L und der Inkugel k erfüllt die Bedingung (Kegelschnitte sind durch die Brennpunkte und durch die Scheitel eindeutig bestimmt).
Analoges Vorgehen bei einer Parabel und bei einer Hyperbel.
Bei einer Ellipse kann k gerade so groß gewählt werden, daß L ein Fernpunkt wird, daß sich eine Rotationszylinderfläche ergibt.

Kegelschnitte haben die folgenden beiden Eigenschaften:

(18.6) Jede Gerade in der Ebene eines Kegelschnitts schneidet den Kegelschnitt in zwei Punkten oder berührt den Kegelschnitt oder hat mit dem Kegelschnitt keine gemeinsamen Punkte.
(18.7) Durch jeden Punkt der Ebene eines Kegelschnitts gehen zwei Kegelschnitttangenten oder eine Tangente, wenn der Punkt auf dem Kegelschnitt liegt, oder keine Tangente.

Dies folgt aus (18.5). Der Kegelschnitt wird aufgefaßt als Zentralprojektion eines Kreises. Die Eigenschaften übertragen sich vom Kreis auf den Kegelschnitt.

Der Satz (18.4) läßt sich großartig verallgemeinern. Im Kap. 20 wird gezeigt, daß nicht nur gerade Kreiskegelflächen, sondern alle Kegelflächen, die irgendeinen Kegelschnitt als Leitlinie besitzen, von Ebenen, die nicht durch die Spitze gehen, wieder in Kegelschnitten geschnitten werden.

Das heißt, daß Projektionen von Kegelschnitten wieder Kegelschnitte sind.

Vorerst befassen wir uns hier mit der **Darstellung von Kegelschnitten, welche Hauptlage haben:**

Eine Kugel k werde von einem Punkt L aus beleuchtet. Man konstruiere ihren Schlagschatten auf eine erste Hauptebene Π. Mit anderen Worten: Man schneide den Kegel, mit der Spitze L und der Inkugel k, mit der Ebene Π. Der Einfachheit halber soll bei den drei folgenden Figuren die Kegelachse a gerade zweite Hauptlage haben.

(18.8) **Ellipse** (Fig. 18.g)

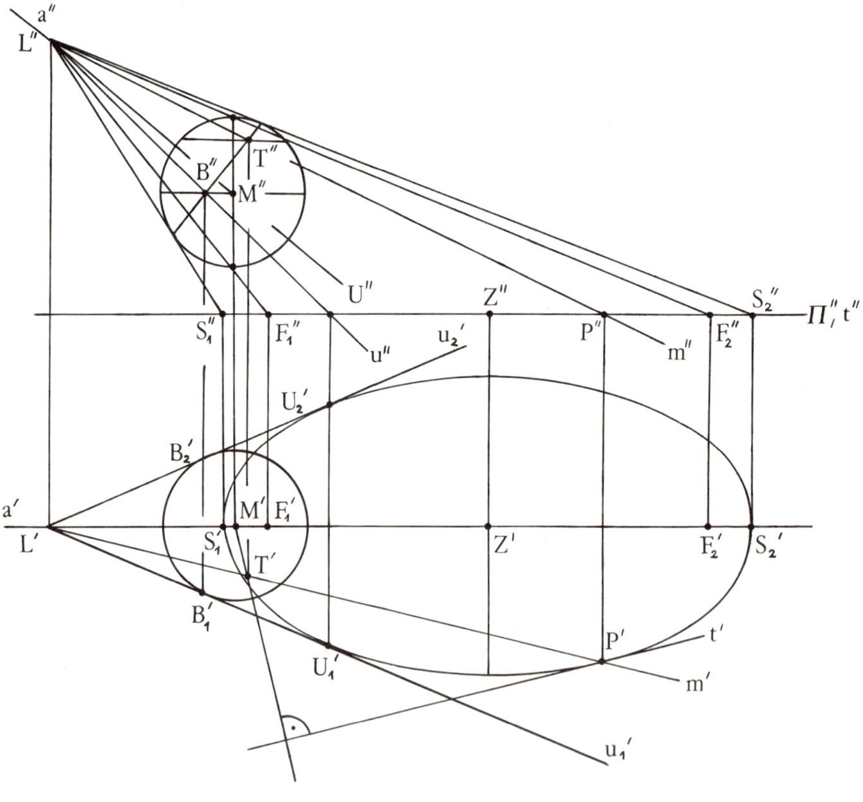

Fig. 18.g

Beschreibung der Konstruktion:

1) Die zweiten Umrißmantellinien des Kegels liefern die Hauptscheitel S_1 und S_2 der Ellipse. Das Ellipsenzentrum Z ist die Mitte der Strecke S_1S_2.
2) Mit Hilfe des tiefsten und des höchsten Kugelpunktes konstruiert man die Ellipsenbrennpunkte F_1 und F_2 (Streckung).
3) Die Kreise um F_1 und F_2 mit der großen Halbachse ZS als Radius liefern die Nebenscheitel (14.2).
4) Die ersten Umrißpunkte U_1 und U_2 der Ellipse sind die Schnittpunkte der ersten Kegelumrißmantellinien u_1 und u_2 mit der Ellipsenebene. Sie werden mit Hilfe des Kugelpunktes B konstruiert.
5) Den Grundriß eines beliebigen Ellipsenpunktes P, dessen Aufriß vorgegeben ist, bekommt man mit Hilfe der Kegelmantellinie m durch P. Da die Kegelachse a Hauptlage hat, kann der Punkt T, in welchem m die Kugel berührt, sofort gezeichnet werden.
6) Die Ellipsentangente t im Punkt P ist die Schnittgerade der Ellipsenebene Π mit der Kegeltangentialebene, welche den Kegel längs m berührt. Diese berührt die Inkugel im Punkt T, steht somit senkrecht auf MT. Da t eine erste Hauptgerade ist, bekommt man t′ als Senkrechte zu M′T′ durch P′.

Natürlich können, sobald die Ellipsenscheitel konstruiert sind, die Punkte U_1', U_2', P′ und die Tangente t′ auch direkt im Grundriß, ohne Zuhilfenahme des Aufrisses, mittels einer normalen Affinität (14.7) konstruiert werden.

(18.9) **Parabel** (Fig. 18.h). Gleiches Verfahren wie bei der Ellipse.

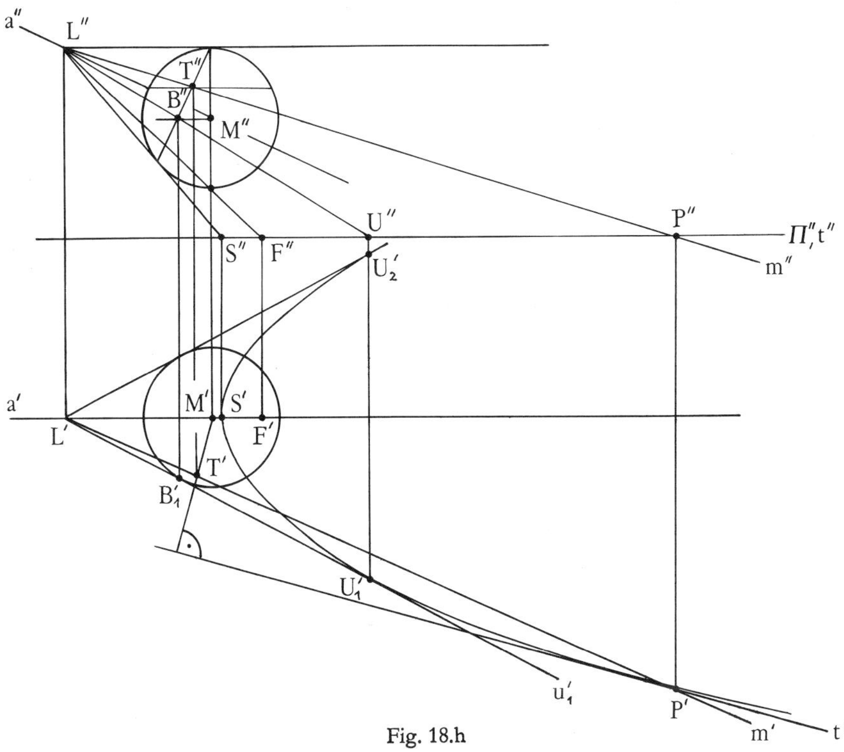

Fig. 18.h

Ebenso verläuft die Konstruktion im Fall der

(18.10) **Hyperbel.**

In der Fig. 18.i ist nur die Konstruktion der Asymptoten durchgeführt.

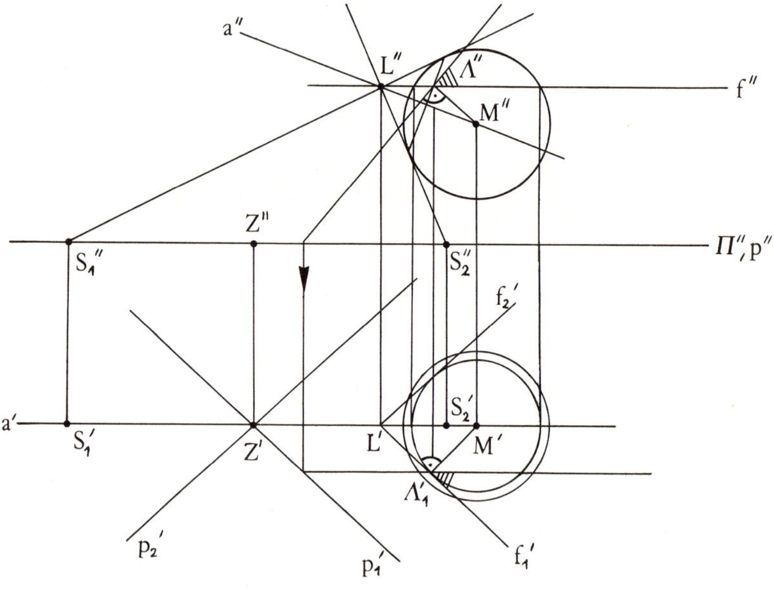

Fig. 18.i

Die Asymptoten p_1 und p_2 der Hyperbel sind die Tangenten in ihren Fernpunkten. Zu diesen Fernpunkten gehören die Kegelmantellinien f_1 und f_2, die parallel sind zur Hyperbelebene Π. p_1 und p_2 sind die Schnittgeraden der Hyperbelebene Π mit den Kegeltangentialebenen Λ_1 und Λ_2, welche den Kegel längs f_1 und f_2 berühren. Die Ebenen Λ können als Normalebenen zu den zugehörigen Kugelradien konstruiert werden.
Die Asymptoten p sind parallel zu den Mantellinien f und schneiden sich im Hyperbelzentrum Z. Hat man Z schon mit Hilfe der Scheitel konstruiert, so kann man die Asymptoten ohne Gebrauch der Ebenen Λ, durch Verschieben der Mantellinien f bekommen.

Hat bei den drei Konstruktionen (18.8), (18.9), (18.10) die Kegelachse nicht Hauptlage, so wird am besten zuerst umprojiziert.
Die Fig. 18.k zeigt dies noch im Falle einer unendlich fernen Lichtquelle, also bei Parallelbeleuchtung.

Die drei Kegelschnittsorten Ellipsen, Parabeln und Hyperbeln lassen sich **einheitlich definieren.**
Es gibt nicht nur bei den Parabeln, sondern auch bei den andern Kegelschnitten zu jedem Brennpunkt F eine Leitgerade l, mit der Eigenschaft, daß für jeden Punkt des Kegelschnitts das Verhältnis $\lambda = PF : Pl$ seiner Entfernung von F zu seinem Abstand von l konstant ist. Bei den Parabeln ist λ gleich 1, bei den Ellipsen kleiner als 1 und bei den Hyperbeln größer als 1.

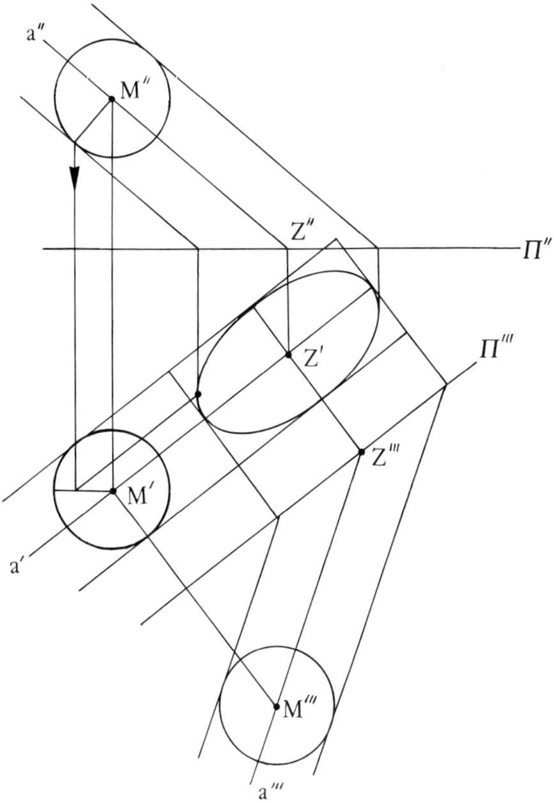

Fig. 18.k

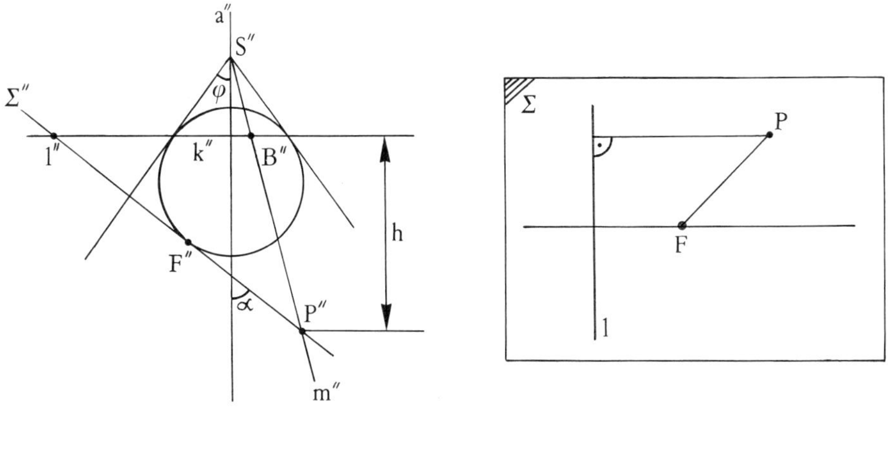

Fig. 18.l

Beweis: In der Fig. 18.l sei l die Gerade, in welcher die Schnittebene Σ die Berührungskreisebene der Dandelinkugel schneidet. Aus $PF = PB = h : \cos\varphi$ und $Pl = h : \cos\alpha$ folgt $PF : Pl = \cos\alpha : \cos\varphi =$ konstant.

Als Anwendung dazu der

(18.11) **Satz:**

Wird eine Rotationskegelfläche mit einer Ebene, die nicht durch die Kegelspitze geht, geschnitten, so ist die Normalprojektion der Schnittkurve auf eine Ebene senkrecht zur Kegelachse ein Kegelschnitt mit der Projektion der Kegelspitze als Brennpunkt.

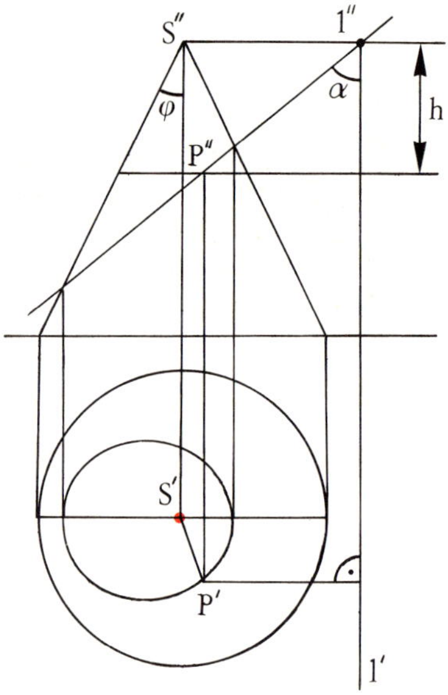

Fig. 18.m

Dies zeigt die Fig. 18.m. Es ist $P'l' = h \cdot tg\,\alpha$ und $P'S' = h \cdot tg\,\varphi$, also
$P'S' : P'l' = tg\,\varphi : tg\,\alpha =$ konstant.
Man beachte, daß die Brennpunkte des Kegelschnitts hier nicht wieder in die Brennpunkte der Projektion übergehen.

Unter den geometrischen Eigenschaften der Kegelschnitte interessieren bei deren Darstellung natürlich besonders diejenigen, die bei Projektionen erhalten bleiben. Das Kap. 19 wird sich mit solchen projektiven Eigenschaften befassen.
Hier folgen vorerst noch einige Zusammenhänge, bei denen es um die Brennpunkte geht.

(18.12) **Konstruktion der Tangente in einem Punkt eines Kegelschnitts mit Hilfe der Brennstrahlen**

Von einer Ellipse/Hyperbel sind die beiden Brennpunkte F_1 und F_2 gegeben, rsp. von einer Parabel der Brennpunkt F und die Leitgerade l. Wie konstruiert man die Tangente in einem Punkt P des Kegelschnitts?

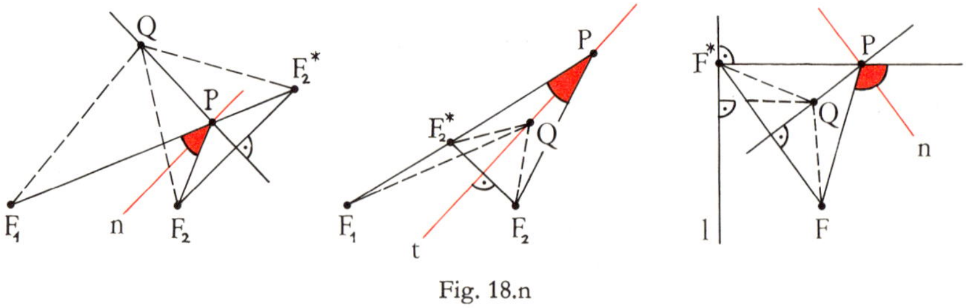

Fig. 18.n

Es genügt, einen der drei Fälle (Fig. 18.n) zu betrachten, z. B. die Hyperbel (in der Mitte). Wir zeigen, daß die Winkelhalbierende t des durch die Brennstrahlen PF_1 und PF_2 gebildeten Winkels die Tangente im Punkt P ist. Dazu spiegelt man einen der Brennpunkte, z. B. F_2 an t. Der symmetrische Punkt F_2^* liegt auf PF_1. Wäre t nicht die Tangente, so gäbe es auf t noch einen zweiten Hyperbelpunkt Q. Dann müßte $|QF_1 - QF_2| = |PF_1 - PF_2|$ sein und wegen $QF_2 = QF_2^*$ und $PF_2 = PF_2^*$ ergäbe sich $|QF_1 - QF_2^*| = F_1F_2^*$.
Analoge Überlegung bei der Ellipse und bei der Parabel.

Satz:

Bei einer Ellipse halbiert die Normale in einem Punkt P den Winkel zwischen den Brennstrahlen PF_1 und PF_2. Bei einer Hyperbel halbiert die Tangente in einem Punkt P den Winkel zwischen den Brennstrahlen PF_1 und PF_2. Bei einer Parabel halbiert die Normale in einem Punkt P den Winkel zwischen dem Brennstrahl PF und dem Durchmesser durch P.

Daher die Bezeichnung „Brennpunkt“. Bei einem parabolischen Spiegel z. B. (Fig. 18.o) wird parallel zur Achse einfallendes Licht im Brennpunkt gesammelt.

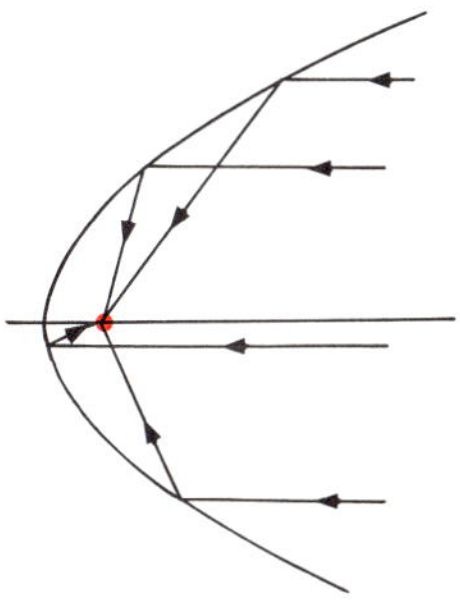

Fig. 18.o

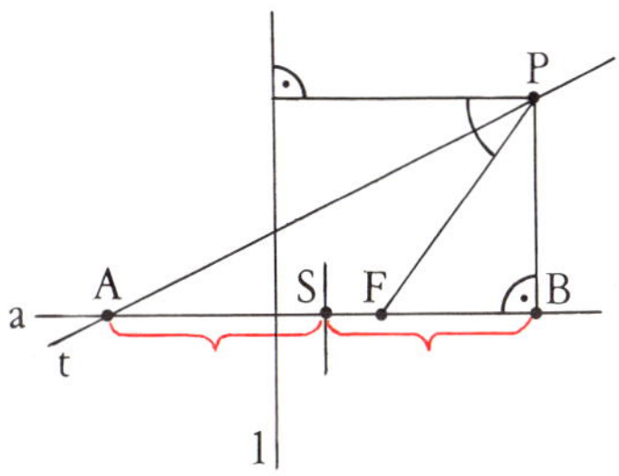

Fig. 18.p

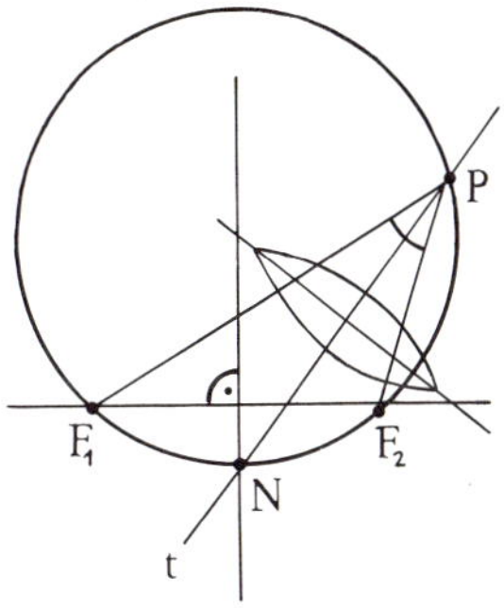

Fig. 18.q

Zwei **Anwendungen:**

(18.13) Von einer Parabel sind die Achse a, der Scheitel S und ein Punkt P gegeben. Man konstruiere den Brennpunkt F (Fig. 18.p).

Es sei t die Parabeltangente im Punkt P. A sei ihr Schnittpunkt mit der Achse a, und B sei der Fußpunkt des Lots von P auf a. Das Dreieck AFP ist gleichschenklig. Aus AF = FP = Bl folgt, da der Scheitel S in der Mitte zwischen der Leitgeraden l und dem Brennpunkt F liegt, daß S die Strecke AB halbiert.

Man fällt somit von P aus das Lot auf die Achse, verdoppelt die Strecke vom Fußpunkt B zum Scheitel S, bekommt A und konstruiert F mit Hilfe der Mittelsenkrechten von AP.

(18.14) Von einer Hyperbel sind die Achsen und eine Tangente t mit ihrem Berührungspunkt P gegeben. Gesucht sind die Brennpunkte F_1 und F_2 (Fig. 18.q).

Die Tangente t halbiert den Winkel F_1PF_2. Bei einem Dreieck schneiden sich eine Winkelhalbierende und die Mittelsenkrechte der Gegenseite auf dem Umkreis. Der Schnittpunkt N der Tangente t mit der Nebenachse ist daher ein Punkt des Umkreises des Dreiecks F_1F_2P.
Man schneidet t mit der Nebenachse in N und konstruiert den Kreis durch P und N, welcher den Mittelpunkt auf der Nebenachse hat. Dieser Kreis schneidet die Hauptachse in den Brennpunkten F_1 und F_2.

(18.15) **Schnitt eines Kegelschnitts mit einer Geraden**

Diese Aufgabe läßt sich als Kreisproblem behandeln. Es soll hier nur der Fall der Hyperbel untersucht werden (Fig. 18.r).
Es seien F_1 und F_2 die Brennpunkte einer Hyperbel und k der zu F_1 gehörende Leitkreis, wie bei der Fig. 18.e. Die Hyperbel kann aufgefaßt werden als der geometrische Ort der Mittelpunkte aller Kreise, die k berühren und durch F_2 gehen. Die Hyperbel mit einer Geraden g schneiden, heißt, unter den Kreisen, welche k berühren und durch F_2 gehen, diejenigen suchen, deren Mittelpunkte auf g liegen. Die beiden Kreise, die diese Bedingung erfüllen, gehen auch durch den zu F_2 bezüglich g symmetrischen Punkt F_2*. Man spiegelt F_2 an g und steht vor der Aufgabe, durch F_2 und F_2* die Kreise zu legen, welche k berühren — das Apollonische Kreisproblem.
Mittels eines Hilfskreises c durch F_2 und F_2* konstruiert man auf der Geraden F_2F_2* den Punkt H, der bezüglich k und bezüglich der beiden gesuchten Kreise dieselbe Potenz hat. Die Tangenten von H an k liefern die Berührungspunkte B_1 und B_2, und die Geraden F_1B_1 und F_1B_2 schneiden g in den Mittelpunkten M_1 und M_2 der gesuchten Kreise.
Der Leser führe selber die entsprechende Konstruktion bei einer Ellipse und bei einer Parabel durch.

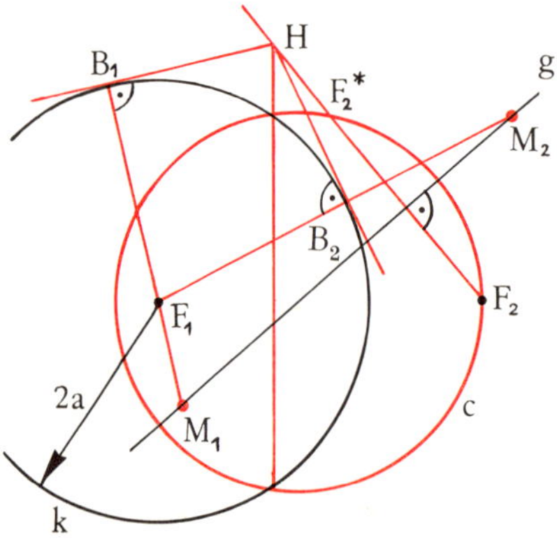

Fig. 18.r

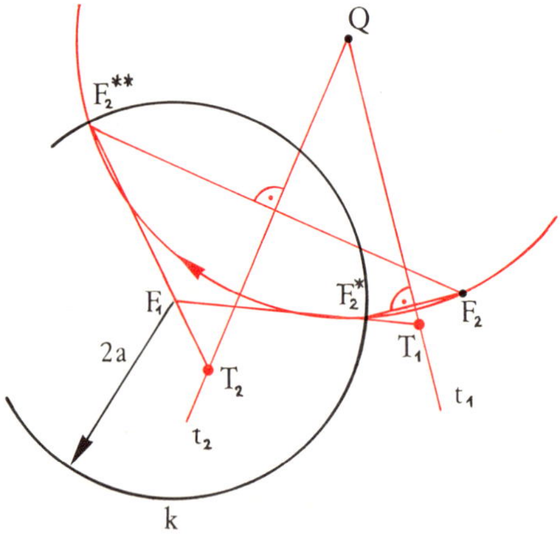

Fig. 18.s

(18.16) **Tangenten von einem Punkt an einen Kegelschnitt**

Wie legt man von einem Punkt aus die Tangenten an einen Kegelschnitt?
Es soll hier auch nur der Fall der Hyperbel betrachtet werden (Fig. 18.s). F_1 und F_2 seien die Brennpunkte und k der zu F_1 gehörende Leitkreis einer Hyperbel. Gesucht sind die Tangenten von einem Punkt Q an die Hyperbel.
Man schlägt um Q den Kreis mit dem Radius QF_2 und schneidet diesen Kreis mit k. Die Schnittpunkte $F_2{}^*$ und $F_2{}^{**}$ sind, vgl. Fig. 18.e, die bezüglich der gesuchten Tangenten symmetrischen Punkte zu F_2. Die gesuchten Tangenten t_1 und t_2 sind die Mittelsenkrechten von $F_2F_2{}^*$ und $F_2F_2{}^{**}$. Die Berührungspunkte T_1 und T_2 der Tangenten liegen auf den Geraden $F_1F_2{}^*$ und $F_1F_2{}^{**}$.

19. Fortsetzung Kegelschnitte: Pol und Polare Die Sätze von Pascal und Brianchon

Nach dem Satz (18.5) kann jeder Kegelschnitt aufgefaßt werden als Zentralprojektion eines Kreises. Dadurch wird es möglich, gewisse Aussagen über Kreise zu allgemeinen Aussagen über Kegelschnitte zu machen. Es sollen in diesem Kapitel einige Kreiseigenschaften, die sich beim Kreis leicht nachweisen lassen und die bei Zentralprojektionen erhalten bleiben, auf die übrigen Kegelschnitte übertragen werden.

(19.1) **Pol und Polare**

Es sei M der Mittelpunkt eines Kreises k und r dessen Radius.
Wenn für eine Gerade p der Kreisebene und einen Punkt P auf der Senkrechten zu p durch M und auf derselben Seite von M (Fig. 19.a) die Beziehung

$$MP \cdot Mp = r^2$$

gilt, nennt man den Punkt P den **Pol der Geraden p** und die Gerade p die **Polare des Punktes P** bezüglich des Kreises k.

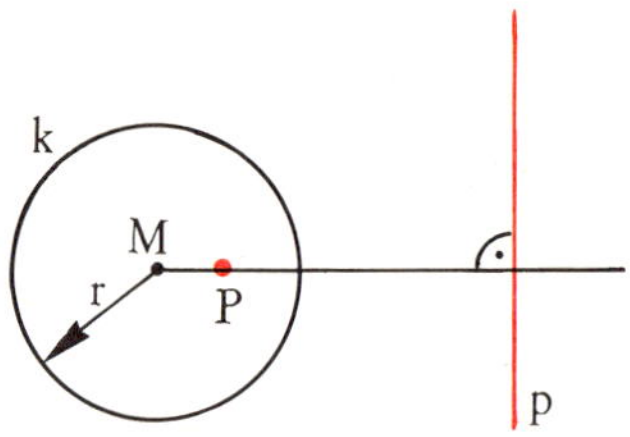

Fig. 19.a

Auch für Fernelemente sind die Begriffe erklärt: Der Kreismittelpunkt ist der Pol der Ferngeraden, und die Polare eines Fernpunkts ist die Gerade durch den Kreismittelpunkt, welche senkrecht auf der Richtung des Fernpunkts steht.
Es handelt sich hier um eine Erweiterung des Tangentenbegriffs. Für einen Punkt P, der auf der Kreisperipherie liegt, ist die Polare die Tangente in P (Fig. 19.b,I).

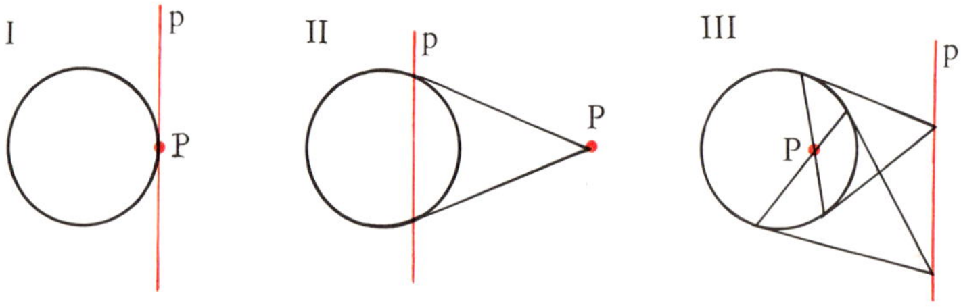

Fig. 19.b

Liegt der Punkt P außerhalb des Kreises, so ist nach dem Kathetensatz die Gerade, welche die Berührungspunkte der Tangenten von P an den Kreis verbindet, die Polare von P (Fig. 19.b,II).
Und wenn P im Innern des Kreises liegt?
Es seien in der Fig. 19.c vier Punkte A, B, C, D so gegeben, daß $MA \cdot MB = MC \cdot MD = r^2$ ist. Dann ist das Viereck ABCD ein Sehnenviereck. Wenn nun der Winkel BDC ein rechter ist, dann ist auch der Winkel BAC ein rechter. Das bedeutet: Wenn die Polare des Punktes C durch B geht, dann geht die Polare des

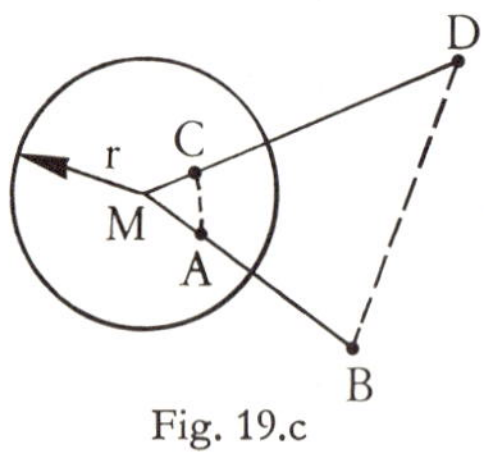

Fig. 19.c

Punktes B durch C. Ebenso ist, wenn der Winkel DCB ein rechter ist, auch der Winkel DAB ein rechter: Wenn die Polare von D durch B geht, geht die Polare von B durch D. Das ist der

(19.2) **Inzidenzsatz für Pol und Polare:**

Wenn die Polare eines Punktes P durch einen Punkt Q geht, dann geht die Polare von Q durch P.
Anders gesagt:
Wenn der Pol einer Geraden p auf einer Geraden q liegt, dann liegt der Pol von q auf p.

Das macht es möglich, für einen Punkt P im Innern eines Kreises die Polare wie in der Fig. 19.b,III zu konstruieren: Man legt durch P zwei beliebige Geraden, konstruiert wie bei II ihre Pole und verbindet diese.

Legt man nun durch einen Kegelschnitt eine Rotationskegelfläche, so kann man von der Kegelspitze aus die Kegelschnittebene auf eine Leitkreisebene projizieren und erhält damit eine eineindeutige Abbildung des Kegelschnitts auf einen Kreis (Fig. 19.d). Bei dieser Projektion der Kegelschnittebene auf die Leitkreisebene gehen die Kegelschnittangenten über in die Leitkreistangenten, und Inzidenzen bleiben natürlich erhalten:

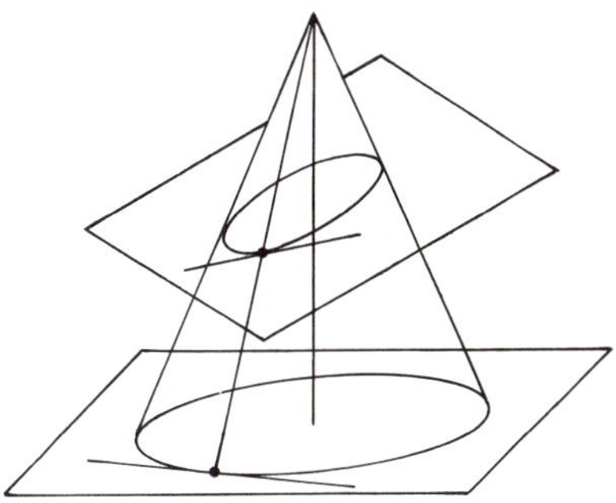

Fig. 19.d

Der Schnittpunkt zweier Geraden wird abgebildet in den Schnittpunkt der Bilder der Geraden, und die Gerade durch zwei Punkte in die Gerade durch die Bilder der beiden Punkte.
Das oben über den Kreis Gesagte hat daher nicht nur beim Kreis, sondern bei jedem Kegelschnitt einen Sinn:

Die Begriffe Pol und Polare können, wie es in der Fig. 19.b für einen Kreis gemacht wird, für irgendeinen Kegelschnitt definiert werden, und es gilt insbesondere bei allen Kegelschnitten der Inzidenzsatz (19.2).

Man beachte noch, daß das Zentrum eines Kegelschnitts der Pol der Ferngeraden ist. Und in der Fig. 18.1 läßt sich ablesen, daß die Polare eines Brennpunkts gerade die zugehörige Leitgerade ist.

Das Bemerkenswerte an der Theorie ist der Umstand, wie man von der anfänglich engen Fassung der Begriffe beim Kreis (Fig. 19.a), wo noch Streckenlängen und rechte Winkel eine Rolle spielen, zu einer allgemeinen, für jeden Kegelschnitt gültigen, projektionsfesten Form des Sachverhalts vorstößt.

(19.3): **Definition:**

Zwei Geraden der Ebene eines Kegelschnitts heißen **konjugiert** zueinander bezüglich des Kegelschnitts, wenn jede durch den Pol der anderen geht.

Man vergleiche dazu (14.5).

Im Kap. 20 werden Projektionen einer Ebene auf eine Ebene, wie in der Fig. 19.d, sog. Zentralkollineationen, eingehend behandelt. Hier soll vorweggenommen werden, daß bei einer solchen Zentralkollineation Doppelverhältnisse erhalten bleiben.

(19.4) **Definition:**

Unter dem **Doppelverhältnis $(P_1P_2P_3P_4)$** von vier verschiedenen Punkten P_1, P_2, P_3, P_4 einer Zahlenachse (die Punkte brauchen nicht in der Reihenfolge der Indizes angeordnet zu sein) mit den Koordinaten x_1, x_2, x_3, x_4 versteht man die Zahl

$$\frac{(x_1 - x_3) \cdot (x_2 - x_4)}{(x_2 - x_3) \cdot (x_1 - x_4)} = \frac{x_1 - x_3}{x_2 - x_3} : \frac{x_1 - x_4}{x_2 - x_4},$$

also den Quotienten der Teilverhältnisse, in denen die Punkte P_3 und P_4 die Strecke P_1P_2 teilen.

(Mit den Teilverhältnissen sind wie üblich die mit Vorzeichen versehenen Streckenverhältnisse gemeint: Liegt ein Punkt Q zwischen A und B, so teilt er die Strecke AB im Verhältnis $-AQ : BQ$, liegt er außerhalb, so teilt er im Verhältnis $+AQ : BQ$.)

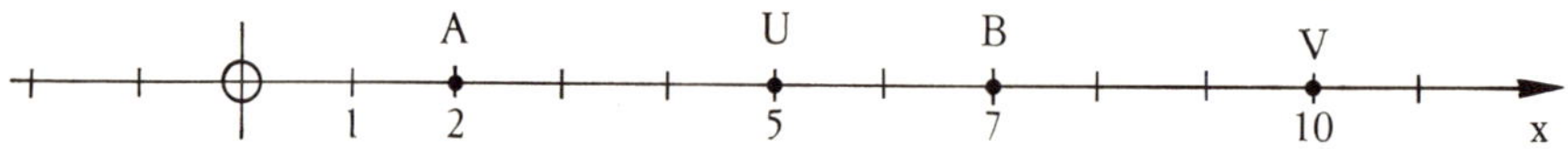

Fig. 19.e

In der Fig. 19.e z. B. gilt:

$$\text{Doppelverhältnis (ABUV)} = \frac{2-5}{7-5} : \frac{2-10}{7-10} = \left(-\frac{3}{2}\right) : \frac{8}{3} = -\frac{9}{16}.$$

$$\text{Doppelverhältnis (BUAV)} = \frac{7-2}{5-2} : \frac{7-10}{5-10} = \frac{5}{3} : \frac{3}{5} = \frac{25}{9} \text{ usw.}$$

Es ist sofort ersichtlich, daß Doppelverhältnisse unabhängig sind von der Wahl des Koordinatensystems auf der Geraden der vier Punkte.
Die Reihenfolge, in welcher die Punkte verrechnet werden, ist beim Begriff „Doppelverhältnis $(P_1P_2P_3P_4)$" natürlich bedeutungsvoll. Mit denselben vier Punkten können verschiedene Doppelverhältnisse gebildet werden:

$$\text{Doppelverhältnis } (P_2P_1P_3P_4) = \frac{(x_2 - x_3) \cdot (x_1 - x_4)}{(x_1 - x_3) \cdot (x_2 - x_4)}$$

$$\text{Doppelverhältnis } (P_1P_3P_2P_4) = \frac{(x_1 - x_2) \cdot (x_3 - x_4)}{(x_3 - x_2) \cdot (x_1 - x_4)}$$

$$\text{Doppelverhältnis } (P_3P_4P_1P_2) = \frac{(x_3 - x_1) \cdot (x_4 - x_2)}{(x_4 - x_1) \cdot (x_3 - x_2)} \text{ usw.}$$

Man kann aber leicht eines aus den andern berechnen. Es ist z. B.

(19.5) Doppelverhältnis $(P_3P_4P_1P_2)$ = Doppelverhältnis $(P_1P_2P_3P_4)$
Doppelverhältnis $(P_2P_1P_3P_4) = 1$: Doppelverhältnis $(P_1P_2P_3P_4)$
Doppelverhältnis $(P_1P_3P_2P_4) = 1 -$ Doppelverhältnis $(P_1P_2P_3P_4)$.

Ist ein Doppelverhältnis vorgegeben, so bestimmen drei der vier Punkte den vierten eindeutig: z. B. folgt aus
Doppelverhältnis $(P_1P_2P_3Q)$ = Doppelverhältnis $(P_1P_2P_3R)$, daß Q mit R identisch ist. Einer der vier Punkte kann auch der Fernpunkt der Geraden sein. Mit dem Doppelverhältnis $(P_1P_2P_3\infty)$ beispielsweise ist einfach die Zahl $\frac{x_1 - x_3}{x_2 - x_3}$ gemeint, das Teilverhältnis, in dem P_3 die Strecke P_1P_2 teilt, usw.

Wenn ein Doppelverhältnis von vier Punkten einer Geraden gleich -1 ist, spricht man von **vier harmonisch liegenden Punkten** oder von einer **harmonischen Teilung.** Teilt man eine Strecke innen und außen im gleichen Verhältnis, so bekommt man vier harmonisch liegende Punkte.

Es seien nun in einer Ebene ein Punkt S und zwei nicht durch S gehende Geraden g und $\overline{g}$ gegeben (Fig. 19.f).
Wir zeigen, daß bei der Zentralprojektion von g auf $\overline{g}$ vom Punkt S aus Doppelverhältnisse erhalten bleiben, daß also für vier beliebige Punkte auf g und ihre Bilder auf $\overline{g}$ gilt:

Doppelverhältnis (ABUV) =
Doppelverhältnis $(\overline{A}\,\overline{B}\,\overline{U}\,\overline{V})$.
Zum Beweis legt man durch A die Parallele zu SB. Sie schneide SU und SV in P und Q. Nach den Strahlensätzen ist

$$\frac{AU}{BU} = \frac{AP}{SB} \text{ und } \frac{AV}{BV} = \frac{AQ}{SB}.$$

Daraus folgt $\frac{AU}{BU} : \frac{AV}{BV} = \frac{AP}{AQ}$.
Ebenso ergibt sich auf $\overline{g}$ und der Parallelen zu SB durch $\overline{A}$:

$$\frac{\overline{A}\,\overline{U}}{\overline{B}\,\overline{U}} : \frac{\overline{A}\,\overline{V}}{\overline{B}\,\overline{V}} = \frac{\overline{A}\,\overline{P}}{\overline{A}\,\overline{Q}}.$$

Und wegen $\frac{AP}{AQ} = \frac{\overline{A}\,\overline{P}}{\overline{A}\,\overline{Q}}$ folgt

$$\frac{AU}{BU} : \frac{AV}{BV} = \frac{\overline{A}\,\overline{U}}{\overline{B}\,\overline{U}} : \frac{\overline{A}\,\overline{V}}{\overline{B}\,\overline{V}}.$$

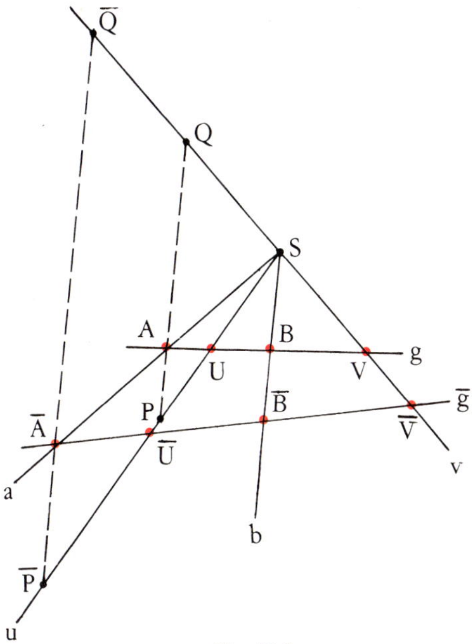

Fig. 19.f

(19.6) **Satz:**

Wird in einer Ebene eine Gerade auf eine andere Gerade zentral projiziert von einem Punkt aus, der nicht zu den Geraden gehört, so bleiben Doppelverhältnisse von vier Punkten auf den Geraden erhalten.

Beim Beweis wurde die spezielle Disposition der Fig. 19.f in Betracht gezogen. Man überzeugt sich leicht, daß es nicht auf die Anordnung ankommt; z. B. könnte V der Fernpunkt von g sein. Wenn das Zentrum S ein Fernpunkt ist, ergibt sich (19.6) unmittelbar.

Die Fig. 19.f läßt sich noch anders interpretieren. Das Büschel, gebildet durch die vier Geraden a, u, b, v wird von g und $\bar{g}$ geschnitten. Der Satz (19.6) sagt, daß die Doppelverhältnisse der Schnittpunkte auf g gleich den entsprechenden Doppelverhältnissen der Schnittpunkte auf $\bar{g}$ sind. Zu Büscheln, bestehend aus vier Geraden, gehören somit Doppelverhältnisse, nämlich die Doppelverhältnisse, welche auf irgendeiner das Büschel schneidenden Geraden abgelesen werden können.

Es ist also Doppelverhältnis (abuv) = Doppelverhältnis (ABUV).

Damit ist auch erklärt, was man unter einem Doppelverhältnis von vier Fernpunkten zu verstehen hat.

(19.7) **Die Sätze von Pascal und Brianchon**

Es seien P_1, P_2, P_3, P_4, P_5, P_6 sechs Punkte eines Kreises (Fig. 19.g). Sie bilden die Ecken eines Kreissehnensechseckes. Schneidet man die Geraden, auf denen gegenüberliegende Seiten dieses Sehnensechsecks liegen, miteinander, also P_1P_2 mit P_4P_5, P_2P_3 mit P_5P_6 und P_3P_4 mit P_6P_1, so stellt man fest, daß die drei Schnittpunkte X, Y und Z kollinear sind.

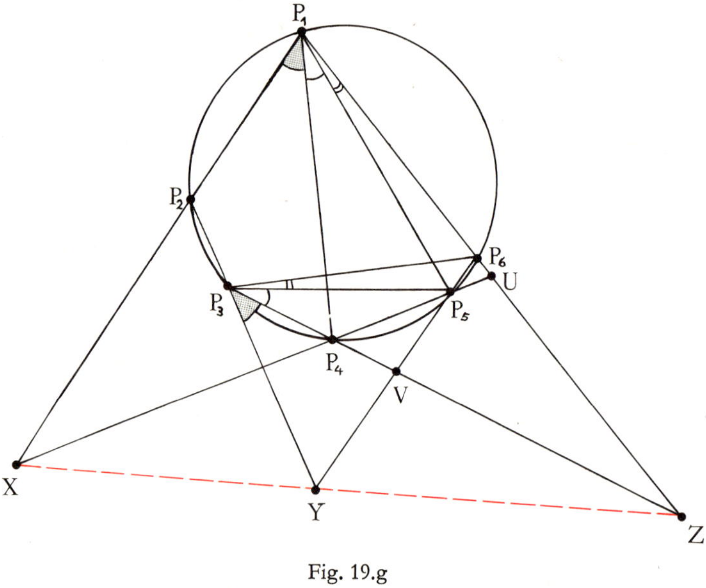

Fig. 19.g

Zum Beweis verbinde man die beiden Punkte P_1 und P_3 mit den vier anderen Punkten P_2, P_4, P_5, P_6. Nach den Kreiswinkelsätzen entstehen zwei kongruente Geradenbüschel mit den Büschelpunkten P_1 und P_3 und den Büschelgeraden P_1P_2, P_1P_4, P_1P_5, P_1P_6 rsp. P_3P_2, P_3P_4, P_3P_5, P_3P_6. Es sei U der Schnittpunkt von P_4P_5 mit P_1P_6 und V der Schnittpunkt von P_5P_6 mit P_3P_4. Aus der Kongruenz der Büschel folgt die Gleichheit der entsprechenden Doppelverhältnisse auf den Geraden, die diese Büschel schneiden.

Darum sind die Doppelverhältnisse (XP_4P_5U) und (YVP_5P_6) gleich. Daraus folgt — jetzt betrachtet man das Büschel mit dem Büschelpunkt Z und den Geraden ZU, ZP_5, ZP_4, ZX —, daß Y auf ZX liegen muß. Die drei Paare gegenüberliegender Seiten des Kreissehnensechsecks schneiden sich somit auf einer Geraden.
Man überzeuge sich noch, daß dieser Sachverhalt auch bei überschlagenen Sechsecken, also bei einer beliebigen Anordnung der sechs Punkte auf dem Kreis, Gültigkeit hat (Fig. 19.h).

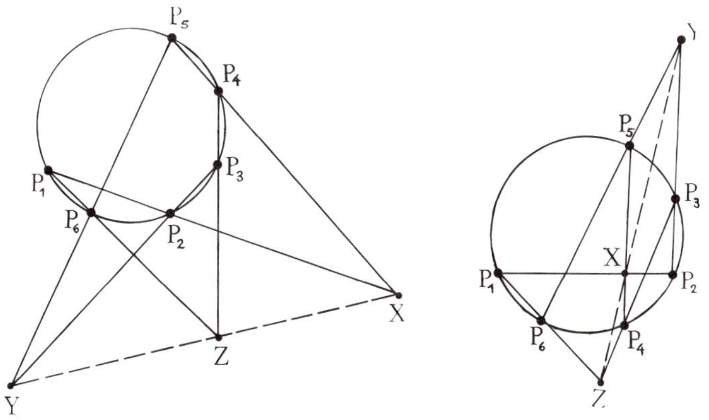

Fig. 19.h

Die Fig. 19.h zeigt auch, wie eine Umnumerierung derselben sechs Punkte zu einer anderen Geraden XYZ führen kann.
Die Punkte P_1, P_2, P_3, P_4, P_5, P_6 einer solchen Sechseckfigur dürfen paarweise zusammenfallen. In der Fig. 19.i z. B. fallen die Punkte P_1 und P_2 zusammen. Die Tangente in P_1P_2 spielt dann die Rolle der Verbindungsgeraden P_1P_2.

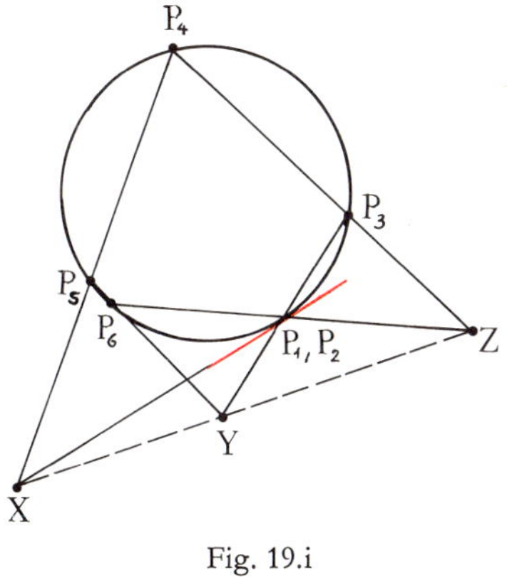

Fig. 19.i

Da die hier gemachten Aussagen über Kreissehnensechsecke nur von Punkten und Geraden und ihrer Inzidenz handeln und Begriffe wie Streckenlänge, Winkel, Teilverhältnis etc. keine Rolle spielen, folgt wieder wie oben aus (18.5), daß der Sachverhalt nicht nur beim Kreis, sondern überhaupt bei jedem Kegelschnitt Gültigkeit hat. Das ist der berühmte

Satz von Pascal *(Blaise Pascal 1623—1662):*

Es seien P_1, P_2, P_3, P_4, P_5, P_6 sechs beliebige Punkte eines Kegelschnitts (Fig. 19.k).
Dann sind die Schnittpunkte der drei Geradenpaare P_1P_2/P_4P_5, P_2P_3/P_5P_6, P_3P_4/P_6P_1, d. h. der gegenüberliegenden Seiten des Kegelschnittsehnensechsecks $P_1P_2P_3P_4P_5P_6$, kollinear.
Es können Ecken des Sehnensechsecks zusammenfallen. Fallen zwei aufeinanderfolgende Ecken zusammen, so spielt die Kegelschnittangente die Rolle der Verbindungsgeraden.

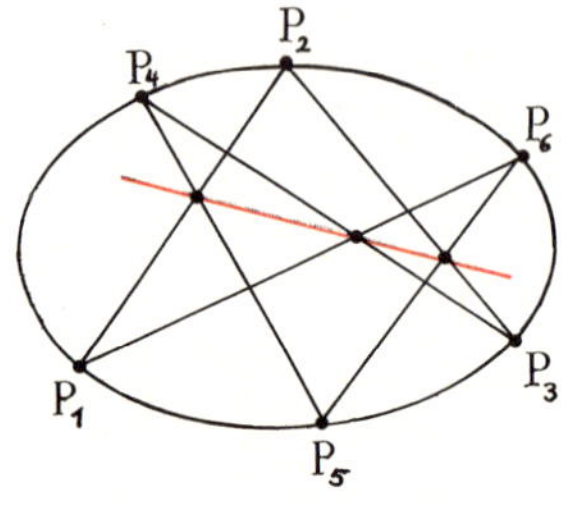

Fig. 19.k

Die Dualität der Begriffe „Punkt“ und „Gerade“ in der Ebene führt sofort zu einem zweiten Satz. In der Fig. 19.l ist ein Kegelschnittangentensechseck dargestellt, ein Sechseck also, dessen Seiten Tangenten eines Kegelschnitts sind. Die zu den sechs Ecken dieses Tangentensechsecks gehörenden Polaren bezüglich des Kegelschnitts bilden ein Sehnensechseck. Nach (19.2) ist die Verbindungsgerade x zweier gegenüberliegender Ecken A und D des Tangentensechsecks die Polare des Schnittpunkts X der zugehörigen Seiten a und d des Sehnensechsecks.
Nach dem Satz von Pascal sind die Schnittpunkte gegenüberliegender Seiten des Sehnensechsecks kollinear. Daraus folgt, daß die Geraden durch gegenüberliegende Ecken des Tangentensechsecks durch einen gemeinsamen Punkt gehen. Das ist der

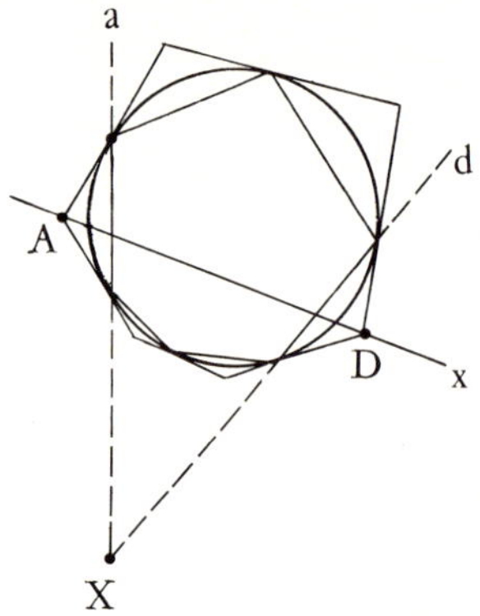

Fig. 19.l

Satz von Brianchon
(Charles Julien Brianchon 1785—1864):

Es seien t_1, t_2, t_3, t_4, t_5, t_6 sechs beliebige Tangenten eines Kegelschnitts (Fig. 19.m).
Dann gehen die Verbindungsgeraden der drei Schnittpunktpaare t_1t_2/t_4t_5, t_2t_3/t_5t_6, t_3t_4/t_6t_1, d. h. die Geraden durch gegenüberliegende Ecken des Kegelschnitttangentensechsecks, durch einen gemeinsamen Punkt.
Es können Seiten des Tangentensechsecks zusammenfallen. Fallen zwei aufeinanderfolgende Tangenten zusammen, so spielt der Berührungspunkt die Rolle ihres Schnittpunkts.

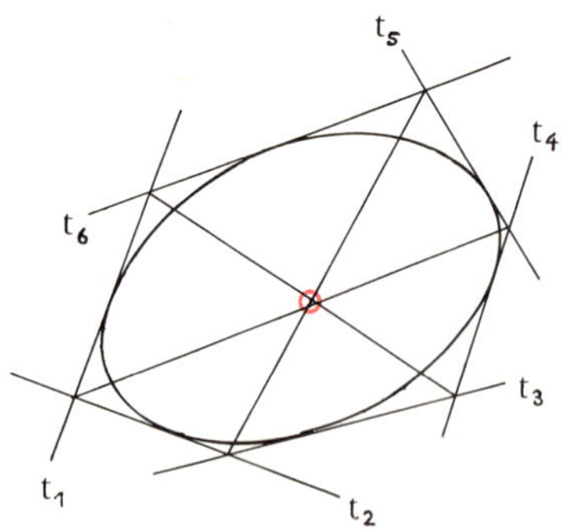

Fig. 19.m

Die Sätze von Pascal und Brianchon machen es möglich, bei Kegelschnitten, von denen fünf Punkte oder fünf Tangenten gegeben sind, weitere Punkte und Tangenten zu konstruieren. Es folgen einige Beispiele.

(19.8) **Beispiel:**

Von einem Kegelschnitt k kennt man fünf Punkte $P_1, \ldots, P_5$. Man konstruiere auf einer Geraden g, welche durch P_1 geht, den zweiten Schnittpunkt mit k (Fig. 19.n).

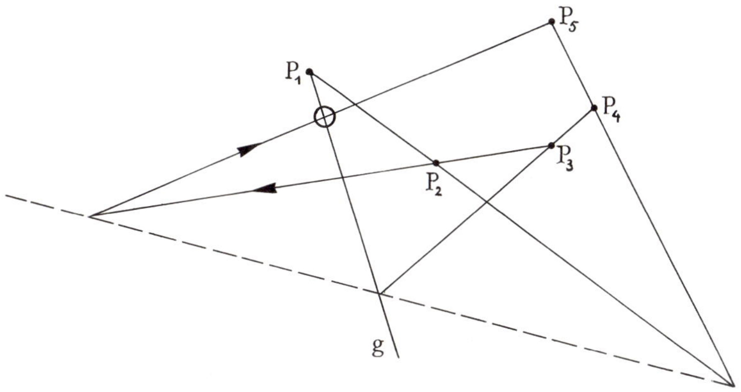

Fig. 19.n

Die Schnittpunkte der Geradenpaare P_1P_2/P_4P_5 und P_3P_4/P_6P_1 ($P_6P_1 = g$) können sofort gezeichnet werden und liefern die Pascal'sche Gerade, auf der auch der Schnittpunkt des Paares P_2P_3/P_5P_6 liegen muß.

Beispiel (19.9):

Von einem Kegelschnitt kennt man fünf Punkte $P_1, \ldots, P_5$. Man konstruiere die Tangente t im Punkt P_1 (Fig. 19.o).

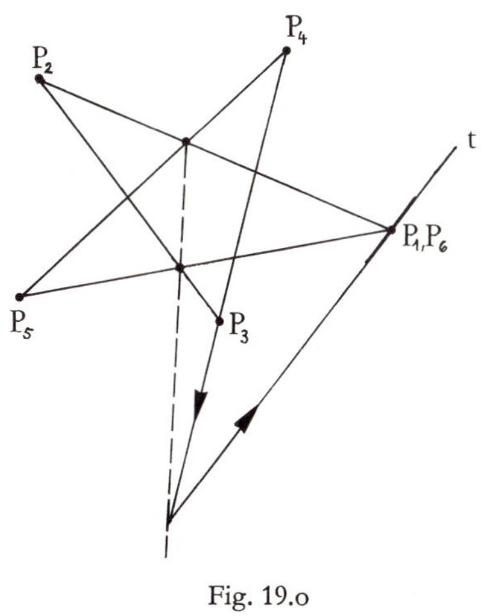

Fig. 19.o

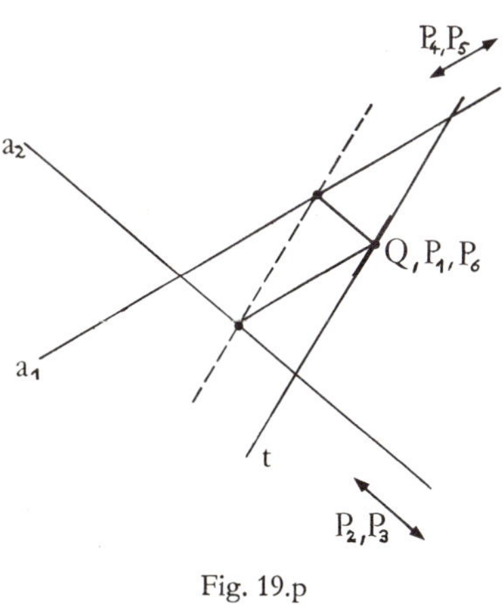

Fig. 19.p

Man läßt P_6 mit P_1 zusammenfallen und zeichnet die Pascal'sche Konfiguration.
In der Fig. 19.p ist diese Konstruktion bei einer Hyperbel mit den Asymptoten a_1, a_2 und dem Punkt Q ausgeführt. Die Fernpunkte der Asymptoten — ihre Berührungspunkte mit der Hyperbel — spielen die Rolle der Punkte P_2, P_3 rsp. P_4, P_5. Man sieht, daß Q die Mitte der Strecke ist, welche durch die Asymptoten auf der Tangente t herausgeschnitten wird.

Beispiel (19.10):

Von einer Parabel kennt man zwei Tangenten t_1 und t_2 mit den Berührungspunkten B_1 und B_2. Man konstruiere die Achsenrichtung (Fig. 19.q).

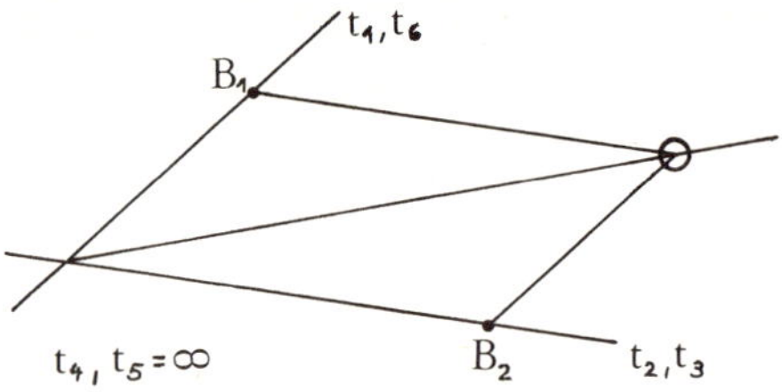

Fig. 19.q

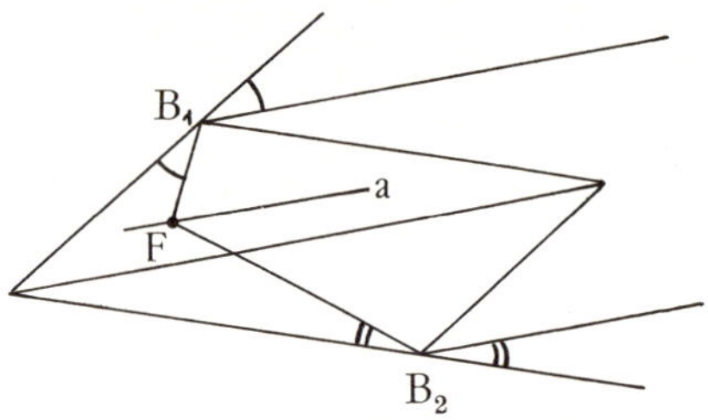

Fig. 19.r

Eine geeignete Numerierung der Tangenten führt zur Brianchon'schen Konfiguration. Man läßt t_1 mit t_6 und ebenso t_2 mit t_3 zusammenfallen. B_1 spielt dann die Rolle des Schnittpunkts von t_1 und t_6, B_2 die Rolle des Schnittpunkts von t_2 und t_3. Zu diesen vier Tangenten kommt als fünfte noch die Ferngerade hinzu. Man bezeichnet sie mit t_4, t_5. Der gesuchte Fernpunkt der Parabelachse ist der „Schnittpunkt" von t_4 und t_5.
Hat man die Richtung der Parabelachse bestimmt, kann man noch nach (18.12) die zu B_1 und B_2 gehörenden Brennstrahlen und damit den Brennpunkt F und die Achse a der Parabel konstruieren (Fig. 19.r).

Auf solche Weise gewinnt man eine Fülle von interessanten Detail-Einsichten über die einzelnen Kegelschnitte.

Wie die Sätze von Pascal und Brianchon die Kegelschnitte charakterisieren, zeigt der

(19.11) **Satz:**

c sei eine ebene Kurve, bei welcher der Pascal'sche Satz gilt und mit der Eigenschaft, daß jede Gerade ihrer Ebene sie meidet oder berührt oder in zwei Punkten schneidet. Hat eine solche Kurve c mit einem Kegelschnitt fünf verschiedene Punkte gemeinsam oder vier Punkte und die Tangente in einem dieser Punkte oder drei Punkte und die Tangenten in zwei dieser Punkte, dann ist sie mit dem Kegelschnitt identisch.

Die Fig. 19.n zeigt dies. Auf jeder Geraden durch einen der gemeinsamen Punkte liegt genau ein weiterer Punkt, mit dem die Pascal-Konfiguration zustande kommt.
Der Leser mache sich selber den analogen Sachverhalt für den Brianchon'schen Satz klar.

20. Zentralkollineation, 1. Teil

Es seien Σ und Σ* zwei Ebenen und S ein Punkt des Raumes, der zu keiner dieser Ebenen gehört (Fig. 20.a).

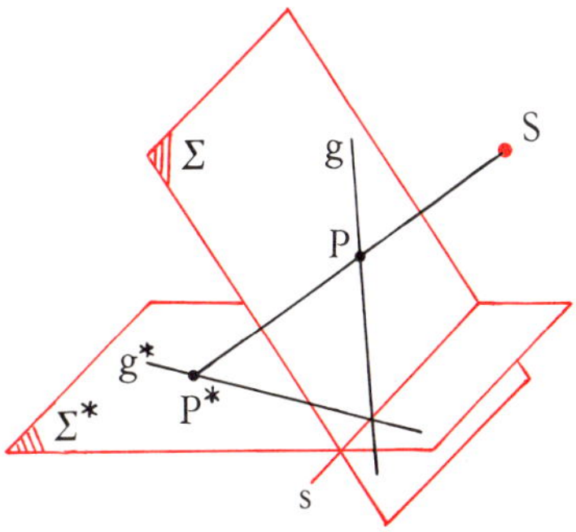

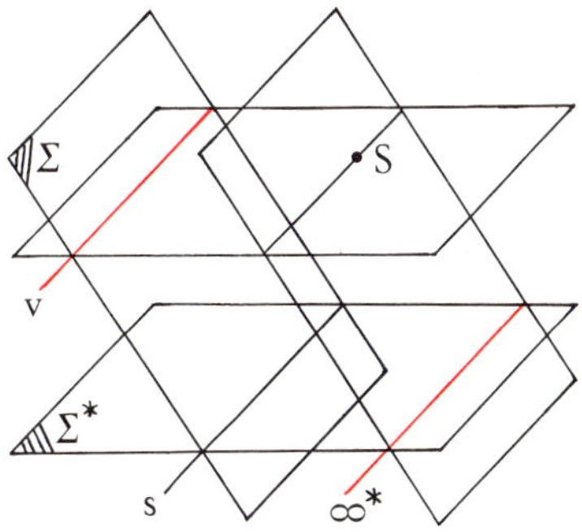

Fig. 20.a

Die Projektion der Ebene Σ auf die Ebene Σ* von S aus, also die Abbildung, die dem Punkt P der Ebene Σ den Schnittpunkt P* der Geraden SP mit der Ebene Σ* zuordnet, heißt die **Zentralkollineation** (oder perspektive Abbildung) **der Ebene Σ auf die Ebene** Σ* mit dem Zentrum S.

Eine Zentralkollineation einer Ebene auf eine Ebene ist — die Fernpunkte miteinbezogen — eine eineindeutige Abbildung.
Die Punkte der Schnittgeraden s der beiden Ebenen sind Fixpunkte der Abbildung. s heißt die **Achse** der Zentralkollineation.
Welche Punkte von Σ werden in die Fernpunkte von Σ* abgebildet? Die Punkte der Geraden v, in welcher die Ebene Σ von der durch das Zentrum S laufenden Parallelebene zu Σ* geschnitten wird. Die Gerade v heißt die **Verschwindungsgerade** der Zentralkollineation, ihre Punkte die **Verschwindungspunkte.** Die Fernpunkte von Σ werden auf die Gerade ∞* abgebildet, in welcher die Parallelebene zu Σ durch S die Ebene Σ* schneidet. ∞* heißt die **Fluchtgerade** der Zentralkollineation.
Man beachte, daß die Unterscheidung Verschwindungsgerade — Fluchtgerade nur einen Sinn hat, wenn man die (umkehrbare) Zentralkollineation als Abbildung mit bestimmter Richtung auffaßt; meint man die inverse Abbildung, so sind die Rollen vertauscht.
Die Verschwindungsgerade v und die Fluchtgerade ∞* sind parallel zur Kollineationsachse s.

Zwei ebene Figuren im Raum, die durch eine Zentralkollineation ineinander übergeführt werden können, heißen **zentralkollinear.**

Ergänzung: Eigentlich ist der Begriff Zentralkollineation umfassender, als hier dargestellt. Eine Zentralkollineation des Raumes auf sich ist eine Abbildung des ganzen Raumes, die Fernpunkte miteinbezogen, auf sich, welche eineindeutig und geradentreu ist, und bei welcher es einen festen Punkt S gibt, so daß für jeden Punkt P das Bild P* kollinear ist mit S und P. Zum Beispiel ist eine Streckung des Raumes von einem Punkt aus eine Zentralkollineation. Die durch eine Zentralkollineation induzierte Abbildung einer Ebene Σ auf ihr Bild Σ* ist eine Zentralkollineation im Sinne dieses Kapitels.

Eigenschaften einer Zentralkollineation (einer Ebene auf eine andere Ebene):

(20.1) **Satz:**

Jede Gerade wird abgebildet in eine Gerade. Die Gerade g und ihr Bild g* schneiden sich auf der Achse der Zentralkollineation.

Umgekehrt gilt:
Jede eineindeutige, geradentreue Abbildung einer Ebene Σ auf eine Ebene Σ*, bei der entsprechende Geraden sich auf der Schnittgeraden s von Σ und Σ* schneiden, ist eine *zentrale* Kollineation.

Beweis dieser Umkehrung (Fig. 20.b): Es seien A und B zwei nicht auf s liegende Punkte der Ebene Σ. Die Gerade AB und ihr Bild A*B* schneiden sich auf s, die vier Punkte A, B, A*, B* liegen in einer Ebene. Es sei S der Schnittpunkt von AA* und BB*. Zu zeigen ist, daß für jeden andern Punkt P von Σ die Gerade PP* auch durch S geht. Man betrachtet zuerst einen Punkt P, der nicht auf AB liegt. PP* gehört zu den Ebenen AA*PP* und BB*PP*; S ist ein gemeinsamer Punkt dieser Ebenen, also liegt S auf PP*.

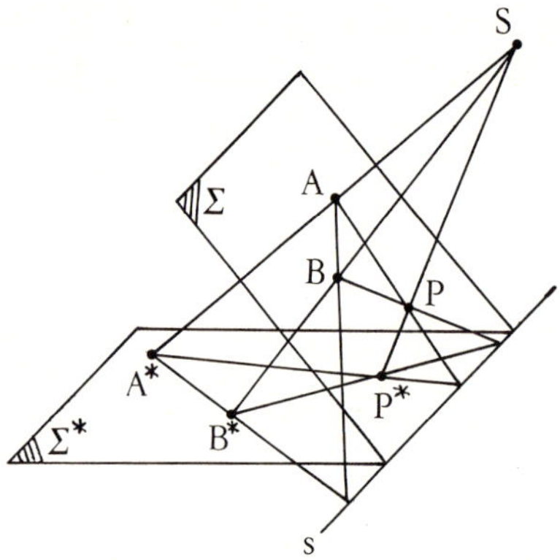

Fig. 20.b

Nachdem der Sachverhalt für Punkte P außerhalb der Geraden AB nachgewiesen ist, folgt er, ausgehend von einer anderen Anfangsstrecke, auch für alle Punkte auf AB. Zwei in verschiedenen Ebenen liegende Dreiecke sind also genau dann zentralkollinear, wenn sich ihre Seiten auf der Schnittgeraden der beiden Ebenen schneiden.

(20.2) **Satz:**

Bei einer Zentralkollineation bleiben Doppelverhältnisse erhalten (Fig. 20.c).

Das wurde im Kap. 19 bewiesen.

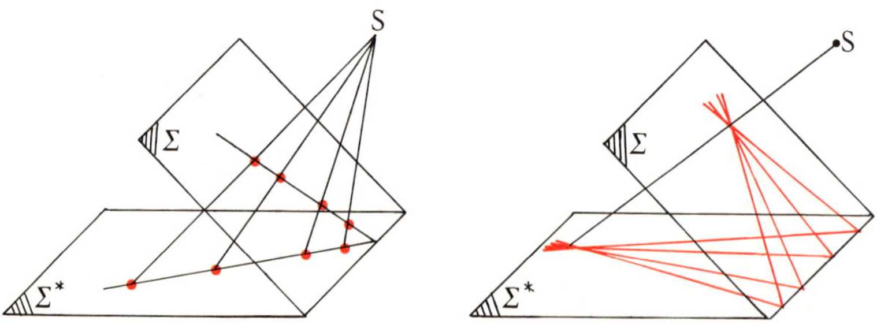

Fig. 20.c

Doppelverhältnisse von vier Punkten einer Geraden und von vier Geraden eines Büschels.
Teilverhältnisse von drei Punkten einer Geraden ändern sich im allgemeinen, wenn das Kollineationszentrum nicht ein Fernpunkt ist.
Die Invarianz der Doppelverhältnisse macht es möglich, das Bild eines Punktes P zu konstruieren, ohne dabei das Kollineationszentrum oder die Kollineationsachse zu benützen, sobald nur ein Viereck ABCD schon abgebildet worden ist (Fig. 20.d).

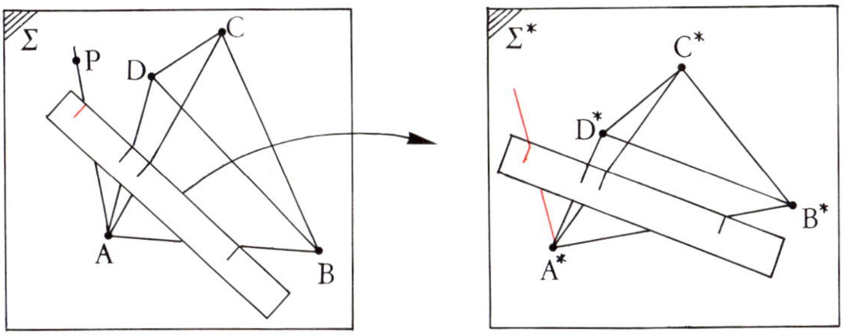

Fig. 20.d

Man denke sich die Ebenen Σ und Σ* nebeneinandergelegt. Mit Hilfe eines Papierstreifens überträgt man Doppelverhältnisse von Geradenbüscheln: Zum Beispiel des Geradenbüschels AB, AC, AD, AP. Man markiert in der Ebene Σ auf dem Streifen die Schnittpunkte mit den vier Büschelgeraden und plaziert den Streifen in der Ebene Σ* so, daß die drei ersten Marken auf die entsprechenden Geraden des Büschels A*B*, A*C*, A*D* zu liegen kommen. Die vierte Marke liefert dann die Büschelgerade, die zu P* gehört. Dann wiederholt man das Verfahren für ein zweites Büschel, z. B. für das Büschel BA, BP, BD, BC.
Da zwischen einer fotografischen Aufnahme und einer topographischen Karte eines ebenen Geländes dieser kollineare Zusammenhang besteht, können mit dem Papierstreifenverfahren fotografische Luftaufnahmen entzerrt werden.

(20.3) Dreht man zwei zentralkollineare Figuren um ihre Kollineationsachse, so bleiben sie zentralkollinear, nur das Zentrum ändert sich. Dies folgt aus (20.1).
Die Figuren können nach der Drehung auch in derselben Ebene liegen (Kap. 21).

(20.4) Bei einer Zentralkollineation wird natürlich der Schnittpunkt zweier Geraden in den Schnittpunkt der Bilder der Geraden und die Gerade durch zwei Punkte in die Gerade durch die Bilder der beiden Punkte abgebildet, d. h. die Inzidenz Punkt-Gerade bleibt erhalten.

Wie man mit Hilfe einer Zentralkollineation einen geometrischen Zusammenhang, der von solcher Inzidenz handelt, beweisen kann, wurde im Kap. 19 am Beispiel des Satzes von Pascal gezeigt.
Hier soll noch der sog. **Kreuzliniensatz für zwei Geraden** bewiesen werden:

Auf zwei Geraden g_1 und g_2 einer Ebene sind je drei Punkte gegeben: P_1, P_3, P_5 auf g_1 und P_2, P_4, P_6 auf g_2 (Fig. 20.e).
Die Schnittpunkte X, Y, Z der Geradenpaare P_1P_2/P_4P_5, P_2P_3/P_5P_6 und P_3P_4/P_6P_1 sind dann kollinear.

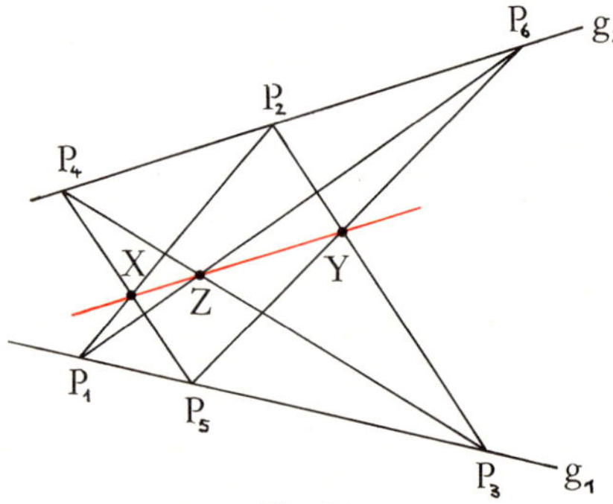

Fig. 20.e

Es ist dies der Pascal'sche Satz, ausgesprochen für den durch die beiden Geraden g_1 und g_2 gebildeten ausgearteten Kegelschnitt.

Beweis:
Man bildet die Ebene Σ, in der sich die Konfiguration der Fig. 20.e befindet, mit einer geeigneten Zentralkollineation auf eine Ebene Σ^* ab, in der die Zusammenhänge besser überschaubar werden (Fig. 20.f).

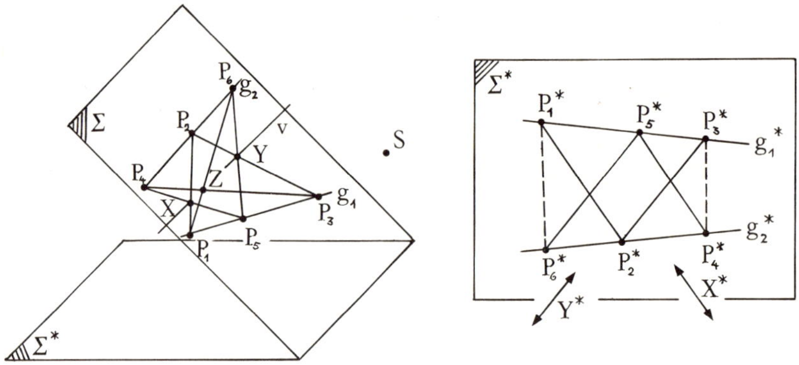

Fig. 20.f

Es sei v die Gerade durch X und Y. Zu zeigen ist, daß auch Z auf v liegt. Wählt man die Ebene Σ^* parallel zu v und das Kollineationszentrum S in der Parallelebene zu Σ^* durch v, so spielt v die Rolle der Verschwindungsgeraden der Zentralkollineation. In der Ebene Σ^* liegen die Dinge dann so: X^* und Y^* sind Fernpunkte, d. h. die Geraden $P_1{}^*P_2{}^*$, $P_2{}^*P_3{}^*$, $P_4{}^*P_5{}^*$ und $P_5{}^*P_6{}^*$ begrenzen ein Parallelogramm. Aus der Ähnlichkeit der anliegenden Dreiecke folgt sofort, daß die Geraden $P_3{}^*P_4{}^*$ und $P_6{}^*P_1{}^*$ auch parallel sind, daß also Z^* auch auf der Ferngeraden von Σ^* liegt.

(20.5) **Satz:**

Bei einer Zentralkollineation wird ein Kegelschnitt k wieder in einen Kegelschnitt abgebildet. Das Bild ist eine Hyperbel, Parabel oder Ellipse, je nachdem k die Verschwindungsgerade schneidet, berührt oder meidet (Fig. 20.g).

Dieser Satz steht im Zentrum der Theorie der Zentralkollineationen. Es ist die Verallgemeinerung des Satzes (18.4).

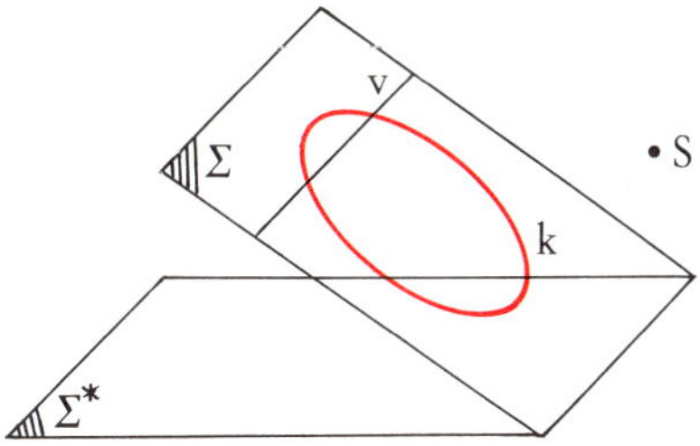

Fig. 20.g

Beweis:

Das Bild k* des Kegelschnittes k ist wegen der Inzidenztreue auf alle Fälle eine Kurve, bei welcher der Satz von Pascal gilt. Nach dem Satz (19.11) muß nur gezeigt werden, daß k* mindestens in fünf Punkten mit einem Kegelschnitt übereinstimmt (oder in vier Punkten und der Tangente in einem Punkte usw.).

Da hier der allgemeine Existenzsatz, daß durch fünf beliebige Punkte einer Ebene ein Kegelschnitt gelegt werden kann, nicht zur Verfügung steht, wollen wir jeweils von Fall zu Fall fünf günstige Punkte von k herausgreifen, durch deren Bilder wir einen Kegelschnitt legen können. Damit ist dann auch **ein Weg gezeigt, wie man jeweils auf einfache Weise zu den besonderen Punkten des Bildes von k kommen kann.**

Fall (1): Die Verschwindungsgerade v schneidet k in zwei Punkten V_1 und V_2 (Fig. 20.h).

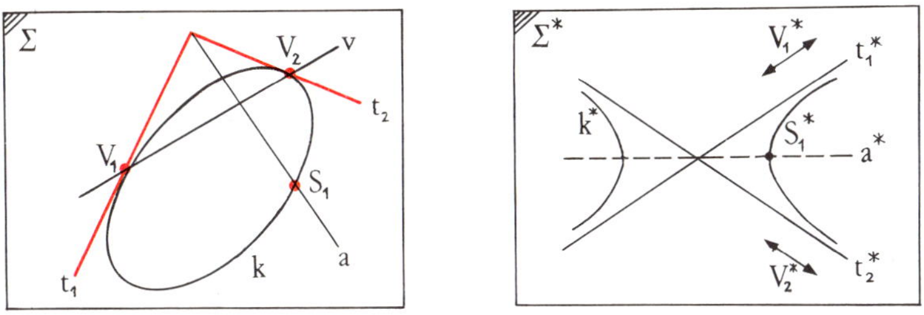

Fig. 20.h

Man bildet V_1 und V_2 und die Tangenten t_1 und t_2 in diesen Punkten ab. Dann sucht man in der Ebene Σ die Kegelschnittsekante a, deren Bild a* den Winkel zwischen t_1^* und t_2^* halbiert. S_1 sei einer der Schnittpunkte von a und k.

Nun kann in Σ^* die Hyperbel gezeichnet werden mit den Asymptoten t_1^*, t_2^* und dem Punkt S_1^* als einem der Scheitel. Diese Hyperbel stimmt mit k* in S_1^*, V_1^*, V_2^*, t_1^*, t_2^* überein, ist somit nach (19.11) mit k* identisch.

Fall (2): Die Verschwindungsgerade v berühre k im Punkt V (Fig. 20.i).

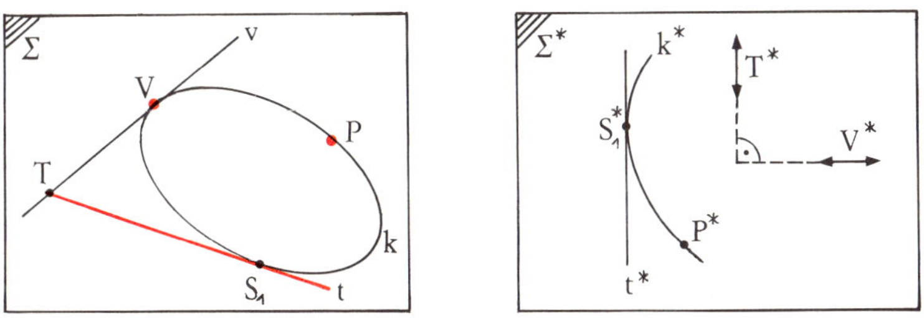

Fig. 20.i

Man bildet V und noch einen Punkt P von k ab. Dann sucht man auf v den Punkt T, dessen Bild T* senkrecht auf V* steht. t sei die zweite Tangente von T an k, S_1 ihr Berührungspunkt.
In Σ* kann man die Parabel zeichnen mit der Scheiteltangente t*, dem Scheitel S_1* und dem Punkt P* (18.13). Diese Parabel stimmt mit k* in P*, S_1*, V*, t* und in der Ferngeraden überein, ist somit mit k* identisch.

Fall (3): Die Verschwindungsgerade v meide k (Fig. 20.k).

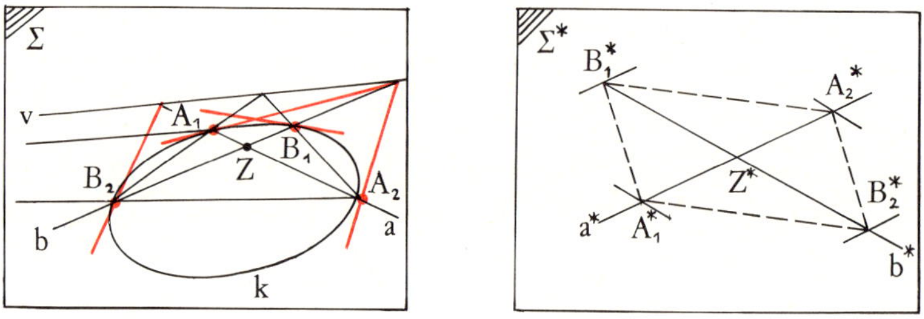

Fig. 20.k

Es sei Z der Pol von v bezüglich k, a und b seien zwei durch Z gehende konjugierte Geraden und A_1, A_2, B_1, B_2 ihre Schnittpunkte mit k. Die Gegenseiten des Vierecks $A_1B_2A_2B_1$ schneiden sich auf der Geraden v. (Dies folgt aus dem Pascal'schen Satz; man braucht nur die Ecken geeignet zu numerieren: $A_1 = P_1, P_2; A_2 = P_3; B_1 = P_4; B_2 = P_5, P_6$.)
Das Bild A_1*B_2*A_2*B_1* des Vierecks in der Ebene Σ* ist ein Parallelogramm, Z* ist der Diagonalenschnittpunkt.
Man zeichnet die Ellipse mit den konjugierten Durchmessern A_1*A_2* und B_1*B_2*. Diese Ellipse stimmt mit k* in A_1*, A_2*, B_1*, B_2* und den Tangenten in diesen Punkten überein, ist somit identisch mit k*.

Der Satz (20.5) sagt aus, daß der Begriff Kegelschnitt ein **projektiver Begriff** ist, wie z. B. auch die Begriffe Gerade, Doppelverhältnis, Pol-Polare, konjugierte Geraden, — also ein Begriff, welcher Zentralkollineationen verträgt. Man beachte, daß die Begriffe Kegelschnittbrennpunkt, Kegelschnittzentrum, Kegelschnittachse keine projektiven Begriffe sind, denn bei einer Zentralkollineation werden Brennpunkte gewöhnlich nicht in Brennpunkte abgebildet etc.
Ist das Kollineationszentrum ein Fernpunkt, so geht ein Kegelschnitt über in einen Kegelschnitt derselben Sorte, denn die Ferngerade ist dann die Verschwindungsgerade. Dann wird das Zentrum des Kegelschnitts, d. h. der Pol der Ferngeraden, abgebildet in das Zentrum.

Eine Parallelprojektion einer Ellipse auf eine Ebene ist wieder eine Ellipse [der Satz (14.1) stellt einen Spezialfall dar], eine Parallelprojektion einer Parabel ist wieder eine Parabel, und eine Parallelprojektion einer Hyperbel ist wieder eine Hyperbel, immer vorausgesetzt, daß die Kegelschnittebene nicht projizierend ist. Auch gehen konjugierte Durchmesser bei einer Parallelprojektion wieder über in konjugierte Durchmesser.

Damit sind wir nun in der Lage, beliebig im Raum liegende Kegelschnitte im Zweitafelverfahren darzustellen.

(20.6) Schrägbild einer Zentralkollineation.

Im Würfelschrägbild (vgl. Kap. 3) der Fig. 20.1 ist eine auf der Würfelgrundfläche stehende Pyramide, mit der Spitze S in der Mitte der Würfeldeckfläche, gezeichnet.

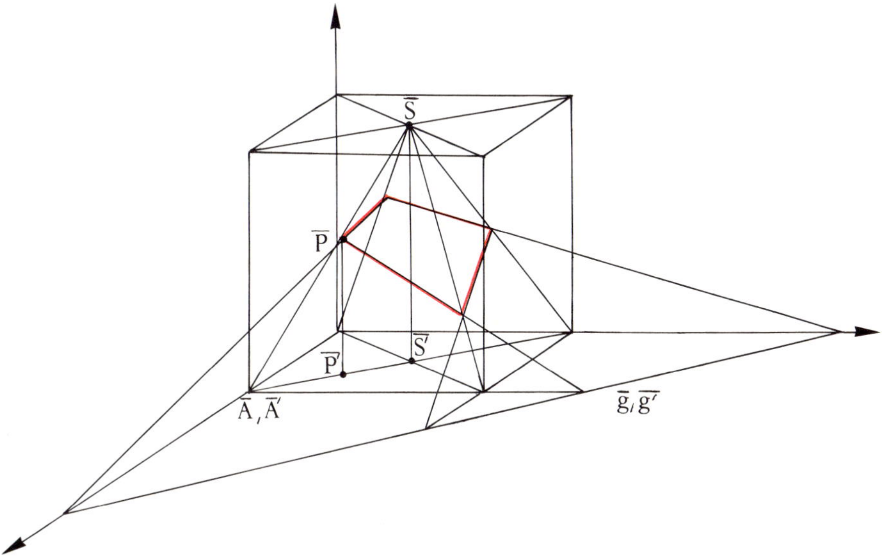

Fig. 20.1

Ferner sind in der Grundfläche eine Gerade g und auf der Pyramidenkante SA ein Punkt P gegeben.
Man schneide die Pyramide mit der Ebene Pg.
Das Schnittviereck und das Grundquadrat der Pyramide sind zentralkollinear, mit der Pyramidenspitze S als Zentrum und der Geraden g als Achse. Zeichnet man hier im Schrägbild, also in einer schiefen Parallelprojektion des räumlichen Körpers — die Querstriche zeigen dies an — die Linien der Zentralkollineation, so sieht man, daß die räumliche Zentralkollineation in der Zeichnungsebene eine Abbildung hervorruft, bei welcher der Punkt $\overline{P}$ in den Punkt $\overline{A}$ übergeht, bei der die Verbindungsgeraden zusammengehörender Punkte durch $\overline{S}$ gehen und zusammengehörende Geraden sich auf $\overline{g}$ schneiden, eine Abbildung also, welche alle Merkmale einer Zentralkollineation trägt, aber alles in *einer* Ebene.
Nun soll im nächsten Kapitel die Bestimmung, daß bei einer Zentralkollineation die Urbildebene und die Bildebene verschiedene Ebenen sein müssen, fallengelassen werden.

21. Zentralkollineation, 2. Teil

Definition:

Eine eineindeutige, geradentreue Abbildung einer Ebene auf sich, die Fernpunkte miteinbezogen, bei welcher es

(21.1) einen festen Punkt S gibt, so daß für jeden Punkt P, verschieden von S, das Bild P* von P auf der Geraden durch P und S liegt,

(21.2) eine feste Gerade s gibt, so daß für jede Gerade g, verschieden von s, das Bild g* von g durch den Schnittpunkt von g und s geht,

heißt eine **Zentralkollineation der Ebene** mit dem Zentrum S und der Achse s.

Es folgt unmittelbar, daß jede Gerade durch das Kollineationszentrum S in sich abgebildet **wi d,** daß S ein Fixpunkt ist, und daß jeder Punkt der Achse s Fixpunkt ist. Außer dem Zentrum und den Punkten auf der Achse gibt es keine weiteren Fixpunkte, es sei denn, es handle sich überhaupt um die Identität.
Daß die beiden Bedingungen (21.1) und (21.2) äquivalent sind, wird unten gezeigt.

Wichtige **Sonderfälle von Zentralkollineationen** liegen vor, wenn das Zentrum ein Fernpunkt ist, oder wenn die Achse die Ferngerade ist:

(21.3) Eine Zentralkollineation mit einem Fernpunkt als Zentrum heißt eine **perspektive** (oder axiale) **Affinität** (Fig. 21.a).

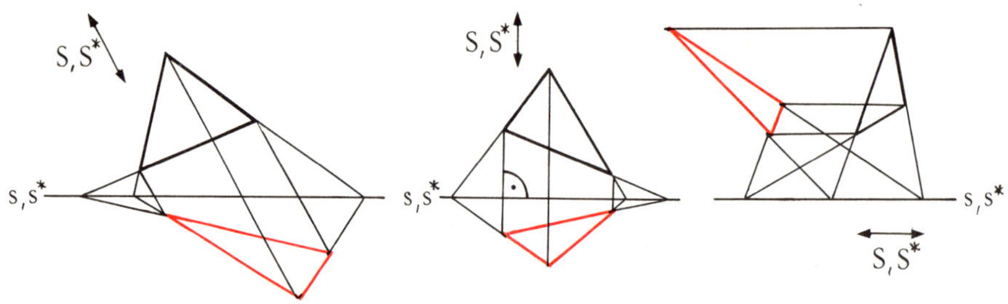

Fig. 21.a

Stehen dabei die Geraden durch das Zentrum senkrecht auf der Achse, so handelt es sich um eine **normale Affinität** (oder Stauchung/Dehnung) (Kap. 9).
Die Spiegelung an der Geraden s ist ein Spezialfall einer normalen Affinität.
Ist der Fernpunkt der Achse das Zentrum der Kollineation, so spricht man von einer **Scherung.**

(21.4) Eine Zentralkollineation mit der Ferngeraden als Achse ist eine **Streckung** oder zentrische Ähnlichkeit (Fig. 21.b).

Die Spiegelung an S ist ein Spezialfall.

Ist bei einer Zentralkollineation zugleich das Zentrum ein Fernpunkt und die Achse die Ferngerade, so handelt es sich um eine **Verschiebung** (Fig. 21.c).

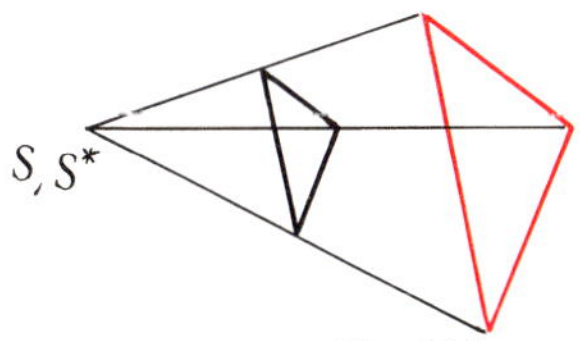

Fig. 21.b

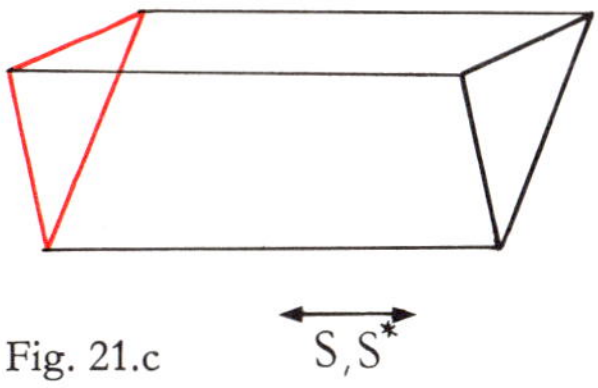

Fig. 21.c

Bei all diesen Sonderfällen wird die Ferngerade in sich abgebildet, d. h. mit anderen Worten, parallele Geraden werden in parallele Geraden abgebildet.

Diese Übersicht zeigt die grundlegende Stellung der Zentralkollineationen im Aufbau der ganzen Geometrie!

Die Verbindung zum Kap. 20 stellt der folgende Sachverhalt her: Gegeben ist eine Zentralkollineation im Raum im Sinne des Kap. 20, also eine Zentralkollineation einer Ebene Σ auf eine andere Ebene Σ^* (Fig. 21.d). S sei das Zentrum, s die Achse der Kollineation und P^* das Bild irgendeines Punktes P der Ebene Σ.
Projiziert man die Punkte beider Ebenen Σ und Σ^* von einem Punkt Z aus, der nicht zu Σ und Σ^* gehört, auf eine Ebene Π, so bewirkt man in Π eine Abbildung, nämlich die Abbildung, welche der Projektion $\overline{P}$ des Punktes P die Projektion $\overline{P^*}$ des Punktes P^* zuordnet.

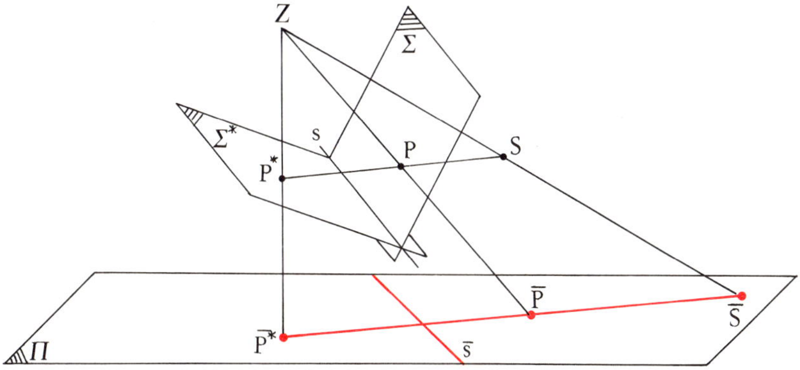

Fig. 21.d

Diese Abbildung in Π ist eine Zentralkollineation mit der Projektion $\overline{S}$ des Punktes S als Zentrum und der Projektion $\overline{s}$ der Geraden s als Achse. Sind Z und S Fernpunkte, so ist auch $\overline{S}$ ein Fernpunkt, d. h. die in Π hervorgerufene Abbildung ist dann eine Affinität.

(21.5) **Satz:**

Bei einer Zentralprojektion des Raumes auf eine Ebene Π geht eine räumliche Zentralkollineation einer Ebene Σ auf eine Ebene Σ^* (mit Ebenen, die nicht durch das Projektionszentrum gehen) über in eine ebene Zentralkollineation in der Ebene Π.

Man betrachte hier nochmals die Fig. 20.1. Die Zentralkollineation im Raum mit dem Zentrum S, welche die Schnittebene in die Pyramidengrundfläche abbildet, erscheint auf dem Zeichnungsblatt als ebene Zentralkollineation mit dem Zentrum $\overline{S}$ und der Achse $\overline{g}$, welche dem Punkt $\overline{P}$ den Punkt $\overline{A}$ zuordnet.

Oder in der Fig. 2.f ist die Abbildung, welche dem Punkt P der Würfelgrundfläche den Punkt P* der gedrehten Ebene zuordnet, eine Zentralkollineation mit einem Fernpunkt als Zentrum. Sie erscheint in der Zeichnung als schiefe Affinität mit der Achse $\overline{C}\overline{D}$.

Läßt man in der Fig. 21.d die Ebenen Π und Σ^* zusammenfallen, so hat man den

(21.6) **Satz:**

Wird eine Ebene Σ von zwei verschiedenen Zentren Z_1 und Z_2 (außerhalb Σ) aus auf eine Ebene Π projiziert (Fig. 21.e), so ist die Abbildung in Π, welche der ersten Projektion P_1 eines Punktes P von Σ die zweite Projektion P_2 zuordnet, eine Zentralkollineation. Der Schnittpunkt der Geraden Z_1Z_2 mit Π ist das Zentrum, die Schnittgerade von Σ und Π ist die Achse der Kollineation.

Z_1 und Z_2 können Fernpunkte sein. Der Satz (10.2) stellt einen solchen Fall dar (Fig. 21.f).

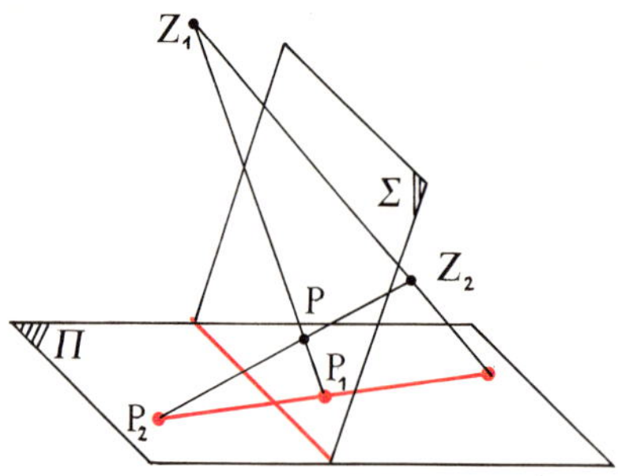

Fig. 21.e

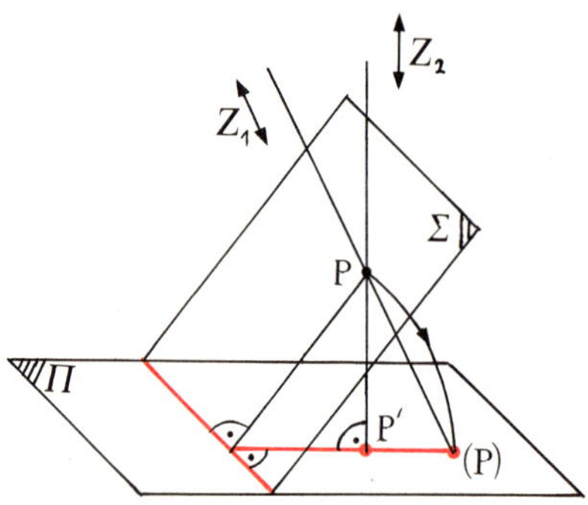

Fig. 21.f

Umgekehrt kann jede ebene Zentralkollineation aufgefaßt werden als durch Projektion aus einer räumlichen Zentralkollineation entstanden. Dies zeigt die Fig. 21.d: Man wählt das Projektionszentrum Z, dann in der Ebene $Z\overline{s}$ die Gerade s und legt durch s zwei Ebenen Σ und Σ^*. Die Zentralkollineation in Π bewirkt die Abbildung $P \to P^*$ der Ebene Σ auf die Ebene Σ^*. Diese Abbildung hat die Eigenschaft (20.1), ist daher eine räumliche Zentralkollineation.

Da man jede ebene Zentralkollineation durch Projektion aus dem Raum bekommen kann, folgt, daß die Eigenschaften (20.2) und (20.5) auch den ebenen Zentralkollineationen zukommen. Es gilt der

(21.7) **Satz:**

Bei einer ebenen Zentralkollineation bleiben Doppelverhältnisse erhalten, und Kegelschnitte werden in Kegelschnitte abgebildet.
Bei einer perspektiven Affinität bleiben sogar Teilverhältnisse erhalten, und Kegelschnitte werden in Kegelschnitte derselben Sorte abgebildet.

Im übrigen gilt das schon in (20.5) über Kegelschnitte Gesagte.

Welche Angaben muß man über eine ebene Zentralkollineation mindestens machen, damit sie dadurch eindeutig festgelegt ist?

(21.8) Eine eineindeutige, geradentreue Abbildung einer Ebene auf sich, die Fernpunkte miteinbezogen, mit der Eigenschaft (21.1) ist durch die Angabe des Zentrums S und der Bilder A*, B*, C* dreier von S verschiedener, nicht kollinearer Punkte A, B, C eindeutig festgelegt.

Die Fig. 21.g zeigt, wie man mit Hilfe von A, B, C das Bild einer Geraden g und eines Punktes P auf g konstruiert.

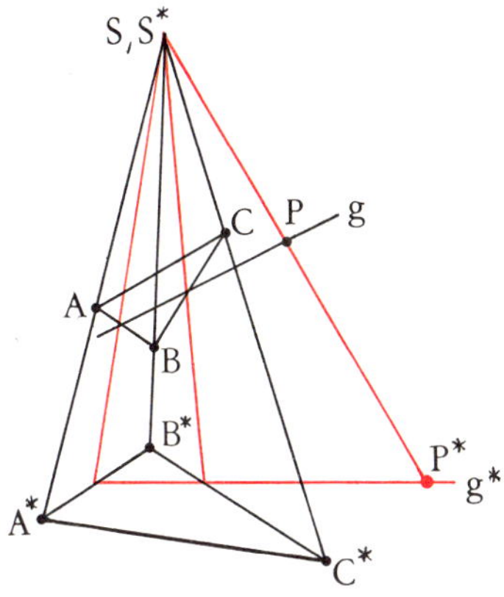

Fig. 21.g

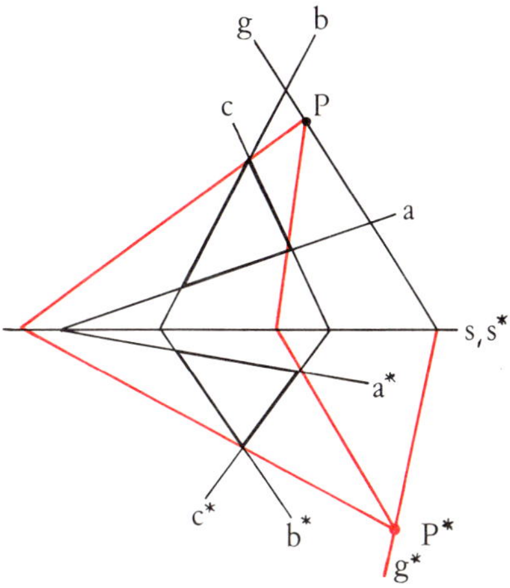

Fig. 21.h

Ebenso: Eine eineindeutige, geradentreue Abbildung einer Ebene auf sich mit der Eigenschaft (21.2) ist durch die Angabe der Achse s und der Bilder a*, b*, c* dreier von s verschiedener, nicht durch einen gemeinsamen Punkt laufender Geraden a, b, c eindeutig festgelegt (Fig. 21.h).

(21.9) In einer Ebene Π seien ein Punkt S und auf drei Geraden durch S je zwei von S verschiedene Punkte A, A* rsp. B, B* rsp. C, C* gegeben (Fig. 21.i). Es gibt dann in Π eine Zentralkollineation mit dem Zentrum S, welche A in A* usw. überführt.

Beweis: Man faßt die in Π gegebene Figur auf als Normalprojektion einer Pyramide über dem Dreieck $A^*B^*C^*$ mit der Spitze Z senkrecht über S. Die über A, B, C auf den Pyramidenkanten liegenden Punkte $\overline{A}$, $\overline{B}$, $\overline{C}$ bestimmen eine Ebene Σ. Die Zentralkollineation der Ebene Σ auf die Ebene Π mit der Pyramidenspitze als Zentrum geht nach (21.5) durch die Projektion über in die gesuchte Zentralkollineation in Π.
Die Fig. 21.k illustriert wieder den in der Ebene Π dualen Sachverhalt. Nach (20.1) und (21.5) gibt es in Π eine Zentralkollineation, welche a in a^*, b in b^* und c in c^* überführt.

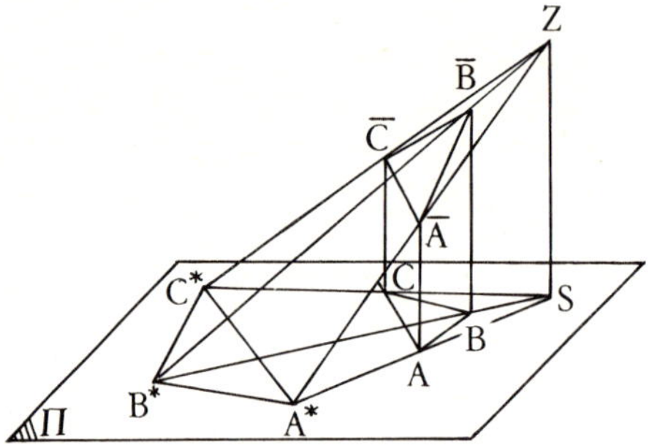

Fig. 21.i

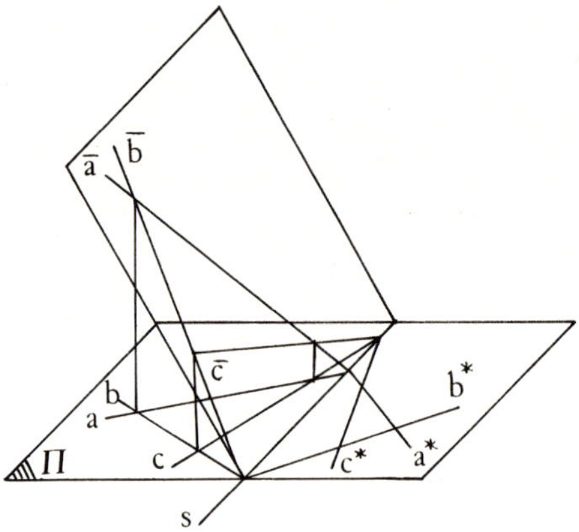

Fig. 21.k

Aus (21.8) und (21.9) folgt nun:

Eine eineindeutige, geradentreue Abbildung einer Ebene (die Fernpunkte miteinbezogen) auf sich, mit der Eigenschaft (21.1), hat auch die Eigenschaft (21.2) und umgekehrt.

Und bewiesen ist damit auch der

(21.10) **Satz von Desargues**
(Gérard Desargues 1591—1661):

Gegeben sind in der Ebene zwei Dreiecke (Fig. 21.l).
Wenn die Verbindungsgeraden entsprechender Ecken durch einen gemeinsamen Punkt gehen, so liegen die Schnittpunkte entsprechender Seiten auf einer gemeinsamen Geraden.
Wenn die Schnittpunkte entsprechender Seiten auf einer gemeinsamen Geraden liegen, so gehen die Verbindungsgeraden entsprechender Ecken durch einen gemeinsamen Punkt.

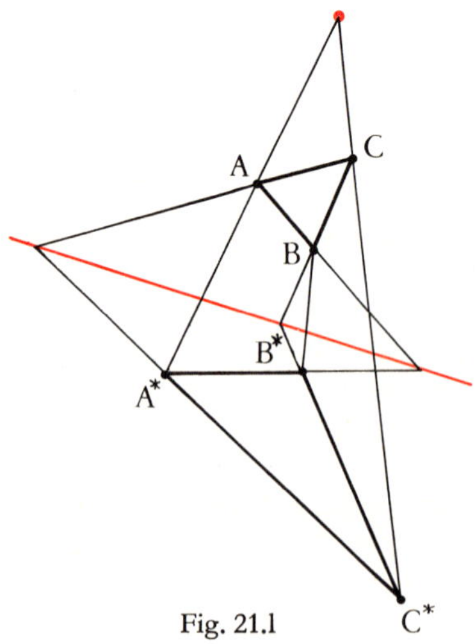

Fig. 21.l

Es zeigt sich, daß die bis jetzt eingehaltene, genaue Trennung der Begriffe „Zentralkollineation einer Ebene auf eine andere Ebene“ im Raum (Kap. 20) und „Zentralkollineation in einer Ebene“ (Kap. 21) bei vielen Aussagen nicht nötig ist.

Es folgen **weitere konstruktive Hinweise, Sätze und Anwendungen** zu Zentralkollineationen.

(21.11) Wie man bei einer ebenen Zentralkollineation das Bild eines Punktes Q mit Hilfe eines schon abgebildeten Punktes P konstruiert, zeigt, wie schon die Fig. 9.d, nochmals die Fig. 21.m.

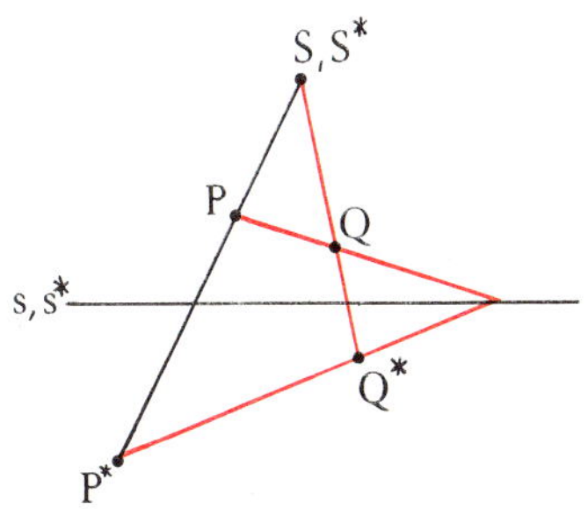

Fig. 21.m

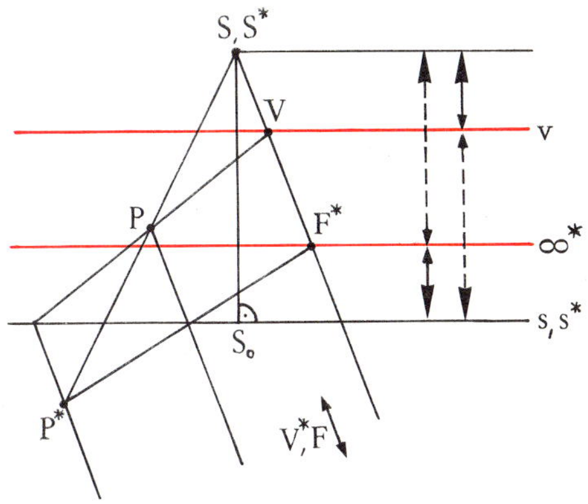

Fig. 21.n

(21.12) **Konstruktion der Verschwindungsgeraden und der Fluchtgeraden einer ebenen Zentralkollineation** (Fig. 21.n).
Gegeben sind das Zentrum S, die Achse s und das Bild P* eines Punktes P.

Die **Verschwindungsgerade** v, die Gerade, welche in die Ferngerade abgebildet wird, konstruiert man mit Hilfe eines Punktes V, von dem man das Bild V* wählt. Die **Fluchtgerade** ∞^*, das Bild der Ferngeraden, konstruiert man mit Hilfe eines Fernpunkts F. v und ∞^* sind parallel zur Achse s. Aus der Figur läßt sich leicht ablesen, daß die Verschwindungsgerade und die Fluchtgerade gleiche Abstände vom Zentrum rsp. von der Achse haben. Genauer: v teilt die Strecke SS_0 im gleichen Verhältnis wie ∞^* die Strecke S_0S. Vergleiche (21.14).
Man nennt die Verschwindungsgerade und die Fluchtgerade die beiden **Gegenachsen** der Zentralkollineation. (Wie schon anfangs des Kap. 20 gesagt, erfordert die Unterscheidung der Gegenachsen, daß man sich auf eine Abbildungsrichtung festlegt.)
Bei den perspektiven Affinitäten und den Streckungen ist die Ferngerade gleichzeitig Verschwindungs- und Fluchtgerade.

(21.13) Bei einer Zentralkollineation betrachtet man zwei Geraden a und b (Fig. 21.o). Der Winkel, den ihre Bilder a* und b* einschließen, ist gleich dem Winkel, den die Strahlen vom Zentrum S zu den Verschwindungspunkten von a und b einschließen.

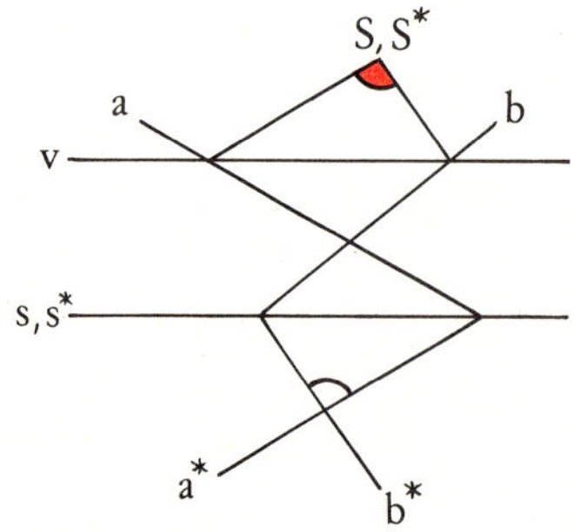

Fig. 21.o

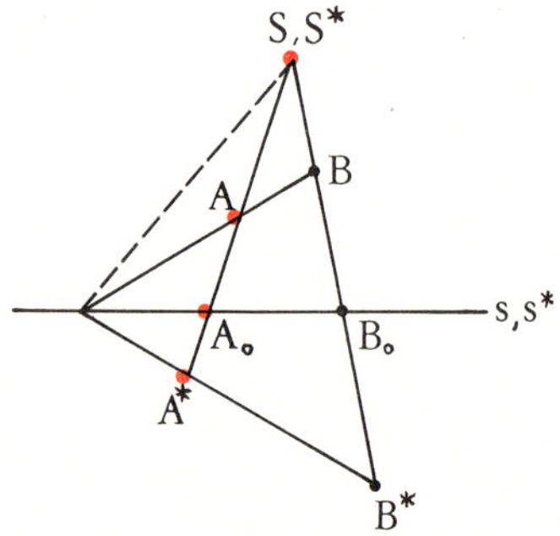

Fig. 21.p

(21.14) Bei der ebenen Zentralkollineation in der Fig. 21.p sind nach (19.6) die Doppelverhältnisse (A^*AA_0S) und (B^*BB_0S) gleich groß. Für alle Punkte P ist dieses Doppelverhältnis (P^*PP_0S) konstant. Es heißt die **Charakteristik** der Zentralkollineation.

Man betrachte die Spezialfälle (21.3) und (21.4).

(21.15) Bei einer ebenen Zentralkollineation konstruiere man das **Bild eines vorgegebenen Kreises** k.

Die Fig. 21.q zeigt die drei verschiedenen Konstruktionen, ausgeführt wie bei (20.5).

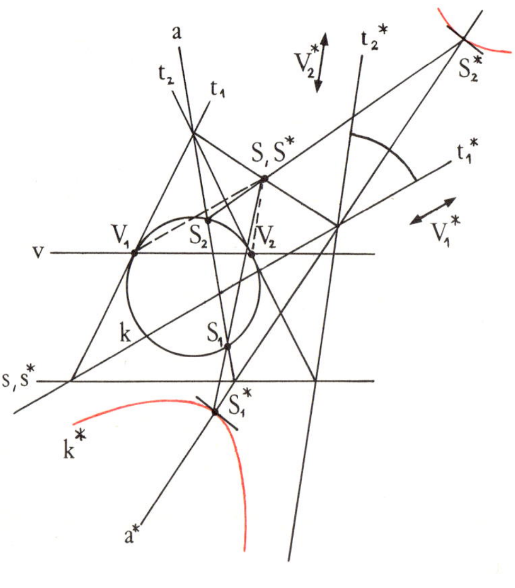

Fig. 21.q (1)

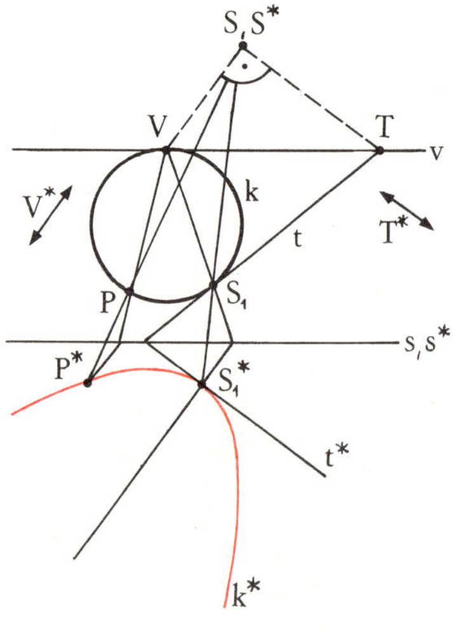

Fig. 21.q (2)

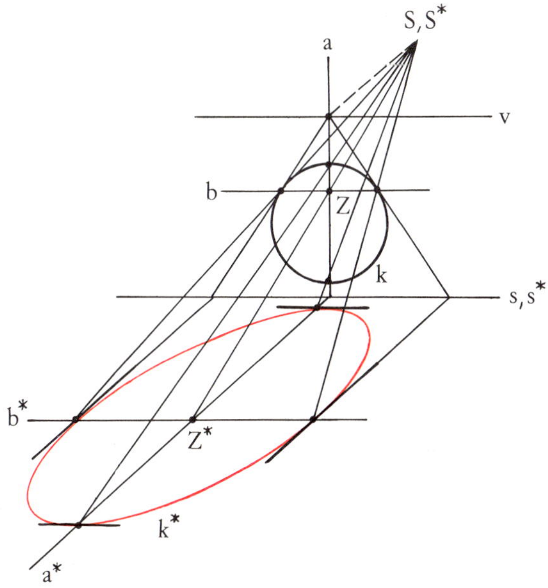

Fig. 21.q (3)

Wenn das Kollineationszentrum S ein Fernpunkt ist, also bei einer perspektiven Affinität- werden Kreise abgebildet in Ellipsen, und konjugierte Durchmesser gehen über in kon, jugierte Durchmesser. Man bildet dann mit Vorteil nicht ein beliebiges orthogonales Kreisdurchmesserpaar ab, sondern gerade dasjenige, welches in orthogonale Ellipsendurchmesser, also in die Ellipsenachsen, übergeht. Bei der schiefen Affinität der Fig. 21.r liefert der Kreis mit dem Mittelpunkt auf der Affinitätsachse, welcher durch M und M* geht, diese Durchmesser.

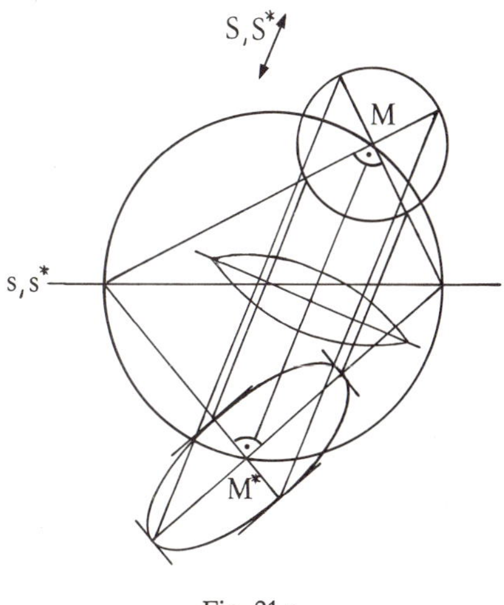

Fig. 21.r

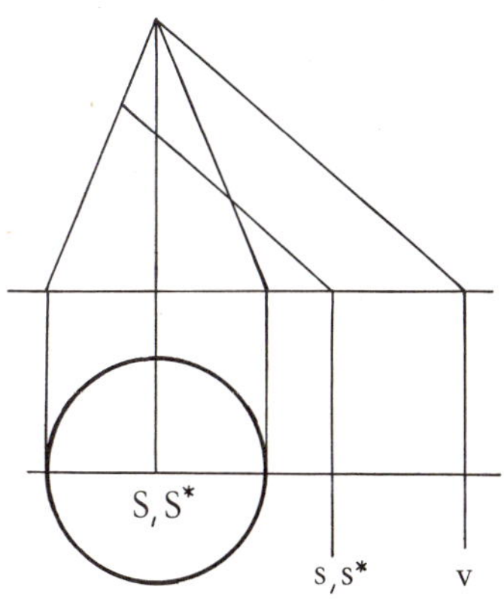

Fig. 21.s

(21.16) Nach (18.11) folgt, wie die Fig. 21.s zeigt, daß bei einer ebenen Zentralkollineation ein Kreis, dessen Mittelpunkt mit dem Kollineationszentrum S zusammenfällt, abgebildet wird in einen Kegelschnitt, von welchem S ein Brennpunkt ist.

(21.17) In der Ebene kann jeder Kegelschnitt aufgefaßt werden als zentralkollineares Bild eines Kreises. Dies folgt aus (18.5) und (20.3).

Mit Hilfe eines zentralkollinearen Kreises lassen sich viele Kegelschnittaufgaben lösen.

Ein Beispiel:

Von einem Kegelschnitt sind zwei Tangenten t_1*, t_2* mit ihren Berührungspunkten B_1*, B_2* und noch ein weiterer Punkt P* gegeben. Man konstruiere den Kegelschnitt (Fig. 21.t).

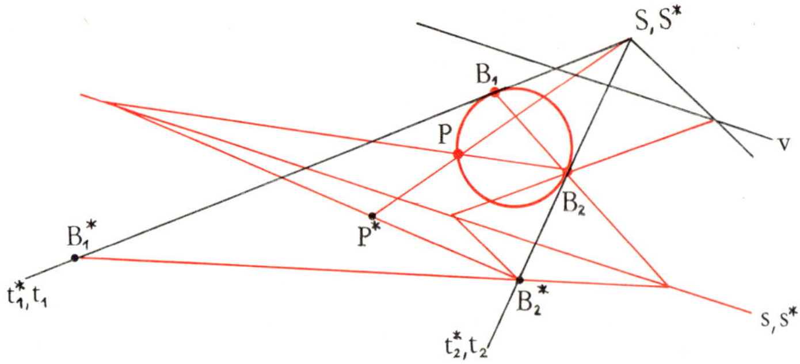

Fig. 21.t

Man faßt den gesuchten Kegelschnitt auf als zentralkollineares Bild eines Kreises k. Als Kollineationszentrum S nimmt man den Schnittpunkt von t_1* und t_2*. Der Kreis k muß dann diese beiden Geraden berühren und im Winkelraum liegen, der den Punkt P* enthält. Im übrigen kann k beliebig groß gewählt werden. Man schneidet k mit der Geraden SP* und bekommt den Punkt P. Durch die Dreiecke B_1*B_2*P* und B_1B_2P ist die Zentralkollineation festgelegt, und die Konstruktion verläuft wie bei der Fig. 21.q. Es spielt keine Rolle, mit welchem der beiden Schnittpunkte P auf k man hier die Konstruktion macht, denn der gesuchte Kegelschnitt ist durch die gegebenen Stücke nach (19.11) eindeutig bestimmt.
Die Sätze von Pascal und Brianchon machen es möglich, die Ausgangslage zu variieren. Zum Beispiel könnten vom gesuchten Kegelschnitt fünf Punkte gegeben sein. Dann konstruiert man zuerst mit der Pascal'schen Konfiguration in zweien dieser Punkte die Tangenten und fährt wie oben weiter.

Einige weitere Übungen:

Aufgabe 1:

Gegeben sind drei Punkte P_1*, P_2*, P_3* und zwei Geraden t_1*, t_2*. Man konstruiere einen Kegelschnitt, der durch diese Punkte geht und die Geraden berührt.
In der Fig. 21.u ist wieder das oben besprochene Verfahren angefangen. Wie viele Lösungen hat die Aufgabe? Die Fig. 21.v zeigt einen anderen Lösungsweg:

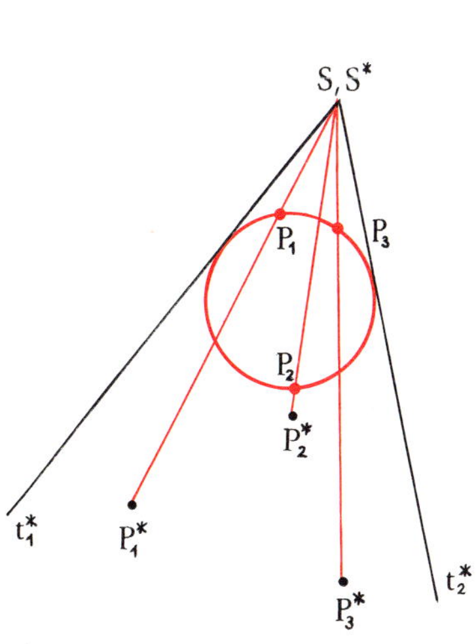

Fig. 21.u

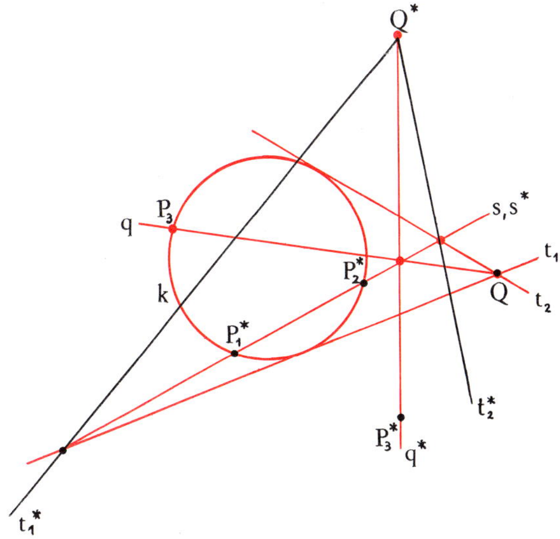

Fig. 21.v

Hier wird nicht mit dem Zentrum begonnen, sondern mit der Achse der Kollineation. Man legt die Achse durch die Punkte P_1* und P_2*. Der Kreis k geht dann durch P_1* und P_2*. Die zu t_1* und t_2* gehörenden Kreistangenten t_1 und t_2 zieht man von den Schnittpunkten mit s aus an den Kreis. Einen zu P_3* gehörenden Kreispunkt P_3 liefert die Gerade q*, welche P_3* mit dem Schnittpunkt Q* von t_1* und t_2* verbindet usw.

Aufgabe 2:

Von einem Kegelschnitt sind drei Tangenten und zwei Punkte gegeben. Man konstruiere den Kegelschnitt.

Aufgabe 3:

Man schneide einen gegebenen Kegelschnitt mit einer gegebenen Geraden.

Aufgabe 4:

Man lege von einem gegebenen Punkt aus die Tangenten an einen gegebenen Kegelschnitt.

Aufgabe 5:

Von einem Kegelschnitt sind ein Brennpunkt und drei Punkte gegeben. Man konstruiere den Kegelschnitt.

Aufgabe 6:

Von einer Parabel sind die Scheiteltangente und zwei weitere Tangenten gegeben.

(21.18) In der Ebene gibt es zu jedem Viereck eine Zentralkollineation, die es in ein Quadrat abbildet.

In der Fig. 21.w sind in der Ebene vier Punkte A, B, C, D gegeben, von denen keine drei kollinear sind. Sie bilden die **Ecken** eines **vollständigen Vierecks**. Ihre sechs Verbindungsgeraden sind die **Seiten** des vollständigen Vierecks. Zwei Seiten, die nicht durch eine selbe Ecke gehen, heißen Gegenseiten. Die drei Schnittpunkte P, Q, R von je zwei Gegenseiten sind die **Diagonalpunkte** des vollständigen Vierecks.

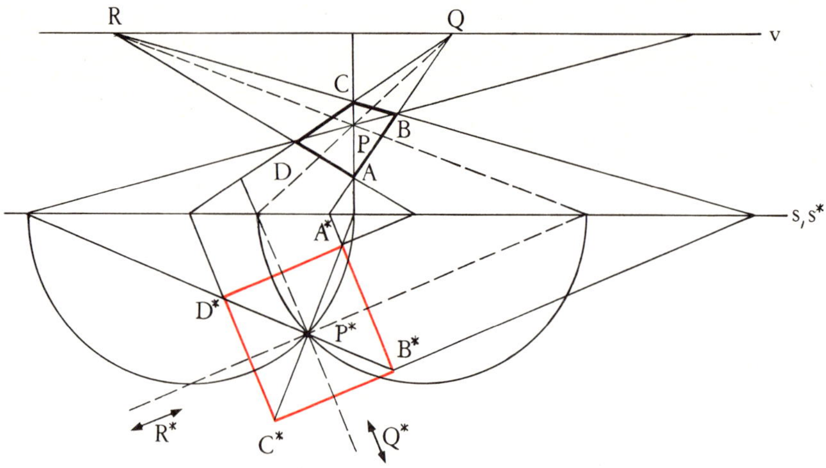

Fig. 21.w

Die Verschwindungsgerade v der Zentralkollineation legt man durch zwei der Diagonalpunkte: Q und R. Dadurch erreicht man, daß die Bilder der vier Ecken die Ecken eines Parallelogramms bilden. Die Achse s kann in beliebigem Abstand gewählt werden. Mit Hilfe von zwei Thaleskreisen kann das Bild P* des dritten Diagonalpunkts so konstruiert werden, daß das Parallelogramm A*B*C*D* ein Quadrat wird.
Da bei einer Zentralkollineation Doppelverhältnisse erhalten bleiben, folgt daraus der

Satz:

Bei einem vollständigen Viereck gilt: Die auf einer Seite liegenden beiden Ecken bilden zusammen mit dem Diagonalpunkt und dem Schnittpunkt der Verbindungsgeraden der beiden andern Diagonalpunkte vier harmonisch liegende Punkte.

(21.19) **Aufgabe:** Ein Kegelschnitt k wird mit einer Geraden g geschnitten (Fig. 21.x) in den Punkten A und B. P sei ein beliebiger Punkt auf g, p die Polare von P bezüglich k und Q der Schnittpunkt von p und g. Man zeige mit Hilfe einer Zentralkollineation, daß die vier Punkte A, B, P, Q harmonisch liegen.

(21.20) Wenn man beim Zeichnen im Zweitafelverfahren in der üblichen Weise den Grundriß und den Aufriß auf dem Zeichnungsblatt senkrecht übereinander zeichnet, so sind die beiden Risse einer ebenen(!) Figur, deren Ebene nicht erst- oder zweitprojizierend ist, perspektiv affin (Fig. 21.y).

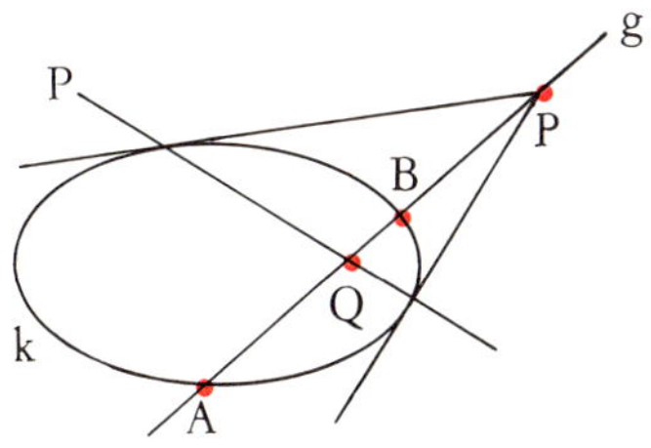

Fig. 21.x

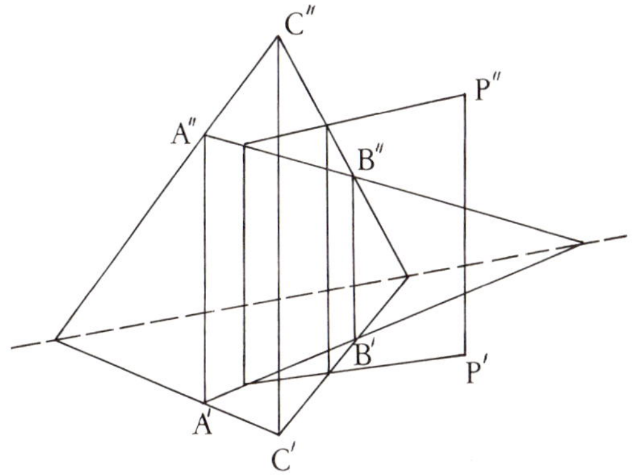

Fig. 21.y

Dies folgt aus (21.10) und (6.3). Wenn die Ebene drittprojizierend ist, handelt es sich um eine normale Affinität.
Diese Affinität könnte man z. B. bei der Darstellung eines Kreises (Kap. 14) ausnützen.

Die Ebene Σ, gebildet durch die gesuchte Lichtquelle L und die Gerade g, soll die Kegelfläche in einer Parabel schneiden. Bei der Zentralkollineation der Ebene Π auf die Ebene Σ, mit dem Zentrum S, geht der Kreis k über in diese Parabel p. Nach (20.5) muß die Verschwindungsgerade der Zentralkollineation den Kreis k berühren. Diese Verschwindungsgerade $\overline{s}$ ist die Schnittgerade der Ebene Π mit der zu Σ parallelen Ebene $\overline{\Sigma}$ durch S. Konstruktion von $\overline{\Sigma}$ mit Hilfe der Parallelen $\overline{g}$ zu g durch S. Dann verschiebt man $\overline{\Sigma}$ durch g und schneidet mit l. Der Schatten G_1, den ein Punkt G der Geraden g auf den Kegel wirft, ist der Schnittpunkt des Strahls LG mit dem Kegel. Aufgabe (16.2). Die Parabeltangente t_1 in G_1 ist die Schnittgerade von Σ mit der Kegeltangentialebene, welche den Kegel längs der Mantellinie SG_1 berührt.
Nach (21.5) erscheint die räumliche Zentralkollineation der Ebene Π auf die Ebene Σ im Grundriß als ebene Zentralkollineation: S' ist das Zentrum, s' die Achse, $\overline{s}'$ die Verschwindungsgerade, G_0' wird abgebildet in G_1'. Mit Vorteil wird man, sobald s' konstruiert ist, den Grundriß p' der Parabel p direkt unter Ausnützung dieser Zentralkollineation konstruieren, insbesondere die Achse von p', parallel zu m', wie bei der Fig. 21.q. Die Achse der Aufrißparabel p'', parallel zu m'', kann wie bei der Fig. 19.r konstruiert werden. Man mache sich klar, daß die Achsen der Rißparabeln p' und p'' nicht etwa die Risse der Achse der Parabel p sind.
Bei einer kleinformatigen Zeichnung wird man die Achsen der Rißparabeln gar nicht konstruieren und sich lediglich mit der Konstruktion einiger Kurvenpunkte begnügen. Ein einfaches Verfahren, schnell einige Punkte von p zu bekommen, zeigt die Fig. 22.d. Hier werden der Kegel und die Ebene Σ auf verschiedenen Höhen mit ersten Hauptebenen geschnitten.

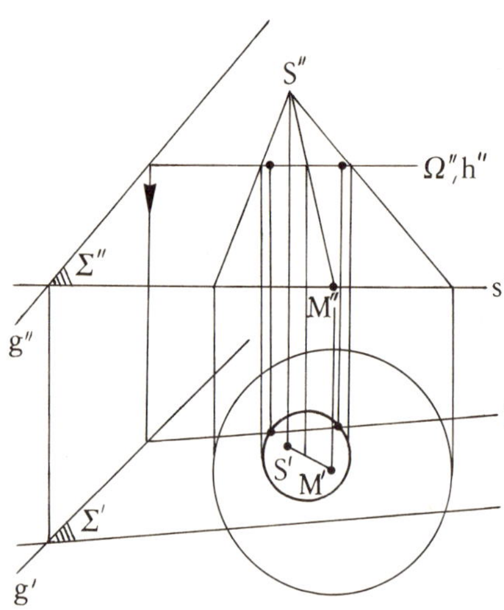

Fig. 22.d

Beispiel (22.4):

Gegeben sind eine Gerade g, ein Kreis k und eine zur Ebene des Kreises normal stehende Ebene Λ. Man konstruiere einen Kreiskegel mit k als Leitkreis, dessen Spitze auf g liegt, und welcher von der Ebene Λ in einer gleichseitigen Hyperbel geschnitten wird.
Die zu Λ parallele Ebene durch die Kegelspitze S muß den Kegel in zwei Mantellinien schneiden, welche einen rechten Winkel einschließen. S liegt daher auf der Thaleskugel über dem Kreis k. Darstellung der Hyperbel gemäß (20.5).

Beispiel (22.5):

In einem Würfelschrägbild (Kap. 2) soll ein Rotationskegel gezeichnet werden. Dann soll bei diesem Kegel ein Hyperbelschnitt dargestellt werden.
In der Fig. 22.e wurde dem Würfel der Rotationskegelkörper eingeschrieben, dessen Leitkreis der Inkreis k der Würfelgrundfläche Σ ist und dessen Spitze S in der Deckfläche liegt. Darauf wurde der Kegel mit einer Ebene Σ* parallel zur Würfelseitenfläche rechts geschnitten.
Konstruktion der Ellipse $\overline{k}$ mit Hilfe der konjugierten Radien $\overline{M}\,\overline{A}$ und $\overline{M}\,\overline{B}$ (vgl. die Fig. 2.f).
Die Umrißmantellinien des Kegels, die Tangenten von $\overline{S}$ an $\overline{k}$, werden wie bei (14.7) konstruiert.

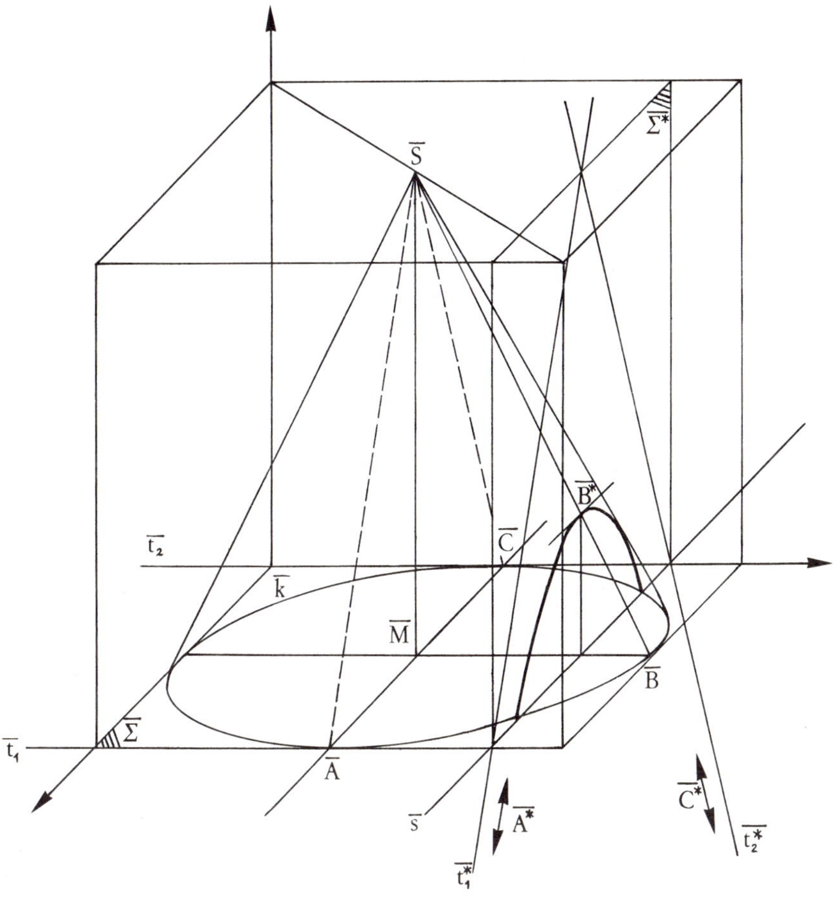

Fig. 22.e

Die Zentralkollineation der Ebene Σ auf die Ebene Σ* mit dem Zentrum S erscheint auf dem Zeichnungsblatt als Zentralkollineation mit dem Zentrum $\overline{S}$, der Achse $\overline{s}$ und der Verschwindungsgeraden $\overline{A}\,\overline{C}$. Konstruktion der Hyperbel wie in der Fig. 21.q.

Beispiel (22.6):

Gegeben ist ein elliptischer Zylinder. Gibt es Ebenen, die ihn in einem Kreis schneiden? Man konstruiere eine solche Ebene.
Die Fig. 22.f zeigt die Konstruktion für einen Zylinder mit erstprojizierender Achse. Bei allgemeiner Lage des Zylinders projiziert man um, bis die Achse projizierend wird. Den Querschnitt senkrecht zur Achse kann man, wenn ein beliebiger schiefer Schnitt vorgegeben ist, mit Hilfe konjugierter Ellipsendurchmesser konstruieren.

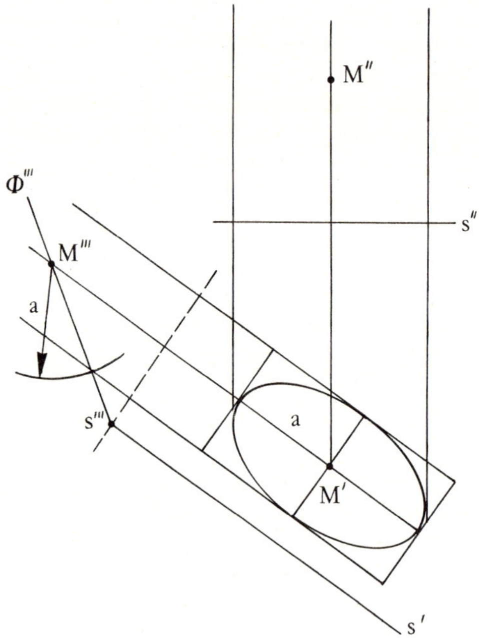

Fig. 22.f

23. Durchdringungen

Nach der Untersuchung der ebenen Schnitte einer Rotationskegelfläche im Kap. 18 und der anschließenden Theorie dieser Kegelschnitte in den darauffolgenden Kapiteln stellt sich die Frage, was für Schnittkurven es gibt, wenn Kegelflächen nicht von Ebenen, sondern von gekrümmten anderen Flächen, z. B. von anderen Kegeln, Zylindern, Kugeln etc. geschnitten werden, wie sich überhaupt zwei beliebige Flächen im Raum schneiden oder durchdringen und wie man die Schnittkurven darstellt. Eine erschöpfende Antwort wie beim ebenen Schnitt eines Rotationskegels kann nicht erwartet werden. Dieses Kapitel beschränkt sich auf einige einfache Durchdringungsaufgaben mit Kegeln, Kugeln und Rotationsflächen.
Das konstruktive Ziel besteht jeweils darin, von den Schnittkurven einzelne Punkte und Tangenten zu zeichnen. Ferner werden Symmetrien untersucht, und manchmal kann über eine Projektion einer Schnittkurve eine genauere Angabe gemacht werden.

Beispiel (23.1):

Zwei Geraden a und b, die sich in einem Punkt S rechtwinklig schneiden, sind gegeben. Wie schneiden oder durchdringen sich ein Rotationskegel mit der Spitze S und der Achse a und ein Rotationszylinder mit der Achse b (Fig. 23.a)?

Vereinfachend wird in der Zeichnung die Kegelachse a erstprojizierend gewählt. Es ist vorteilhaft, sofort einen dritten Riß zu zeichnen, in welchem der Zylinder projizierend erscheint.
Es sei r der Zylinderradius, Ω die Normalebene zu a im Abstand r von S, k der Kegelleitkreis in der Ebene Ω und R dessen Radius. Die Ebene $\Sigma = ab$ und die Normalebene N zu b durch S sind Symmetrieebenen der zu untersuchenden Schnittkurve; die Kegelachse a ist somit eine zweizählige Symmetrieachse. Daraus folgt, daß der Grundriß der Schnittkurve symmetrisch ist bezüglich Σ' und symmetrisch bezüglich N', daß der Aufriß symmetrisch ist bezüglich a'' und der dritte Riß symmetrisch bezüglich a'''. Im dritten Riß erscheint die Schnittkurve als Kreisbogen auf dem Zylinderumrißkreis.

Einen allgemeinen Punkt P der Schnittkurve kann man mit Hilfe einer Kugel um S konstruieren. Eine solche Hilfskugel mit dem Radius ρ $(r \leq \rho \leq \sqrt{R^2 + r^2})$ schneidet den Kegel und den Zylinder in den Kreisen k_1 und k_2. P ist ein gemeinsamer Punkt dieser Kreise. Die Tangente t im Punkt P an die Schnittkurve ist die Schnittgerade der Tangentialebenen Φ und Ψ in P an den Kegel und an den Zylinder. Konstruktion mit Hilfe der Hauptgeraden in Ω. Man beachte auch die Konstruktion der Umrißpunkte U_1 und U_2.

Daß der Grundriß der Schnittkurve eine Ellipse ist, sieht man so:
Der Abstand d_1 des Punktes P von der Ebene Σ beträgt $\sqrt{r^2 - h^2}$, der Abstand d_2 des Kreises k_2 und damit des Punktes P von der Ebene N beträgt $\sqrt{\rho^2 - r^2}$. Zu zeigen ist, daß der Grundriß der Schnittkurve normalaffin ist zum Kreis k' (Fig. 23.b). Es ist $d_3 = \sqrt{R^2 - d_2^2} = \sqrt{R^2 + r^2 - \rho^2}$. Im dritten Riß ergibt sich die Proportion $\rho : h = \sqrt{R^2 + r^2} : r$, somit $d_3 = \sqrt{\dfrac{\rho^2 \cdot r^2}{h^2} - \rho^2} = \dfrac{\rho}{h}\sqrt{r^2 - h^2}$.

Also ist $d_3 : d_1 = \dfrac{\rho}{h} = \cos\varphi$ konstant.

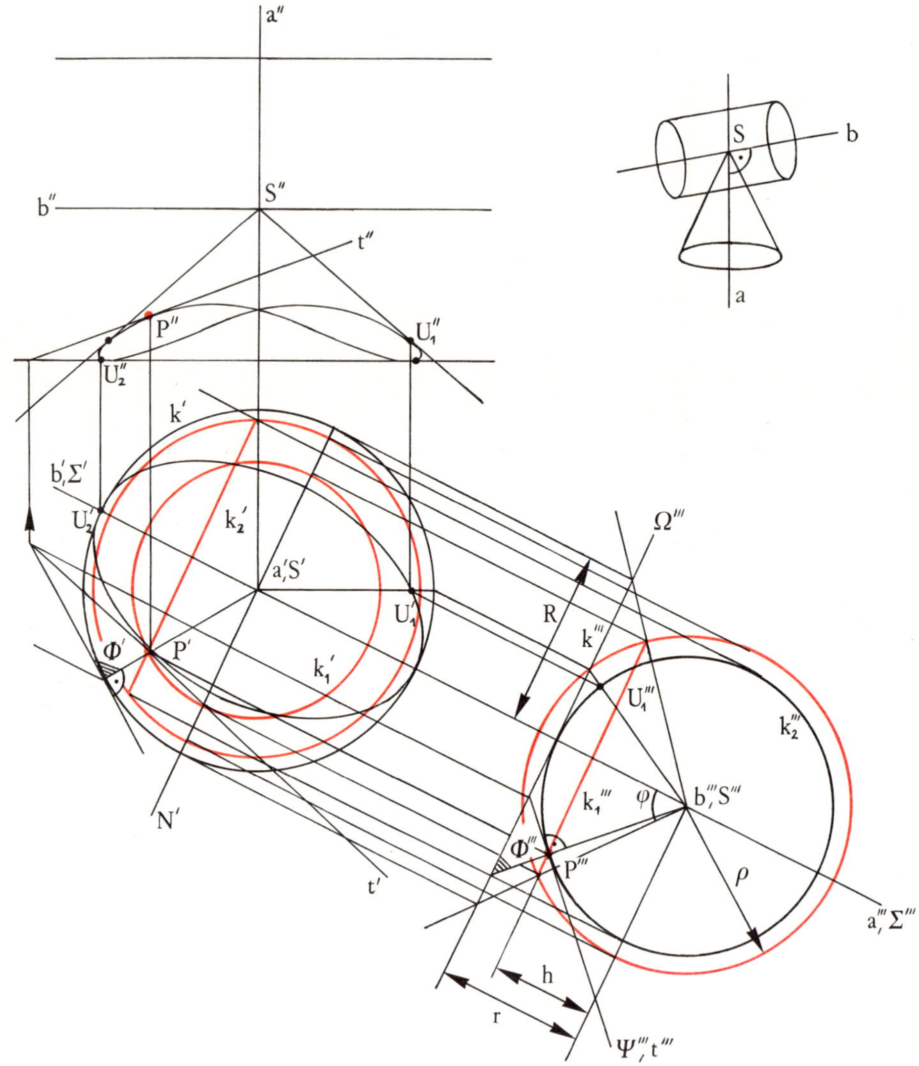

Fig. 23.a

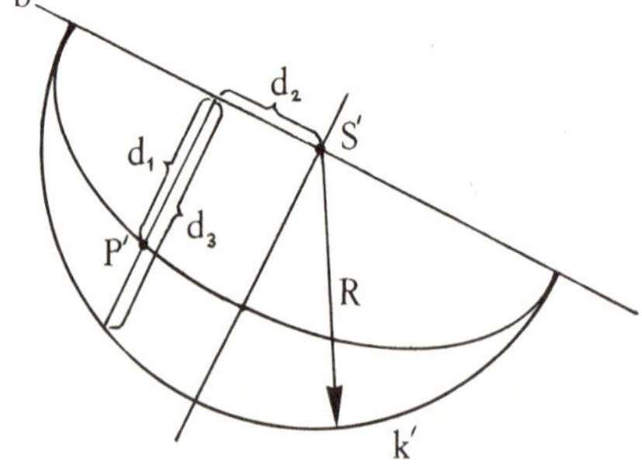

Fig. 23.b

Statt mit Hilfe von Kugeln um S könnten die Punkte der Schnittkurve auch auf andere Weise, z. B. mit Hilfe von Ebenen senkrecht zur Kegelachse a konstruiert werden. Jede solche Ebene schneidet den Kegel in einem Kreis und den Zylinder in einem Mantellinienpaar.

(23.2) Das vorliegende Beispiel demonstriert das allgemeine **Konstruktionsprinzip bei Durchdringungsaufgaben:**

Die Schnittkurve oder Durchdringungskurve zweier Flächen konstruiert man punktweise, indem man die beiden Flächen mit einer Schar geeigneter Hilfsflächen schneidet, welche die beiden Flächen in einfachen Kurven schneiden. Schneidet eine Hilfsfläche die beiden Flächen in den Kurven c_1 und c_2, so sind die gemeinsamen Punkte von c_1 und c_2 Punkte der gesuchten Schnittkurve der beiden Flächen.

Oben spielen die Kugeln um S die Rolle der Hilfsflächen.
Als Hilfsflächenscharen bevorzugt man gewöhnlich Ebenenscharen. Natürlich lassen sich nicht immer Hilfsflächen finden, welche beide gegebenen Flächen in einfachen Kurven schneiden.
Die Tangente in einem Punkt P der Durchdringungskurve zweier Flächen an diese Durchdringungskurve konstruiert man als die Schnittgerade der beiden Tangentialebenen in P an die beiden Flächen, vorausgesetzt, daß Tangentialebenen überhaupt existieren.
Wie man Punkte, in denen sich die beiden Flächen berühren, in denen die Tangentialebenen zusammenfallen, z. B. bei (23.5) und (23.6), behandelt, soll hier nicht weiter untersucht werden.

Es folgen weitere Beispiele.

Beispiel (23.3):

Man zeichne zwei sich durchdringende Pyramidenkörper. Dann ermittle man die wahre Form der sie begrenzenden Seitenflächen und stelle mit Papier und Schere ein räumliches Modell der Körperdurchdringung her.

Beispiel (23.4): **Durchdringung zweier Kegel**

Bei der Durchdringung zweier Kegelflächen empfiehlt es sich, als Hilfsflächenschar das Ebenenbüschel zu nehmen, dessen Büschelgerade die beiden Kegelspitzen verbindet (sogenanntes Pendelebenenverfahren). Man muß dann nur Mantellinien miteinander schneiden. Beim Beispiel (23.1) sind das die Ebenen, welche die Zylinderachse b enthalten.
Einen einfachen Fall zeigt die Fig. 23.c.
Hier handelt es sich um zwei Kreiskegel mit Leitkreisen in der Grundrißebene. Ψ' ist die Pendelebene, welche sich um die Verbindungsgerade g der beiden Kegelspitzen S_1 und S_2 dreht. Es ist hier nur der Grundriß gezeichnet. Man sieht, daß sich der Grundriß der Durchdringungskurve ganz ohne Benützung des Aufrisses konstruieren läßt, wenn

nur der Grundriß D′ des Schnittpunkts D der Geraden g mit der Grundrißebene gezeichnet ist. Konstruktion der Kurventangente t mit Hilfe der Tangentialebenen T_1 und T_2.

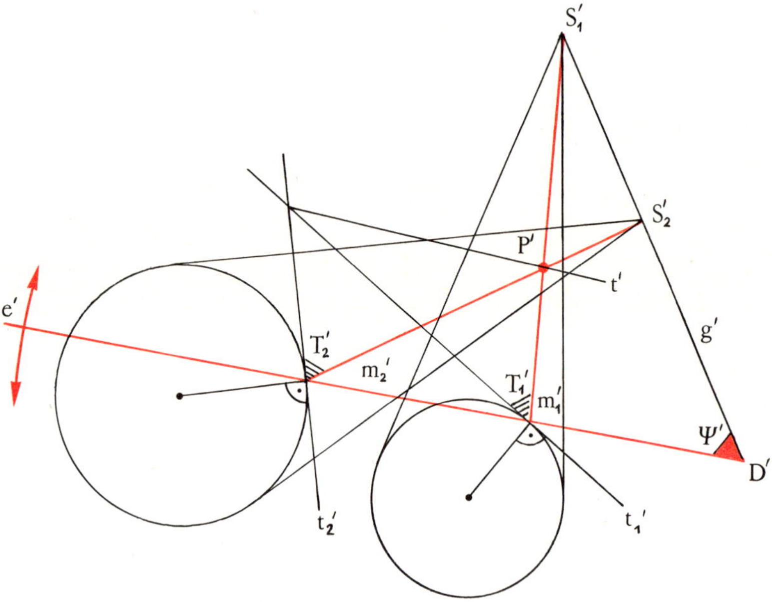

Fig. 23.c

Man übe sich in verschiedenen solchen Zeichnungen. Auch untersuche man Fälle, wo die beiden Kegelflächen eine gemeinsame Mantellinie haben.

Beispiel (23.5):

Durchdringung eines schiefen Kreiskegels mit einer ihn berührenden Kugel (Fig. 23.d).

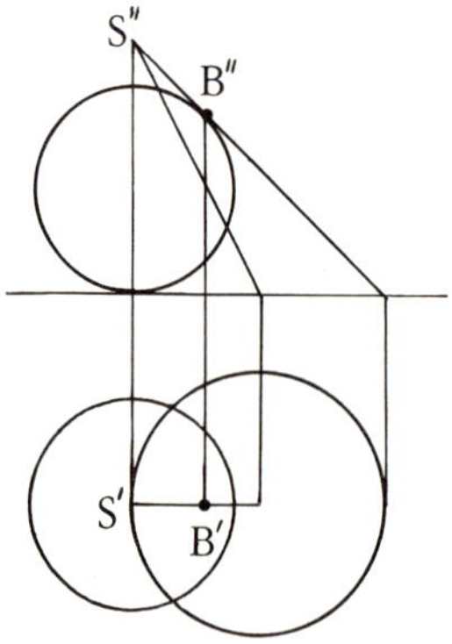

Fig. 23.d

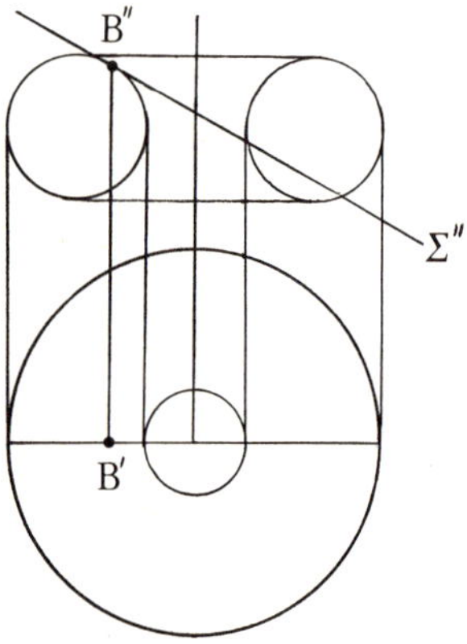

Fig. 23.e

Beispiel (23.6):

Schnitt eines Torus mit einer ihn berührenden Ebene (Fig. 23.e).

Beispiel (23.7):

Eine hohle Halbkugel wird parallel beleuchtet, so daß der Rand einen Schatten ins Innere der Halbkugel wirft. Man konstruiere diesen Schlagschatten.

Beispiel (23.8):

Schnitt eines Rotationsparaboloids mit einer Ebene (Fig. 23.f).

Gegeben ist ein Rotationsparaboloid mit dem Brennpunkt F und der Leitebene Γ. Die Ebene Γ soll erste Hauptlage haben. Dieses Rotationsparaboloid soll mit einer zweitprojizierenden Ebene Σ geschnitten werden.

Als Hilfsebenenschar nimmt man die Ebenen senkrecht zur Paraboloidachse a. Sie schneiden das Paraboloid in Kreisen und die Ebene Σ in Geraden.

Die Tangentialebene T in einem Punkt P der Rotationsfläche wird aufgespannt durch die Tangente b an den Breitenkreis durch P und die Tangente m an den Meridian durch P. Konstruktion der Meridiantangente nach einer Drehung des Punktes P auf den Umriß des Paraboloids (vgl. Fig. 18.p).

Die Schnittkurve der Ebene Σ mit dem Rotationsparaboloid ist der geometrische Ort aller Punkte von Σ, die vom Brennpunkt F des Rotationsparaboloids gleichweit entfernt sind wie von der Leitebene Γ. Es sei F* der zu F symmetrische Punkt bezüglich Σ. Die Schnittkurve kann dann aufgefaßt werden als der geometrische Ort der Mittelpunkte aller Kugeln, welche Γ berühren und durch F und F* gehen. Nach (22.1) handelt es sich bei diesem geometrischen Ort um eine Ellipse, vorausgesetzt daß Σ nicht gerade parallel ist zur Paraboloidachse a. Und die Normalprojektion dieser Ellipse auf eine Ebene senkrecht zur Achse a ist ein Kreis.

Daraus ergibt sich ein einfaches Verfahren, die Schnittpunkte einer Geraden mit einem Rotationsparaboloid zu konstruieren.

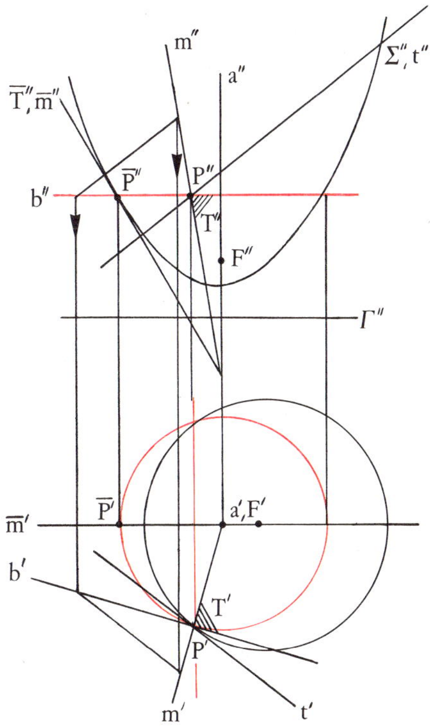

Fig. 23.f

Beispiel (23.9):

Konischer Abschluß eines Schraubenkörpers.
In der Fig. 23.g ist ein Schraubenkörper mit Flachgewinde gezeichnet. Die das Gewinde begrenzenden Schraubenflächen entstehen durch Schraubung eines Strahls l um die Achse a. Zum Drehwinkel φ gehört dabei die Verschiebung $d = \frac{\varphi}{2\pi} \cdot h$, wobei h die Ganghöhe ist.

Dieser Schraubenkörper wurde mit einem koaxialen Rotationskegel geschnitten. Man konstruiert Punkte der Durchdringungskurve mit Hilfe von horizontalen Ebenen. Solche auf der Achse senkrecht stehende Ebenen schneiden die Kegelfläche in Kreisen und die Schraubenflächen in Strahlen, welche von der Achse radial auslaufen.

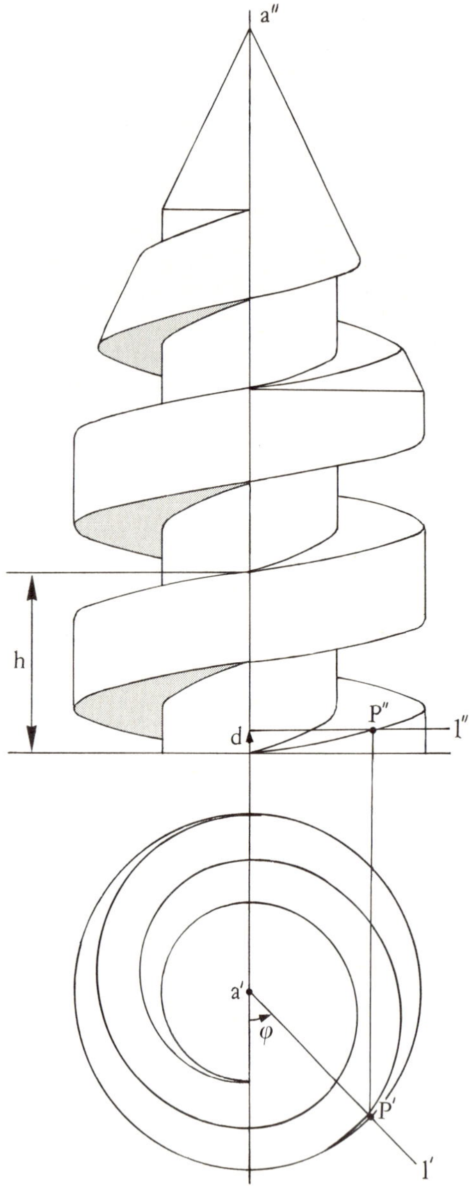

Fig. 23.g

Noch einige **Aufgaben:**

(23.10) Man schneide eine Kugel mit einem Rotationszylinder.

(23.11) Man zeichne die Durchdringung zweier Rotationszylinder, deren Achsen sich schneiden.

(23.12) Einem Würfel werden die drei Rotationszylinder eingeschrieben, deren Achsen parallel zu den Würfelkanten verlaufen. Man stelle den Teilkörper dar, der allen drei Zylindern gemeinsam ist.

(23.13) Ein Rotationskegel und ein Rotationszylinder haben eine gemeinsame Inkugel. Wie durchdringen sie sich?

(23.14) Man untersuche die Durchdringung zweier kongruenter Rotationskegel mit parallelen Achsen.

(23.15) Eine Gerade wird beleuchtet. Ihr Schatten fällt auf einen Torus. Man zeichne diesen Schatten.

(23.16) Zwei Kugeln werden so beleuchtet, daß die eine einen Schatten wirft auf die andere.

(23.17) Man schneide den Mantel eines schiefabgeschnittenen Rotationszylinders längs einer Mantellinie auf und zeichne die Abwicklung.

Man stelle einige Papiermodelle her von sich durchdringenden, abwickelbaren Flächen.

Zu den Durchdringungsaufgaben gehören auch die **Böschungsaufgaben**, wie sie sich beispielsweise bei Straßendammaufschüttungen stellen.
In der Fig. 23.h sind eine Gerade g und eine erste Hauptebene Π im Grund- und Aufriß gezeichnet. Durch g soll eine Ebene gelegt werden, welche mit Π einen vorgegebenen Winkel φ einschließt.

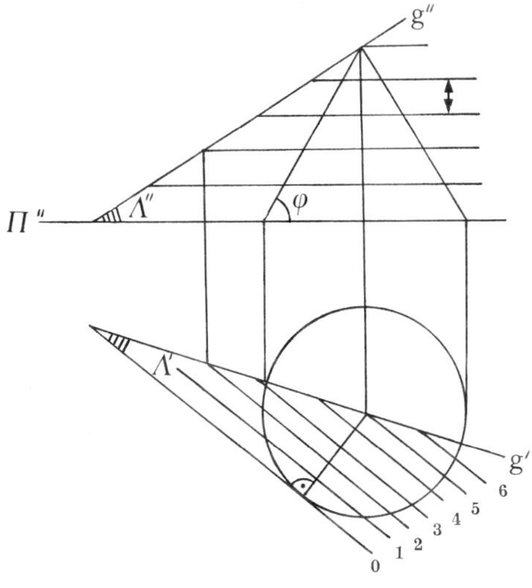

Fig. 23.h

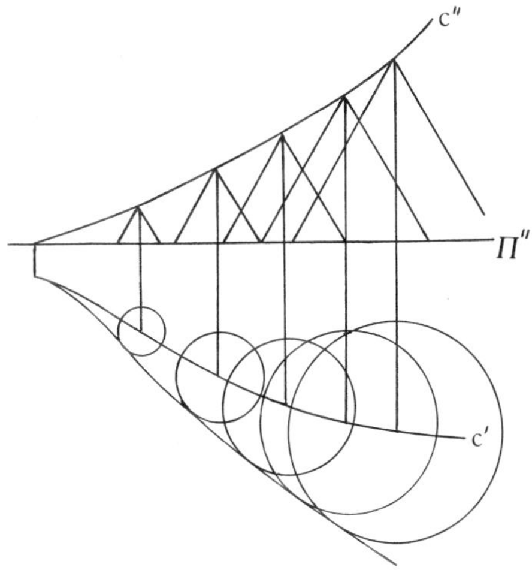

Fig. 23.i

Eine solche Ebene Λ konstruiert man natürlich als Tangentialebene an einen auf Π stehenden Rotationskegel, dessen Spitze auf g liegt und dessen Mantellinien mit Π den Neigungswinkel φ einschließen. Die Kegelspitze kann irgendwo auf g gewählt werden. Die Ebene Λ berührt alle so konstruierten Kegel. Man nennt diese Kegel die zu g gehörenden **Böschungskegel** und Λ die zu g gehörende **Böschungsfläche** für den Neigungswinkel (oder das Gefälle) φ.
Zeichnet man, wie das bei topographischen Karten üblich ist, nur *einen* der beiden Risse, den Grundriß, so macht man eine Fläche dadurch sichtbar, daß man ihre Höhen- oder **Niveaulinien** einzeichnet, das sind ihre Schnittkurven mit äquidistanten ersten Hauptebenen. Die Höhen der Niveaulinien über Π, gemessen in einer bestimmten Einheit, werden durch die **Koten** angezeigt. Senkrecht zu den Niveaulinien verlaufen in Λ die **Fallgeraden**. Es sind dies die Mantellinien, längs denen Λ die Böschungskegel berührt.

Genauso bei einer allgemeinen Raumkurve c (Fig. 23.i). Eine Böschungsfläche von c ist die Hüllfläche aller Böschungskegel mit den Spitzen auf c und vorgegebener Mantellinienneigung. Die Niveaulinien einer Böschungsfläche sind die Hüllkurven der Kegelleitkreise in den betreffenden Höhen.

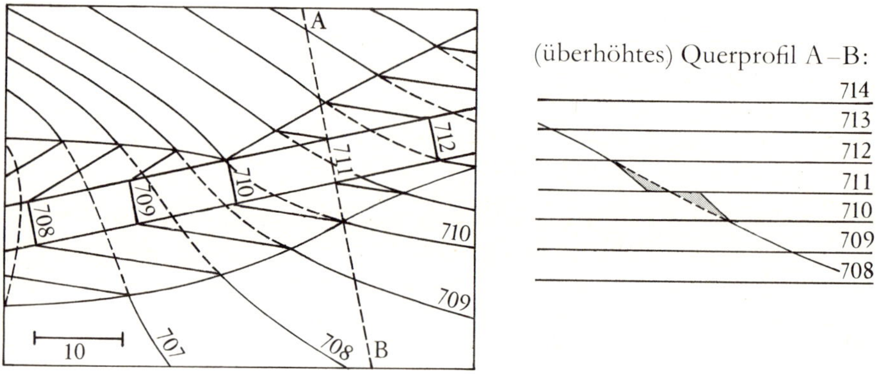

Fig. 23.k

Muß eine Straße mittels gleichmäßig geneigter Aufschüttungen oder Einschnitte in ein Gelände eingepaßt werden, so schneidet man einfach die zu den Straßenkanten gehörenden Böschungsflächen mit der Geländeoberfläche, d. h. schneidet die Niveaulinien der Böschung mit den gleichkotierten Niveaulinien des Geländes (Fig. 23.k).

24. Beleuchtung einer Rotationsfläche

Die Ermittlung von Eigenschattengrenzen bei beleuchteten Körpern und Flächen erfordert die Konstruktion von Flächentangenten, welche durch einen vorgegebenen Punkt, die Lichtquelle, laufen, — eine im allgemeinen nicht einfache Aufgabe. Hier soll nur der Fall der Rotationsflächen behandelt werden. Bei Rotationsflächen lassen sich Eigenschattengrenzen mit Hilfe von Berührungskugeln oder mit Hilfe von Berührungskegeln konstruieren.

Eine **Rotationsfläche** entsteht durch Drehung einer Kurve c um eine Gerade a. Dreht man z. B. einen Kreis um eine Gerade seiner Ebene, so erzeugt er einen Torus. Dreht man irgendeine Gerade um eine zu ihr windschiefe, nicht normale Gerade, so entsteht ein einschaliges Rotationshyperboloid. Die rotierende Kurve c heißt eine **Erzeugende**, die Gerade a, um die gedreht wird, ist die **Achse** der Rotationsfläche. Die Punkte von c beschreiben bei der Drehung **Parallel-** oder **Breitenkreise.** Die Ebenen durch die Achse schneiden die Rotationsfläche in den **Meridianen**. Insbesondere kann eine Rotationsfläche durch einen ihrer Meridiane erzeugt werden.

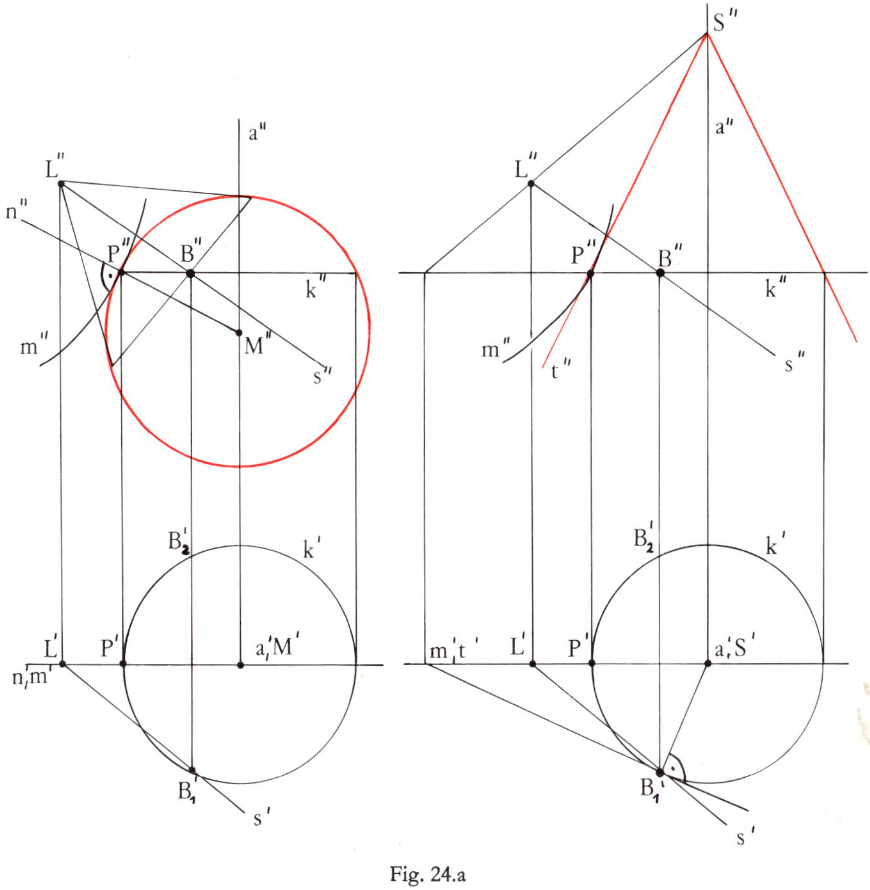

Fig. 24.a

In der Fig. 24.a ist eine Rotationsfläche mit erstprojizierender Achse a und dem Meridian m in der zweiten Hauptebene durch a gegeben. Die Fläche wird von einem Punkt L aus beleuchtet. Es sei P ein Punkt des Meridians m, k der Parallelkreis durch P. Wir beschränken uns hier auf Punkte P, in denen m eine Tangente besitzt.
Die Punkte von k, die zur Eigenschattengrenze der Rotationsfläche gehören, lassen sich auf zwei Arten konstruieren:

a) Mit Hilfe der **Berührungskugel**, welche die Rotationsfläche längs k berührt. Der Mittelpunkt dieser Berührungskugel ist der Schnittpunkt der Achse a mit der Normalen n zum Meridian m in P, in der Ebene ma. Man beleuchtet die Kugel und schneidet ihren Eigenschattenkreis mit k.
b) Mit Hilfe des **Berührungskegels**, welcher die Rotationsfläche längs k berührt. Die Meridiantangente t in P schneidet die Achse a in der Kegelspitze S. Man beleuchtet den Kegel und schneidet seine Eigenschattenmantellinien mit k.

Der Lichtstrahl s durch den nach einer dieser Methoden konstruierten Punkt B berührt die Berührungskugel rsp. den Berührungskegel, berührt somit die Rotationsfläche, da die Rotationsfläche und die Berührungsfläche in B dieselbe Tangentialebene haben; B ist ein Punkt der Eigenschattengrenze der Rotationsfläche.

Übung (24.1):

Man konstruiere den Eigenschatten des Gefäßes der Fig. 24.b bei Parallelbeleuchtung in der Richtung des Vektors l. Ferner konstruiere man den Schlagschatten, den das Gefäß auf die Ebene Π wirft, und auch den Schlagschatten, welchen der obere Gefäßrand auf das Gefäß wirft. Die Grenze dieses Gefäßrandschattens ist die Durchdringungskurve der Gefäßfläche mit dem schiefen Kreiszylinder, den die durch die Punkte des oberen Gefäßrandkreises gelegten Lichtstrahlen bilden.

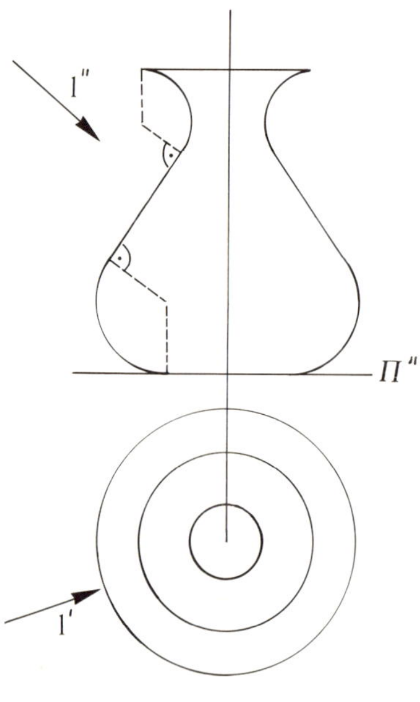

Fig. 24.b

Zu bemerken ist allgemein noch, daß die bloße Konstruktion der Eigenschattengrenze bei beleuchteten Körpern nicht immer einen vollständig wirklichkeitsgetreuen Eindruck ergibt, da jeweils auch der Veränderung der Lichtintensität rund um den Körper, die abhängig ist vom Einfallswinkel der Lichtstrahlen, Rechnung getragen werden sollte.

Eine Parallel- oder Zentralprojektion kann aufgefaßt werden als ein Beleuchtungsvorgang. Umrißkonstruktionen bei Körpern sind eigentlich Schattenkonstruktionen. Die projizierenden Geraden spielen die Rolle der Lichtstrahlen. Am Beispiel eines Rotationshyperboloids soll dies gezeigt werden.

(24.2) **Darstellung eines einschaligen Rotationshyperboloids**

Eine zweite Hauptgerade c wird um eine erstprojizierende Achse s gedreht (Fig. 24.c). Gesucht ist der zweite Umriß der durch c erzeugten Rotationsfläche.

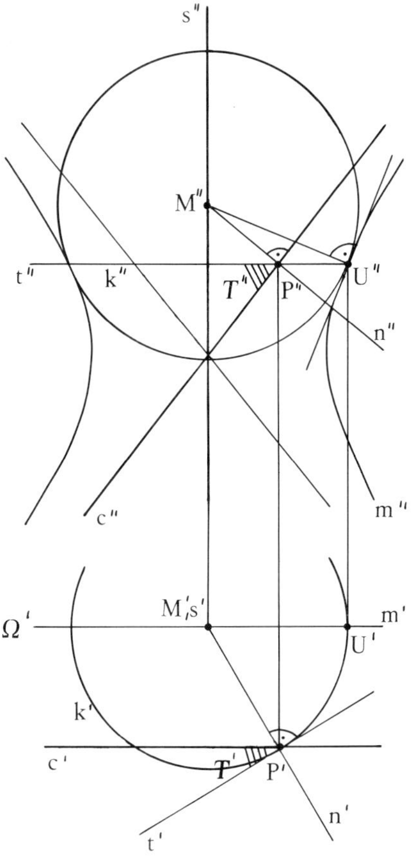

Fig. 24.c

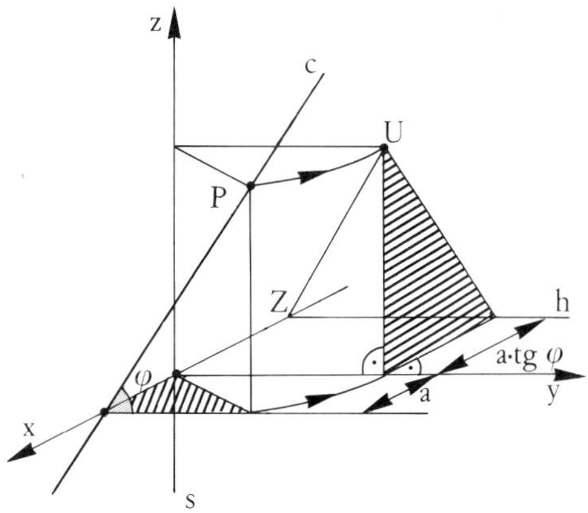

Fig. 24.d

Es sei P ein beliebiger Punkt von c, k der Parallelkreis durch P. Die Tangentialebene T der Rotationsfläche im Punkt P wird aufgespannt durch c und die Tangente t an k in P. Die Normale n zu T durch P führt zum Mittelpunkt M der Berührungskugel, welche die Fläche längs k berührt.

Man denkt sich die von c erzeugte Rotationsfläche mit parallelem Licht senkrecht zur Aufrißebene beleuchtet. Der zweite Umriß ist dann die Grenze des Schlagschattens, der auf die Aufrißebene fällt. Um Punkte dieses Schlagschattens zu konstruieren, schneidet man die Berührungskugel mit der zweiten Hauptebene Ω durch M. Der Schnittkreis ist die Eigenschattengrenze der Kugel, der Schnittpunkt U dieses Kreises mit k ist ein Punkt der Eigenschattengrenze der Rotationsfläche, denn der projizierende Lichtstrahl durch U berührt sowohl die Kugel als auch die Rotationsfläche. Der Aufriß von U ist ein Punkt der gesuchten Schlagschattengrenze, der Aufriß der projizierenden

Tangentialebene in U ist die Tangente an den Schlagschatten. Hier, wo die Achse s zweite Hauptlage hat, ist die Eigenschattengrenze m der Rotationsfläche ein Meridian.

Es soll noch gezeigt werden, daß dieser Meridian m ein Hyperbelast ist (Fig. 24.d): Es sei a der Abstand der Erzeugenden c von der Achse s. Man führt ein Cartesisches Koordinatensystem ein mit der Geraden s als z-Achse und der kürzesten Transversalen von s und c als x-Achse. φ sei der Neigungswinkel von c bezüglich der xy-Ebene. Dann zeichnet man auf der x-Achse den Punkt Z mit den Koordinaten (– a tg φ | 0 | 0) ein und zieht die Parallele h zur y-Achse durch Z. Es zeigt sich, daß der Punkt U auf dem Rotationskegel mit der Achse h, der Spitze Z und dem halben Öffnungswinkel φ liegt, daß also m die Schnittkurve dieses Kegels mit der yz-Ebene ist, eben eine Hyperbel. Die beiden schraffierten Dreiecke sind nämlich ähnlich, entsprechende Katheten stehen im Verhältnis tg φ. Das Verhältnis der Hypotenusen dieser Dreiecke ist der tg des Winkels zwischen ZU und h; dieser Winkel ist somit gleich φ.

Aufgabe (24.3):

Man stelle ein solches Rotationshyperboloid auch in allgemeiner Lage, d. h. mit nicht projizierender Achse dar.

Aufgabe (24.4):

Man konstruiere den Schlagschatten, welchen der Rotationshyperboloidkörper der Fig. 24.e auf eine zweite Hauptebene Π wirft bei Parallelbeleuchtung in der Richtung von l. (Man vergleiche dazu die Fig. 2.h.)

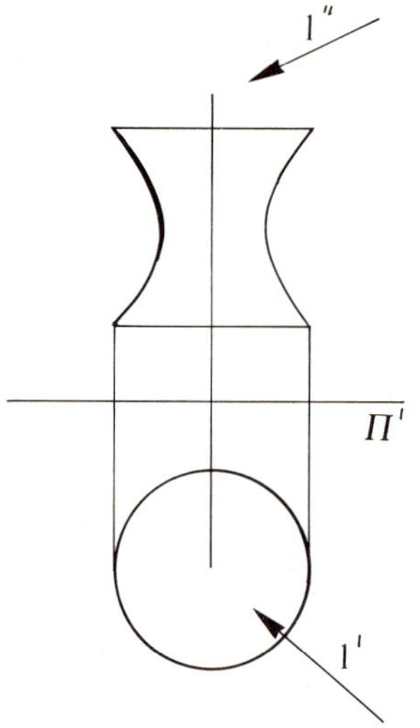

Fig. 24.e

Dritter Teil: Axonometrie

25. Der Satz von Pohlke

Anknüpfend an das Kap. 3 soll nun die axonometrische Methode in allgemeiner Form behandelt werden.
Mit Hilfe eines orthogonalen Dreibeins kann eine Projektion des Raumes auf eine Ebene umkehrbar gemacht werden.
Wenn man bei einer Parallelprojektion des Raumes auf eine Ebene Π (wir beschränken uns hier auf Parallelprojektionen; bei Zentralprojektionen von einem endlichen Zentrum aus ergeben sich analoge Überlegungen. Kap. 34) nur das Bild $\overline{P}$ eines Punktes P gezeichnet hat (Fig. 25.a), so kann aus $\overline{P}$ allein nicht eindeutig rekonstruiert werden, welcher Punkt auf der projizierenden Geraden durch $\overline{P}$ der Urbildpunkt gewesen ist.

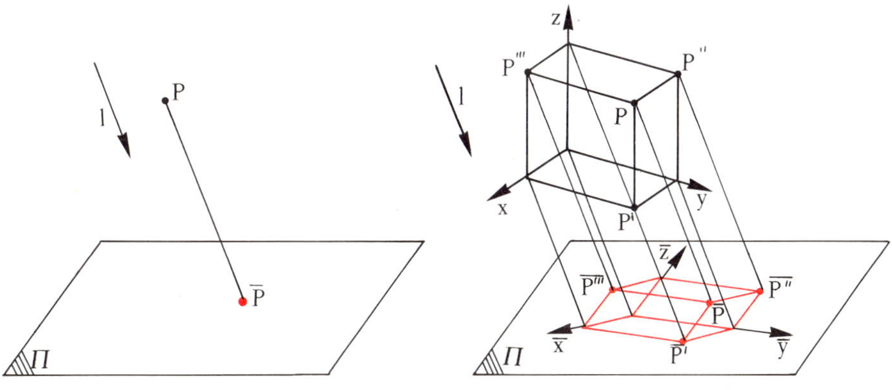

Fig. 25.a

Führt man ein Cartesisches Koordinatensystem, von dem keine Achse die Projektionsrichtung l haben soll, fest ein und projiziert man nicht nur den Punkt P, sondern auch seine Normalprojektionen P', P'', P''' bezüglich der Koordinatenebenen, so geben die Bilder $\overline{P}$, $\overline{P'}$, $\overline{P''}$, $\overline{P'''}$ zusammen genau Auskunft, welcher Punkt P im Raum gemeint ist. Man durchstößt die Koordinatenebenen mit den projizierenden Strahlen durch $\overline{P'}$, $\overline{P''}$, $\overline{P'''}$ und erhält P', P'', P''' und damit P. Der ins Koordinatendreibein gelagerte Quader, der zu P gehört, wird abgebildet in eine Parallelogrammfigur. Wenn die Bilder der Koordinatenachsen gezeichnet sind, genügen schon zwei der Angaben $\overline{P}$, $\overline{P'}$, $\overline{P''}$, $\overline{P'''}$, um P ganz zu lokalisieren.

Eine Projektion einer räumlichen Figur, bei der auch ein fest gewähltes Cartesisches Koordinatensystem und die Normalprojektionen der Figur auf die Koordinatenebenen mitabgebildet werden, heißt eine **axonometrische Darstellung.**

Im Kap. 3 wurde das Koordinatensystem jeweils mit der yz-Ebene parallel zur Bildebene Π gewählt. Das ergab die praktischen Würfelschrägbilder (Fig. 25.b). Hier soll nun zuerst gezeigt werden, daß *jede* Parallelogrammfigur (Fig. 25.c) aufgefaßt werden kann als (schiefe) Parallelprojektion eines Würfels oder, mit anderen Worten, als Schlagschatten eines Würfels bei Parallelbeleuchtung.

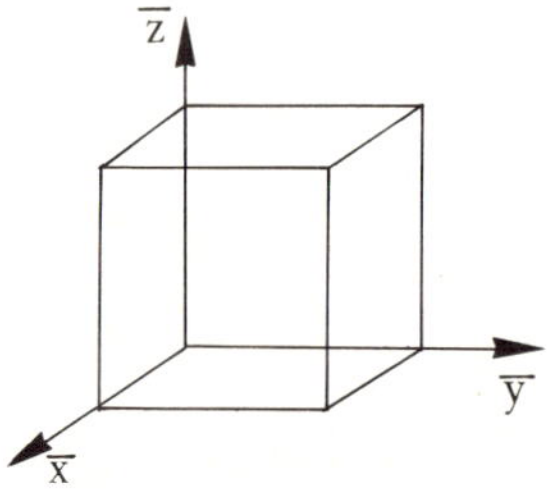

Fig. 25.b

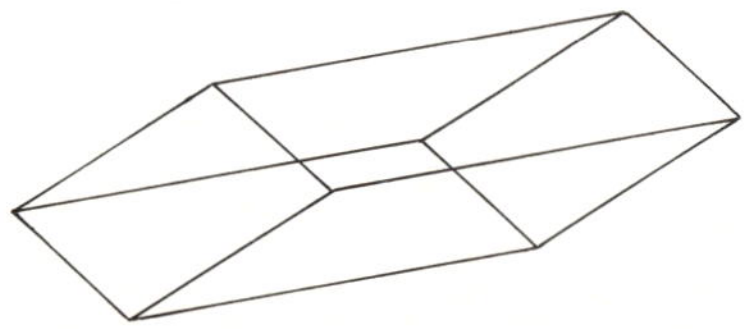

Fig. 25.c

(25.1) **Der Satz von Pohlke** *(Karl Wilhelm Pohlke 1810—1876):*

Drei in einer Ebene von einem Punkt $\overline{O}$ ausgehende Strecken $\overline{O}\overline{U}$, $\overline{O}\overline{V}$, $\overline{O}\overline{W}$ von beliebigen Längen und beliebigen Richtungen können aufgefaßt werden als Parallelprojektion von drei zusammenstoßenden Kanten OU, OV, OW eines Würfels, vorausgesetzt, daß höchstens drei der Punkte $\overline{O}$, $\overline{U}$, $\overline{V}$, $\overline{W}$ kollinear sind (Fig. 25.d).

Beweis:

Man schneidet die Geraden $\overline{O}\overline{W}$ und $\overline{U}\overline{V}$ im Punkt $\overline{P}$. Ohne Einschränkung der Allgemeinheit darf man die vier gegebenen Punkte $\overline{O}$, $\overline{U}$, $\overline{V}$, $\overline{W}$ in der in der Figur gezeichneten Anordnung annehmen.
Der Punkt $\overline{P}$ kann gleichzeitig aufgefaßt werden als Bild eines Punktes auf der Würfelkante OW und als Bild eines Punktes auf der Seitenflächendiagonalen UV des gesuchten Urbildwürfels. Da Teilverhältnisse bei einer Parallelprojektion erhalten bleiben, können diese beiden Punkte beim gesuchten Würfel rekonstruiert werden.

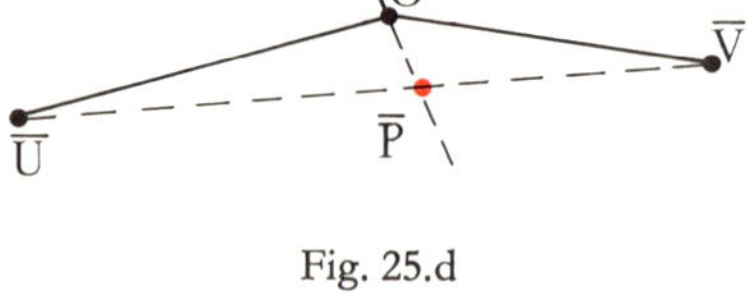

Fig. 25.d

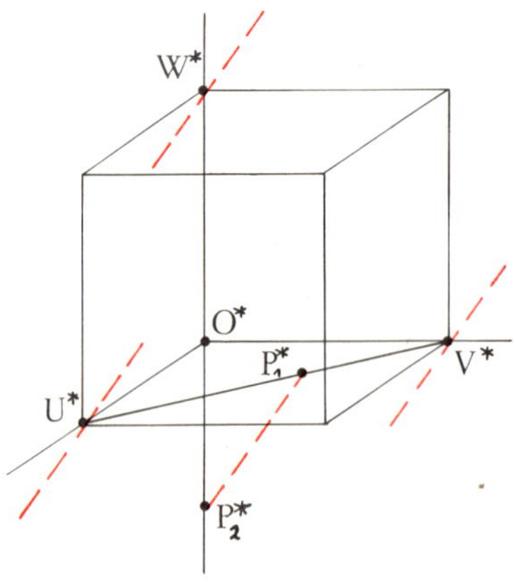

Fig. 25.e

Zwar kennt man die wahre Größe dieses Würfels nicht, aber man kann bei einem Hilfswürfel beliebiger Größe mit den Kanten O*U*, O*V*, O*W* (Fig. 25.e) die Punkte P_1* und P_2* einzeichnen, welche die Strecken U*V* und O*W* in denselben Verhältnissen teilen wie $\overline{P}$ die Strecken $\overline{U}\,\overline{V}$ und $\overline{O}\,\overline{W}$. Damit weiß man, wie die Projektionsrichtung bezüglich des gesuchten Würfels verlaufen muß, kennt aber noch nicht ihre Neigung gegenüber der Bildebene.
Legt man durch U*, V*, W* die Parallelen zu P_1*P_2*, so entsteht ein dreiseitiges Prisma. Nach dem Satz (14.19) kann ein gegebenes dreiseitiges Prisma immer mit einer Ebene so geschnitten werden, daß das Schnittdreieck einem beliebigen, vorgegebenen Dreieck ähnlich ist. Man schneidet hier das Prisma so, daß das Schnittdreieck dem Dreieck $\overline{U}\,\overline{V}\,\overline{W}$ ähnlich wird. Man muß dann nur noch die Größe des Hilfswürfels verändern, bis die Dreiecke kongruent sind, dann kann das abgeschnittene Prisma zusammen mit dem Würfel auf das Dreieck $\overline{U}\,\overline{V}\,\overline{W}$ aufgesetzt werden.

Sind von einem räumlichen Objekt zwei zugeordnete Risse gegeben, so kann **auf einfache Weise ein axonometrisches Bild des Objekts gezeichnet werden** (Fig. 25.f):
Man zeichnet bei den gegebenen Rissen Koordinatenachsen ein und faßt die Risse auf als die Normalprojektionen, genauer gesagt als maßstäbliche Zeichnungen der Normalprojektionen des Objekts auf ein räumliches Cartesisches Koordinatensystem. Es sei e* die gezeichnete Länge der Einheitsstrecke dieses Koordinatensystems.

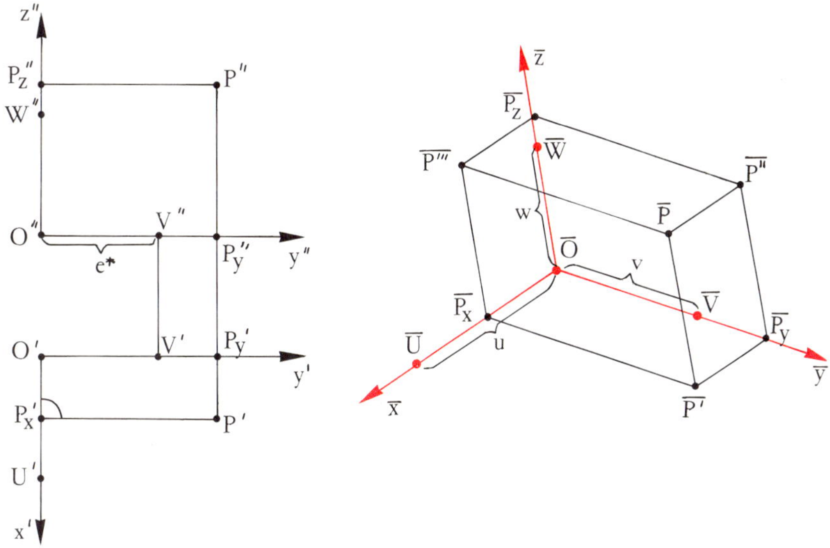

Fig. 25.f

Dann wählt man in der Zeichnungsebene vier Punkte $\overline{O}$, $\overline{U}$, $\overline{V}$, $\overline{W}$, welche als Parallelprojektion eines orthogonalen Einheitsdreibeins, also eines Cartesischen Koordinatensystems mit dem Nullpunkt O und den Achseneinheitspunkten U, V, W aufgefaßt werden. Es seien $\overline{O}\,\overline{U} = u$, $\overline{O}\,\overline{V} = v$, $\overline{O}\,\overline{W} = w$ die Längen der Bilder der Einheitsstrecken dieses Koordinatendreibeins. Die wahre Länge der Einheitsstrecken $OU = OV = OW$ ist bei der Wahl der Punkte $\overline{O}$, $\overline{U}$, $\overline{V}$, $\overline{W}$ nicht voraussehbar, der

Pohlke'sche Satz macht darüber keine Aussage. Diese Einheitsstrecke wird gewöhnlich nicht gerade mit der Einheitsstrecke des vorher bei den gegebenen Rissen gewählten Koordinatensystems übereinstimmen. Man kann aber einfach die Parallelprojektion und die gegebenen Risse als in verschiedenen Maßstäben gezeichnete Bilder ein und desselben räumlichen Koordinatensystems ansehen.

Bei der Wahl der Punkte $\overline{O}$, $\overline{U}$, $\overline{V}$, $\overline{W}$ achte man darauf, daß die Verzerrung nicht allzu groß wird. Eine schiefe Parallelprojektion eines Körpers kann sehr unanschaulich sein. Man denke an den Schattenwurf bei untergehender Sonne. Gewöhnlich zeichnet man das Bild einer der Achsen vertikal auf das Zeichnungsblatt und wählt die Bilder der anderen Achsen leicht geneigt gegenüber der Horizontalen.

Sind die Achsen $\overline{x}$, $\overline{y}$, $\overline{z}$ mit den Einheitspunkten $\overline{U}$, $\overline{V}$, $\overline{W}$ gezeichnet, so entnimmt man den gegebenen Rissen die Koordinaten eines beliebigen Punktes P und überträgt sie ins axonometrische Bild unter Berücksichtigung der Verzerrung der Strecken auf den Koordinatenachsen.

Es seien P_x, P_y, P_z die Fußpunkte der Lote von P auf die Koordinatenachsen. Wegen der Invarianz der Teilverhältnisse bei Parallelprojektionen gelten die Formeln:

$$\overline{O}\,\overline{P_x} : u = O'P_x' : e^*, \quad \overline{O}\,\overline{P_y} : v = O'P_y' : e^*, \quad \overline{O}\,\overline{P_z} : w = O''P_z'' : e^*.$$

Diese Verzerrungen lassen sich konstruktiv, am besten in separaten Figuren, auf verschiedene Weisen verwirklichen (Fig. 25.g), für jede Achse einzeln.

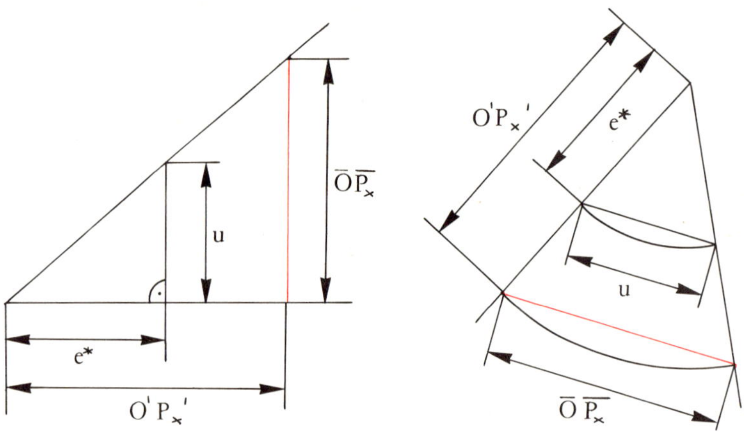

Fig. 25.g

Günstig zeichnen lassen sich axonometrische Darstellungen, wenn sich das Verhältnis $u : v : w$ in kleinen natürlichen Zahlen ausdrücken läßt, z. B. $u : v : w = 1 : 2 : 2$. Wählt man dann als Strecke u gerade die Strecke e*, so ist $\overline{O}\,\overline{P_x} = O'P_x'$, $\overline{O}\,\overline{P_y} = 2 \cdot O'P_y'$, $\overline{O}\,\overline{P_z} = 2 \cdot O''P_z''$; das heißt, man muß dann nur Strecken verdoppeln.

Auch lohnt es sich, für Zahlenverhältnisse, die als Verzerrungsverhältnisse $u : e^*$, $v : e^*$, $w : e^*$ häufig vorkommen, extra Maßstäbe zu machen. Zum Beispiel für das Verhältnis 2 : 3 (Fig. 25.h).

Eine axonometrische Darstellung, bei welcher $\overline{O}\,\overline{U} = \overline{O}\,\overline{V} = \overline{O}\,\overline{W}$ ist, heißt eine **isometrische** Darstellung (Fig. 25.i). Bei isometrischen Darstellungen können Punkte sehr leicht eingezeichnet werden.

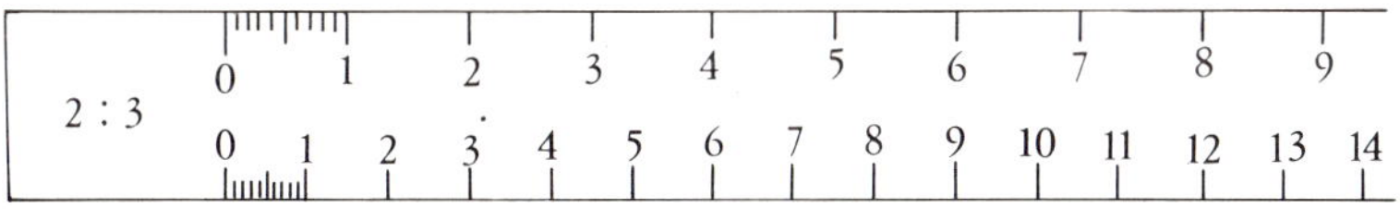

Fig. 25.h

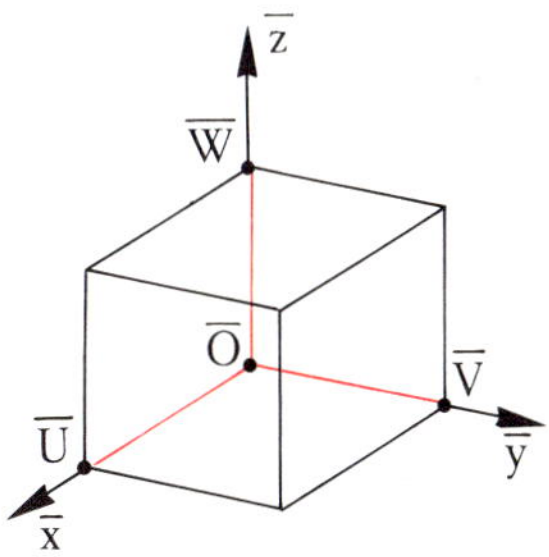

Fig. 25.i

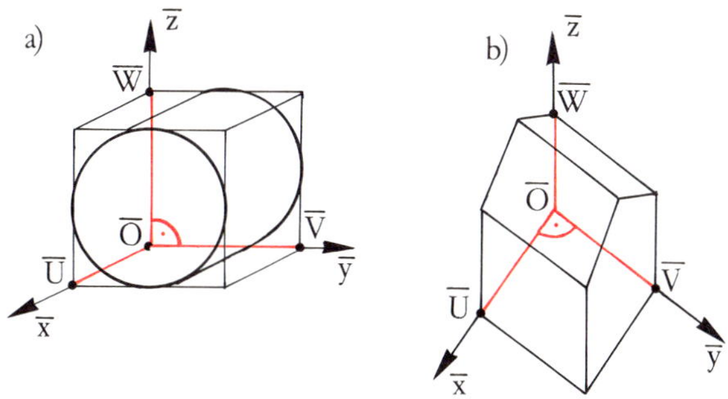

Fig. 25.k

Zur Darstellung technischer oder architektonischer Gegenstände mit betont vertikal-horizontaler Orientierung eignen sich besonders die Dreibeine der Fig. 25.k:
Bei a), dem Schrägbild des Kap. 2, ist die $\overline{z}$-Achse vertikal und die $\overline{y}$-Achse horizontal gezeichnet, und die Einheitsstrecken $\overline{O}\overline{V}$ und $\overline{O}\overline{W}$ sind gleich lang. Frontschnitte, Schnitte parallel zur yz-Ebene, lassen sich mühelos zeichnen, da sie nicht verzerrt werden; als Beispiel etwa eine Kurbelwelle mit der Achse parallel zur x-Achse.
Auch bei b) ist die $\overline{z}$-Achse vertikal. Hier ist der Winkel zwischen der $\overline{x}$- und der $\overline{y}$-Achse ein rechter, und die Strecken $\overline{O}\overline{U}$ und $\overline{O}\overline{V}$ sind gleich lang. Hier lassen sich Höhenschnitte, Schnitte parallel zur xy-Ebene, unverzerrt zeichnen.
Militärische Befestigungsanlagen wurden in früheren Zeiten so gezeichnet; daher die Bezeichnungen **Kavalierprojektion** und **Militärprojektion** (Kavaliere wurden die erhöhten Teile von Festungsanlagen genannt, deren Zweck es war, das vom Wall aus nicht sichtbare Gelände zu beherrschen).
Bei beiden Darstellungen läßt sich die Projektionsrichtung leicht rekonstruieren, und die Figuren erscheinen recht anschaulich, wenn man die Richtung und das Verkürzungsverhältnis der dritten Achse günstig gewählt hat und auch die Zeichnung nicht einfach frontal, sondern möglichst in der Projektionsrichtung betrachtet.

26. Das Einschneideverfahren

Ist eine axonometrische Darstellung eines Objektes gegeben, so kann man seine Risse bezüglich des der Axonometrie zugrundeliegenden Koordinatensystems in ihrer wahren Form wiederherstellen, wenn man unter Verwendung der Teilverhältnisse die zu den Punkten gehörenden Quader aus dem axonometrischen Bild zurücküberträgt, entsprechend der Fig. 25.f. Natürlich bekommt man, wenn die wahre Größe des zum axonometrischen Bild gehörenden Einheitswürfels nicht bekannt ist, nur maßstäbliche Zeichnungen der Normalprojektionen.

Ein praktisches Verfahren, einen Riß des Objektes, z. B. den Grundriß, zu rekonstruieren, zeigt die Fig. 26.a.
Man zieht auf dem Zeichnungsblatt durch die Punkte $\overline{U}$, $\overline{O}$, $\overline{V}$ die Parallelen zur $\bar{z}$-Achse und legt auf diese drei Parallelen ein rechtwinkliges, gleichschenkliges Dreieck U′O′V′. (Die schraffierten Dreiecke sind kongruent). Die Geraden O′U′ und O′V′ können aufgefaßt werden als Grundriß der x- und der y-Achse, und den Grundriß P′ irgendeines Punktes P bekommt man, indem man die Grundfläche des zu P gehörenden Quaders in der Richtung der $\bar{z}$-Achse in den neuen Riß zieht. Man braucht bei dieser Konstruktion nicht unbedingt die Richtung der $\bar{z}$-Achse zu nehmen. Die Abbildung $\overline{P'} \rightarrow P'$ ist einfach eine schiefe Affinität. Nimmt man die $\bar{z}$-Achsenrichtung, so hat man den Vorteil, daß der Punkt $\overline{P}$ mit $\overline{P'}$ und P′ auf *einer* Geraden liegt.
Entsprechend kann man einen Aufriß oder einen Seitenriß konstruieren. Die Maßstäbe der so entstandenen, einzelnen Risse sind aber gewöhnlich verschieden, denn die Dreiecke UOV, welche auf die zu den Einheitspunkten gehörenden Streifen gelegt werden, sind in der Regel nicht gleich groß.

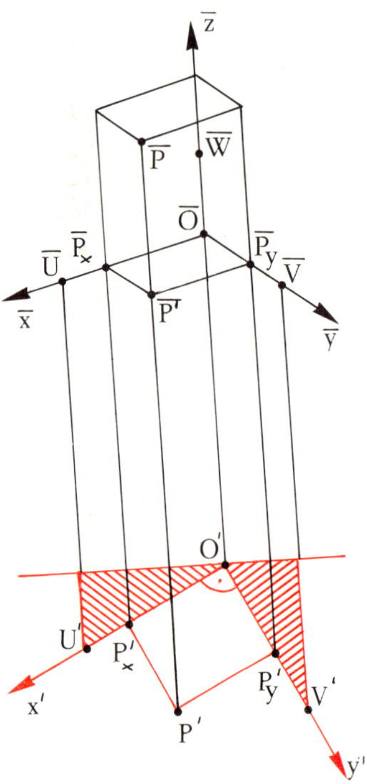

Fig. 26.a

Man nehme nun irgendzwei zugeordnete Risse eines Körpers, Grundriß und Aufriß, bezogen auf ein gegebenes Koordinatensystem, lege sie aber nicht in der üblichen Weise senkrecht übereinander, oben und unten auf das Zeichnungsblatt, sondern gegeneinander gedreht, so daß die beiden Risse der y-Achse nicht parallel verlaufen (Fig. 26.b). Auch brauchen die beiden Risse nicht im gleichen Maßstab gezeichnet zu sein.
Der Grundriß P′ und der Aufriß P″ irgendeines Punktes P liegen dann nicht wie früher auf einer Geraden senkrecht zu den Rissen der y-Achse. Es besteht aber auch jetzt ein einfacher Zusammenhang: Das Lot von P′ auf die y′-Achse und das Lot von P″ auf die y″-Achse schneiden sich auf einer festen Geraden. Das sieht man ein, wenn man für den Punkt O und für den Punkt V auf der y-Achse die Konstruktion macht und beachtet, daß die zu P gehörenden Lote im Grund- und Aufriß die Streifen, welche durch O und V gehen, im gleichen Verhältnis teilen. An die Stelle der alten Ordnungslinien treten jetzt geknickte Linienzüge; man spricht weiterhin von Ordnungslinien.

Beispielsweise den Übergang vom Grund- zum Seitenriß in der Fig. 12.a könnte man auf diese Weise bewerkstelligen (Fig. 26.c).

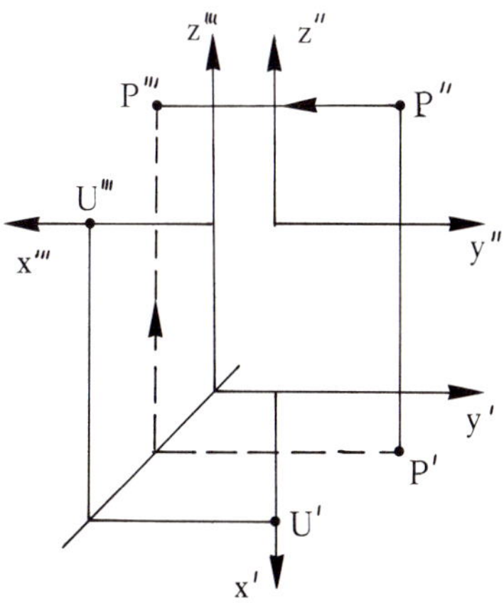

Fig. 26.c

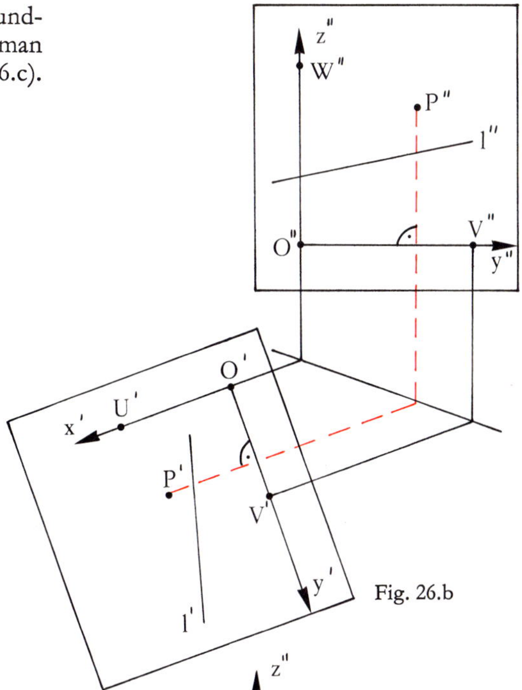

Fig. 26.b

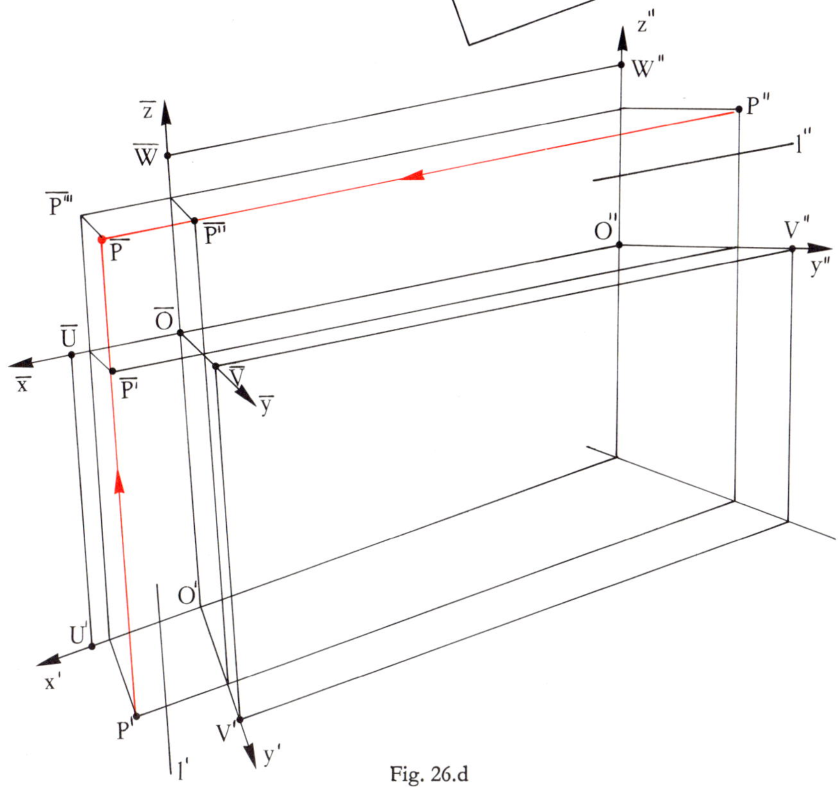

Fig. 26.d

Es sei l eine beliebige Gerade, welche nicht auf der y-Achse senkrecht steht, und deren Risse l′ und l″ in der Fig. 26.b nicht zueinander parallel sind. Was bekommt man, wenn man P′ und P″ nicht über den Ordnungslinienzug miteinander verbindet, sondern durch P′ die Parallele zu l′ und durch P″ die Parallele zu l″ zieht und diese beiden Geraden schneidet?
Die Fig. 26.d zeigt, nachdem die Konstruktion für die Punkte O, U, V, W gemacht ist, daß ein axonometrisches Bild entsteht.
Das ist das interessante sog. **Einschneideverfahren.**
Man beachte, daß man das Bild $\overline{P}$ des Punktes P bekommt, ohne daß man den ganzen zu P gehörenden Quader zeichnet, einfach als Schnittpunkt der durch P′ und P″ laufenden Einschneidegeraden.
Geraden parallel zu l erscheinen im axonometrischen Bild als Punkte.

Mit diesem Einschneideverfahren kann auf schnelle und einfache Weise eine beliebige Parallelprojektion eines Körpers hergestellt werden.
Man kann die beiden Risse, von denen man ausgeht, in beliebigen Maßstäben gezeichnet, frei plazieren, die Einschneiderichtungen l′ und l″ wählen und sich gewissermaßen überraschen lassen, welche Verzerrung sich ergibt; bei der Darstellung eines größeren Gegenstandes wird man die Bildwirkung zuerst an einem Würfel prüfen. Die $\overline{z}$-Achse verläuft parallel zu l′ und die $\overline{x}$-Achse parallel zu l″.
Oder man beginnt mit der Projektion $\overline{O}\,\overline{U}\,\overline{V}\,\overline{W}$ des Einheitsdreibeins und bestimmt die dazugehörende Anordnung des Grundrisses und des Aufrisses und deren Maßstäbe.

(26.1) Man stelle mit Hilfe dieses Einschneideverfahrens einige Körper anschaulich dar, immer darauf bedacht, daß die Bilder nicht zu stark verzerrt werden. Die Fig. 26.e zeigt ein Rhombendodekaeder und ein parallel beleuchtetes Haus.

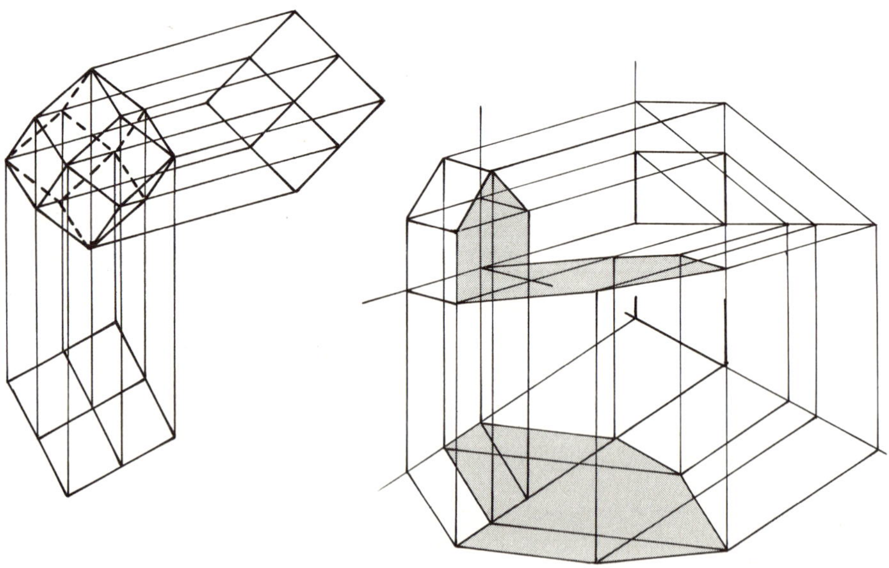

Fig. 26.e

(26.2) **Darstellung einer Kugel**

Das Bild einer Kugel bei einer schiefen Parallelprojektion auf eine Ebene ist eine Ellipse, die Ellipse, in welcher die Bildebene den projizierenden, der Kugel umschriebenen Zylinder schneidet. Das Ellipsenzentrum ist die Projektion des Kugelzentrums, und die kleine Achse der Ellipse hat die Länge des Kugeldurchmessers und steht senkrecht auf der Projektionsrichtung (Fig. 18.k). Eine Kugel erscheint also bei einer schiefen axonometrischen Darstellung nicht als Kreis wie bei einer Normalprojektion — ein schwerwiegender Nachteil des Verfahrens.

Es sei eine axonometrische Darstellung $\overline{O}\,\overline{U}\,\overline{V}\,\overline{W}$ eines Einheitsdreibeins gegeben (Fig. 26.f). Wie konstruiert man die Kugel mit dem Mittelpunkt O, welche durch U, V und W geht?

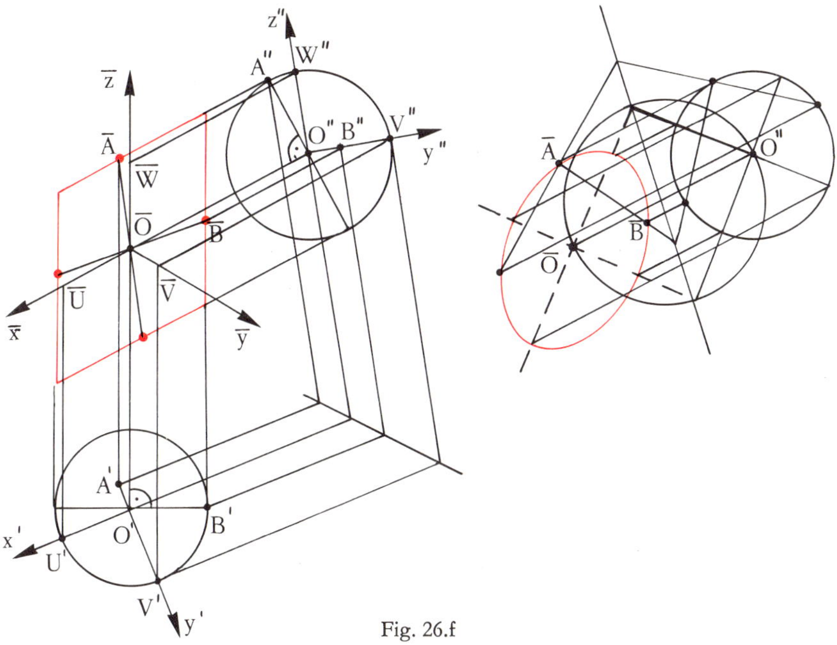

Fig. 26.f

Zuerst zeichnet man zum axonometrischen Bild des Koordinatendreibeins zwei der zugehörigen Risse, aus denen es durch Einschneiden hervorgeht. In diesen Rissen erscheint die Kugel als Kreis. An diese Kreise legt man die Tangenten parallel zu den Einschneiderichtungen. Die Tangenten müssen die gesuchte Kugelumrißellipse des axonometrischen Bildes berühren, denn auf ihnen liegen deren äußerste Punkte. $\overline{A}$ und $\overline{B}$ sind solche äußerste Punkte. Von der gesuchten Ellipse kennt man somit ein umschriebenes Parallelogramm mit den vier Berührungspunkten. Dadurch ist sie festgelegt. Ihre Achsen können mit Hilfe einer Zentralkollineation konstruiert werden, am bequemsten gerade mit der Affinität zwischen der Ellipse und dem Kreis in einem der Risse; man verfährt wie in der Fig. 21.r.

Sind die Ellipsenachsen konstruiert, so kennt man damit die Einfallrichtung der projizierenden Geraden (man betrachte die Zeichnung in dieser Richtung) und den Kugelradius, d. h. die wahre Größe des Dreibeins, das der Axonometrie zugrundegelegt ist.

In erster Linie dienen axonometrische Darstellungen dazu, Gegenstände, von denen schon Normalprojektionen gezeichnet sind oder deren Punkte koordinatenmäßig vorgegeben sind, anschaulich darzustellen. Man soll aber auch **geometrische Konstruktionen an axonometrisch dargestellten Körpern direkt im axonometrischen Bild ohne Zuhilfenahme anderer Risse ausführen können.**

Ein **Beispiel** (26.3):

Gegeben sind eine Ebene Φ und eine Gerade g, axonometrisch dargestellt durch die Geraden $\overline{a}$, $\overline{a}'$, $\overline{b}$, $\overline{b}'$ und $\overline{g}$, $\overline{g}'$. Gesucht ist der Schnittpunkt D von g und Φ (Fig. 26.g).
Das ist die Grundaufgabe IV des Kap. 6. Die Konstruktion verläuft genau wie dort.

Der Leser studiere wieder das Kap. 3 und wiederhole selbständig die früheren Grundaufgaben.
Es zeigt sich schnell, daß sich wohl die einfachen Lageaufgaben axonometrisch gut behandeln lassen, daß aber metrische Probleme, beispielsweise die Grundaufgabe VII, kompliziert werden. Deutlich zeigt (26.2), daß besonders Kugelaufgaben umständlich werden.

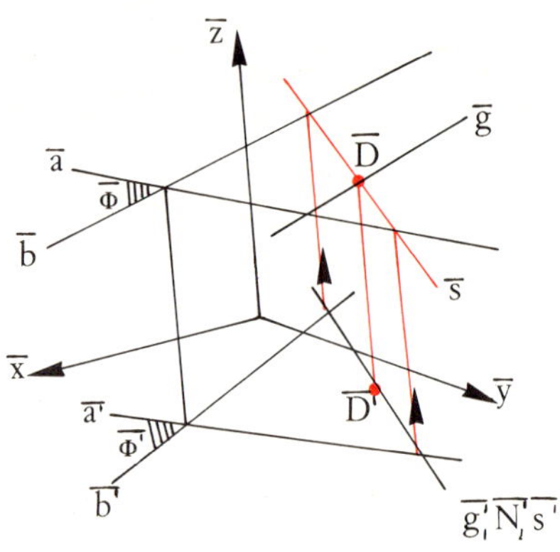

Fig. 26.g

Nur wenn die axonometrische Darstellung *keine schiefe* Projektion, sondern eine Normalprojektion ist, bleibt alles beim alten. Dann kann man Ebenen leicht umklappen und von Fall zu Fall mit einem zweiten, zugeordneten Riß arbeiten. Mit solcher normaler Axonometrie befaßt sich das folgende Kapitel.

27. Normale Axonometrie

Eine axonometrische Darstellung heißt eine **normale oder orthogonale axonometrische Darstellung**, wenn es sich um eine Normalprojektion handelt.

Normal axonometrische Bilder wirken besonders anschaulich, weil bei ihnen die Projektionsrichtung senkrecht auf der Bildebene steht, also mit der Blickrichtung zusammenfällt, in der man gewöhnlich ein Bild betrachtet.

(27.1) In der Fig. 27.a ist zweimal eine Normalprojektion eines orthogonalen Achsenkreuzes oder Cartesischen Koordinatensystems gezeichnet, das bezüglich der Zeichnungsebene allgemeine Lage hat, d. h. bei dem keine der Koordinatenebenen gerade projizierend ist.

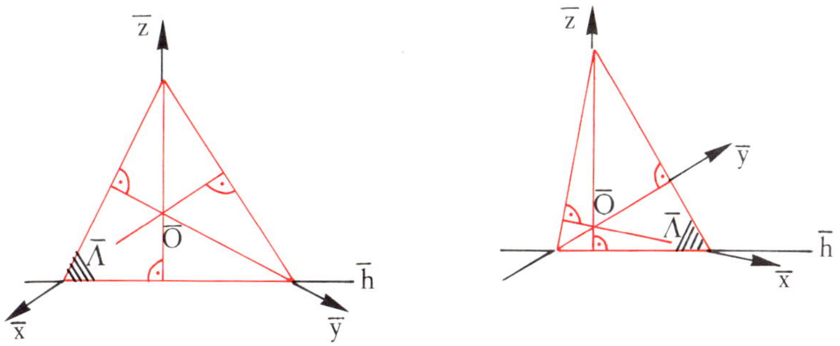

Fig. 27.a

Es sei h eine Hauptgerade der xy-Ebene bezüglich der Zeichnungsebene. Da die z-Achse senkrecht auf der xy-Ebene steht, bilden $\overline{h}$ und die $\overline{z}$-Achse einen rechten Winkel. Entsprechendes gilt für die Hauptgeraden der anderen Koordinatenebenen.

Eine Hauptebene Λ bezüglich der Zeichnungsebene schneidet die drei Koordinatenebenen in Geraden, deren Bilder ein Dreieck bilden, dessen Höhenschnittpunkt das Bild $\overline{O}$ des Koordinatennullpunkts ist. Es ist leicht einzusehen, daß dieses Dreieck spitzwinklig ist.

Umgekehrt kann jede solche Figur, ein spitzwinkliges Dreieck mit seinen Höhen, aufgefaßt werden als Normalprojektion eines mit einer Hauptebene geschnittenen orthogonalen Dreibeins. Dabei kann man sich den Nullpunkt O oberhalb oder unterhalb der Hauptebene denken.

Bei normalen Axonometrien wird gewöhnlich das Bild einer der Achsen, der z-Achse, vertikal aufs Zeichnungsblatt gezeichnet. Die Bilder $\overline{U}$, $\overline{V}$, $\overline{W}$ der Einheitspunkte der Achsen können aber, wenn das Dreibein gezeichnet ist, nicht voneinander unabhängig auf den Achsenbildern gewählt werden. Die Einheitsstrecke e des Koordinatensystems wird folgendermaßen von O aus auf die Achsen abgetragen:
Man klappt zwei der Koordinatenebenen um Hauptgeraden um (Fig. 27.b). Da die Koordinatenachsen rechte Winkel einschließen, erhält man die Umklappung des Nullpunkts O jeweils mittels eines Thaleskreises über der Hauptgeradenstrecke zwischen den Koordinatenachsen. Es entsteht die Einschneideanordnung der Fig. 26.d.

Oder man kann die projizierenden Ebenen durch die Koordinatenachsen umlegen, wie das die Fig. 27.c für die z-Achse zeigt.

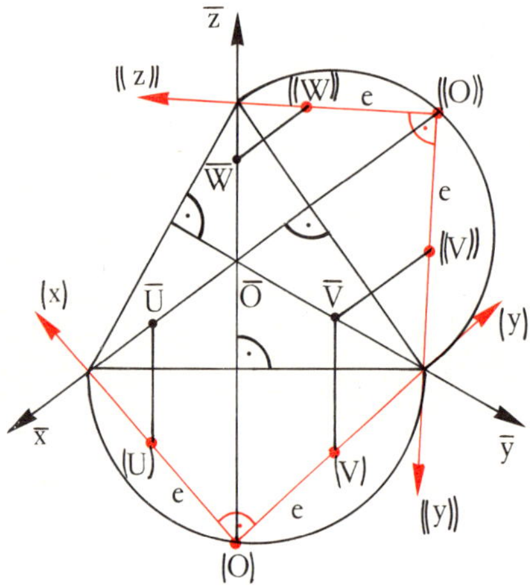

Fig. 27.b

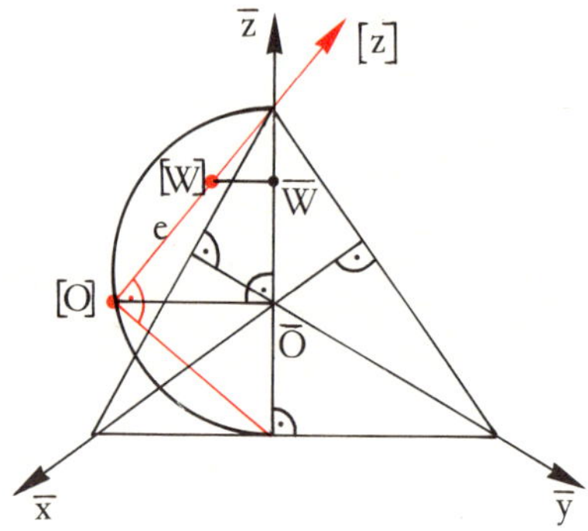

Fig. 27.c

(27.2) Statt die Bilder der Achsen vorzugeben und dann die Einheitspunkte U, V, W zu konstruieren, kann man auch umgekehrt die Längen u, v, w der Bilder $\overline{O}\,\overline{U}$, $\overline{O}\,\overline{V}$, $\overline{O}\,\overline{W}$ der Einheitsstrecken OU = OV = OW = e vorschreiben und dann die dazu gehörenden Achsenrichtungen konstruieren.

Es bestehen die beiden folgenden Zusammenhänge:

(1) $e = \sqrt{\dfrac{u^2 + v^2 + w^2}{2}}$

(2) Es seien α und β die Winkel in der Bildebene, welche die $\bar{x}$- und $\bar{y}$-Achse mit der Senkrechten zur $\bar{z}$-Achse einschließen, und ABC sei ein Hilfsdreieck mit den Winkeln CAB = 2α und CBA = 2β (Fig. 27.d).
Bei diesem Dreieck gilt dann
AC : BC : AB = $u^2 : v^2 : w^2$.

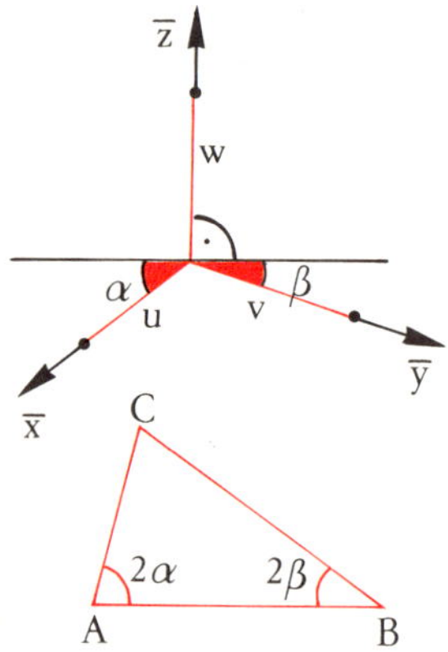

Fig. 27.d

Beweis (Fig. 27.e):

Man betrachtet den Kreis in der xy-Ebene mit dem Mittelpunkt O und der Einheitsstrecke e als Radius. Er erscheint im axonometrischen Bild als Ellipse mit der Hauptachse senkrecht zur $\bar{z}$-Achse. Die große Halbachse hat die Länge e, die kleine die Länge $\sqrt{e^2 - w^2}$. Das geht aus der Kongruenz der schraffierten Dreiecke in der projizierenden Ebene durch die z-Achse hervor. $\overline{O}\,\overline{U}$ und $\overline{O}\,\overline{V}$ sind konjugierte Ellipsenradien.

Es seien φ und $90°$-φ die Winkel, welche die zugehörigen Radien im affinen Hauptscheitelkreis mit der Ellipsenhauptachse einschließen. Für die Abstände der Punkte $\overline{U}$ und $\overline{V}$ von den Ellipsenachsen ergeben sich die Formeln:

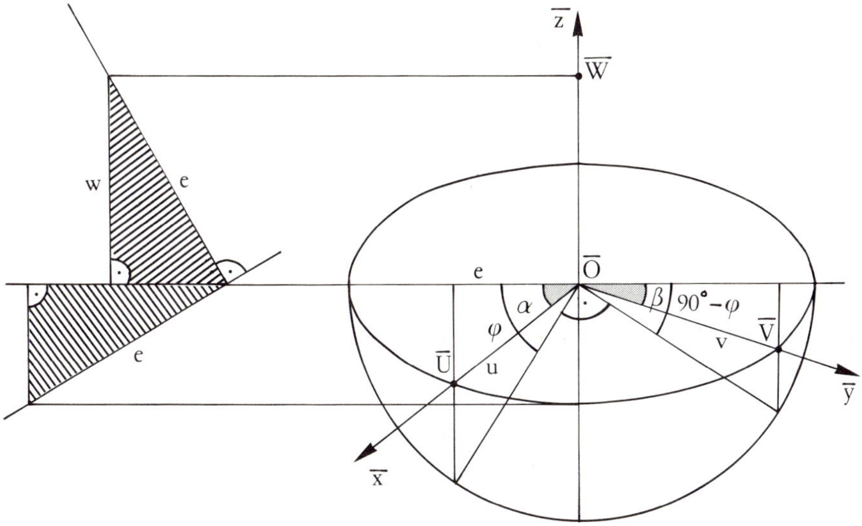

Fig. 27.e

$$u \cdot \cos \alpha = e \cdot \cos \varphi$$
$$u \cdot \sin \alpha = e \cdot \sin \varphi \cdot \frac{\sqrt{e^2 - w^2}}{e} = \sqrt{e^2 - w^2} \cdot \sin \varphi$$
$$v \cdot \cos \beta = e \cdot \sin \varphi$$
$$v \cdot \sin \beta = \sqrt{e^2 - w^2} \cdot \cos \varphi.$$

Daraus folgt

(1) $u^2 + v^2 = u^2 (\cos^2 \alpha + \sin^2 \alpha) + v^2 (\cos^2 \beta + \sin^2 \beta)$
$= e^2 \cos^2 \varphi + (e^2 - w^2) \sin^2 \varphi + e^2 \sin^2 \varphi + (e^2 - w^2) \cos^2 \varphi = 2e^2 - w^2$
d. h. $e = \sqrt{\frac{u^2 + v^2 + w^2}{2}}$.

Und

(2) $u^2 \cdot \cos (2\alpha) + v^2 \cdot \cos (2\beta) = u^2 (\cos^2 \alpha - \sin^2 \alpha) + v^2 (\cos^2 \beta - \sin^2 \beta)$
$= e^2 \cos^2 \varphi - (e^2 - w^2) \sin^2 \varphi + e^2 \sin^2 \varphi - (e^2 - w^2) \cos^2 \varphi = w^2,$

ferner

$$u^2 \cdot \sin (2\alpha) = 2u^2 \cos \alpha \sin \alpha = 2e \cos \varphi \sqrt{e^2 - w^2} \sin \varphi = e \sqrt{e^2 - w^2} \cdot \sin (2\varphi)$$
$$v^2 \cdot \sin (2\beta) = \ldots = e \sqrt{e^2 - w^2} \cdot \sin (2\varphi),$$

also

$$u^2 \cdot \sin (2\alpha) = v^2 \cdot \sin (2\beta).$$

Im Hilfsdreieck ABC gilt auch:

$$AC \cdot \sin (2\alpha) = BC \cdot \sin (2\beta) \text{ und}$$
$$AC \cdot \cos (2\alpha) + BC \cdot \cos (2\beta) = AB.$$

Durch Vergleich ergibt sich:

$AC : BC : AB = u^2 : v^2 : w^2$, qed.

Damit ist ein einfaches Konstruktionsverfahren für die Achsen gefunden:
Man konstruiert ein Hilfsdreieck mit dem Seitenverhältnis $u^2 : v^2 : w^2$ und entnimmt ihm die Winkel 2α und 2β.
Es sei z. B. $u : v : w = 1 : 2 : 2$ (sog. „Ingenieuraxonometrie") (Fig. 27.f).

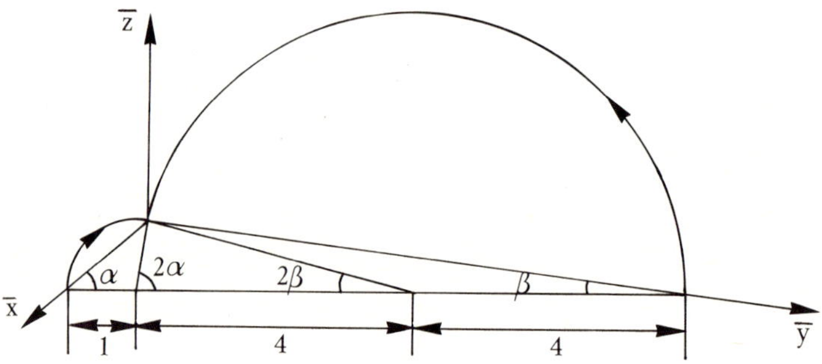

Fig. 27.f

Aus dem Vorangehenden ergibt sich auch, daß eine normale axonometrische Darstellung genau dann isometrisch ist, wenn die Winkel zwischen den Bildern der Koordinatenachsen alle 120° betragen.

(27.3) Konstruiert wird bei normalaxonometrischen Darstellungen in der üblichen Weise. Da es sich um Normalprojektionen handelt, läßt sich jederzeit leicht ein zugeordneter zweiter Riß zeichnen und im Zweitafelverfahren arbeiten. Gewöhnlich faßt man das axonometrische Bild auf als Aufriß und zeichnet dazu einen Seitenriß (Fig. 27.g).

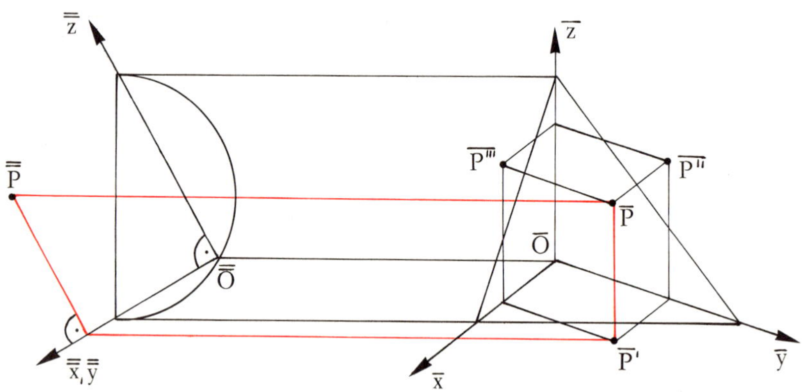

Fig. 27.g

(Um Verwechslungen zu vermeiden wird hier der Seitenriß des Punktes P mit $\overline{\overline{P}}$ bezeichnet.)
Als Beispiel die Grundaufgabe VII (8.5):
Gegeben ist eine Ebene $\Phi = ab$, axonometrisch dargestellt durch $\overline{a}$, $\overline{a}'$, $\overline{b}$, $\overline{b}'$. Gesucht ist die Normale n zu Φ im Schnittpunkt P von a und b (Fig. 27.h).

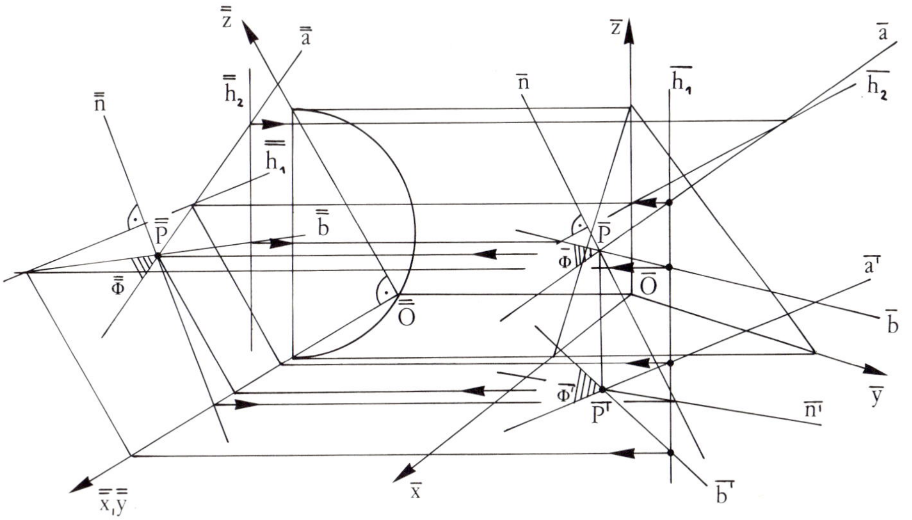

Fig. 27.h

Man konstruiert zuerst $\overline{\overline{P}}$, $\overline{\overline{a}}$ und $\overline{\overline{b}}$ wie in der Fig. 27.g. Dann folgt die Normalenkonstruktion mittels der Hauptgeraden h_1 und h_2. Schließlich bekommt man $\overline{n'}$ mit Hilfe des Punktes von n, der in der xy-Ebene liegt.

Man wird natürlich jeweils möglichst viel direkt im axonometrischen Bild erledigen. Einen Kreis in einer der Koordinatenebenen oder in einer dazu parallelen Ebene, zum Beispiel, kann man ohne Hilfe eines Seitenrisses konstruieren (Fig. 27.i): Gegeben ist der Mittelpunkt M. Gesucht ist der zur yz-Ebene parallele Kreis mit dem Radius r. Die Kreisachse ist parallel zur x-Achse, die Ellipsenhauptachse steht daher senkrecht auf der $\overline{x}$-Achse. Man zeichnet die Hauptscheitel und zieht durch sie die Parallelen zur $\overline{y}$- und $\overline{z}$-Achse. Ihr Schnittpunkt $\overline{P}$ muß auf der Ellipse liegen, denn das schraffierte Dreieck ist in Wirklichkeit rechtwinklig. Mit dem Papierstreifenverfahren erhält man die Nebenscheitel. Man vergesse nicht, daß das hier Gesagte sich nur auf *normale* Axonometrie bezieht, nicht auf schiefe.

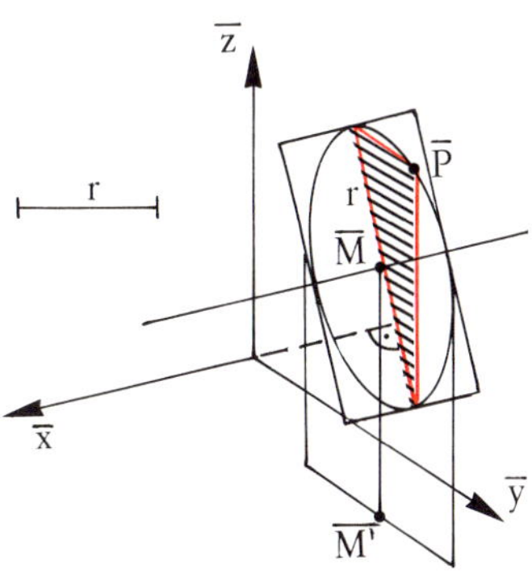

Fig. 27.i

Aufgabe (27.4):

Man zeichne in normalaxonometrischer Darstellung eine Erdkugel, mit der z-Achse als Erdachse, und auf dieser Kugel einige Meridiane und Breitenkreise.

Aufgabe (27.5):

Gegeben sind in normalaxonometrischer Darstellung ein Punkt P und eine Gerade g. Man drehe P um g, zeichne den von P beschriebenen Kreis und stelle auch die drei Projektionen des Kreises auf die Koordinatenebenen dar.

Aufgabe (27.6):

Man stelle normalaxonometrisch das Kreuzgewölbe der Fig. 27.k dar.

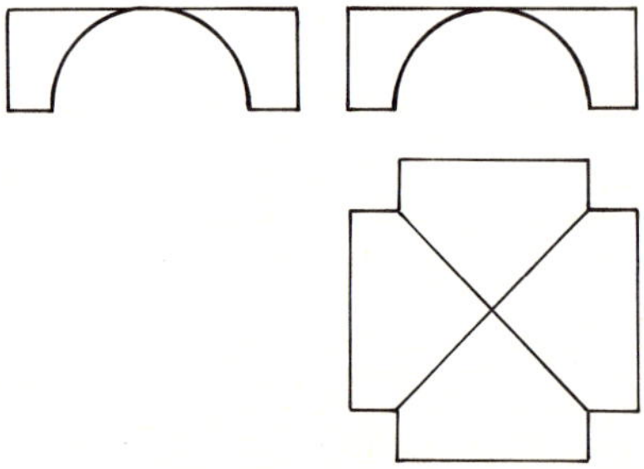

Fig. 27.k

Aufgabe (27.7):

Man zeichne in normalaxonometrischer Darstellung eine Schraubenlinie mit der z-Achse als Achse, beleuchte sie parallel und konstruiere ihren Schatten in der xy-Ebene.

Aufgabe (27.8):

Man stelle auch einige Durchdringungen (Kap. 23) axonometrisch dar.

Vierter Teil: Perspektive

28. Zentralprojektion

Im Kap. 1 wurde gezeigt, wie mittels einer Projektion des Raumes auf eine Ebene von einem endlichen Zentrum aus ein natürliches, anschauliches Bild eines räumlichen Gegenstandes hergestellt werden kann (Fig. 1.a, b). Betrachtet man ein so gemachtes Bild vom Projektionszentrum aus, so erweckt es, wie eine Kulisse wirkend, den Eindruck, man habe den räumlichen Körper selber vor Augen. Diesen Vorzug haben Parallelprojektionen nur in beschränktem Maße. Sie wirken oft verzerrt. Bei ihnen erscheinen beispielsweise gleich lange, parallele Strecken im Bild gleich groß, auch wenn sie in Wirklichkeit verschieden weit von der Bildebene entfernt sind. Das ergibt die störende Unförmigkeit der Figuren, z. B. bei schlecht disponierten Schrägbildern (Kap. 2).
Die drei ersten Teile dieses Buches befaßten sich mit Parallelprojektionen. Nur gelegentlich, bei Beleuchtungsproblemen und natürlich in der Theorie der Zentralkollineationen, war von Zentralprojektionen mit einem endlichen Punkt als Zentrum die Rede. Parallelprojektionen sind auch Zentralprojektionen, aber mit einem Fernpunkt als Zentrum. Sie bieten den konstruktiven Vorteil, daß parallele Geraden in parallele Geraden abgebildet werden und daß Teilverhältnisse erhalten bleiben. Konstruktionen mit Parallelprojektionen, sei es im Zweitafelverfahren oder axonometrisch, gestalten sich relativ einfach.
Das Arbeiten mit Zentralprojektionen erfordert vom Konstruierenden wegen der Zerstörung der Parallelität und der Teilverhältnisse ein gewisses Umdenken, die Konstruktionen gestalten sich anfänglich etwas schwieriger. Die bei den Parallelprojektionen gemachten Erfahrungen sind aber sehr nützlich und bilden die beste Grundlage für die rasche Beherrschung der Perspektivlehre.

Die **Zentralprojektion des Raumes vom Punkt Z aus auf die Ebene** Π (Z nicht in Π) ist die Abbildung, welche dem Punkt P des Raumes (P verschieden von Z) den Punkt $\overline{P}$ der Ebene Π zuordnet, welcher auf der Geraden ZP liegt (Fig. 28.a).

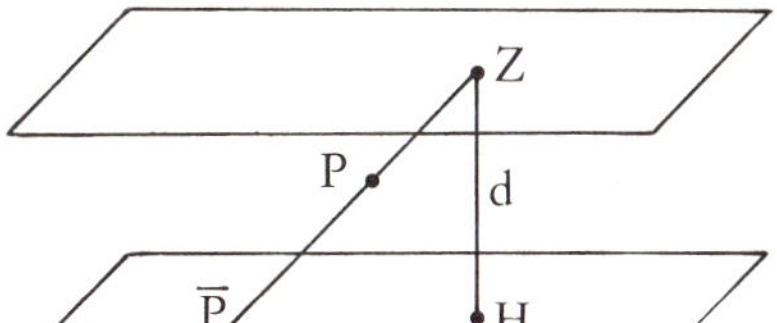

Fig. 28.a

Statt Zentralprojektion sagt man auch **perspektivische Abbildung** oder **Perspektive**. Nicht abgebildet wird der Punkt Z, das **Zentrum** der Projektion.
Ist das Zentrum ein Fernpunkt, so ist die Zentralprojektion eine Parallelprojektion (1.1). Miteinbezogen in die Abbildung werden die Fernelemente. Wenn das Zentrum ein endlicher Punkt ist, werden aber die Fernpunkte nicht wie bei den Parallelprojektionen alle wieder in Fernpunkte abgebildet. Darin liegt der entscheidende Unterschied.
Das Bild oder die Projektion $\overline{P}$ des Punktes P nennt man verdeutlichend das **Zentralbild** oder das **perspektivische Bild** von P. Π ist die **Bildebene** oder Projektionsebene. Das Projektionszentrum Z heißt auch der **Augpunkt** der Perspektive.

Die Geraden durch Z sind **projizierende Geraden**, die Ebenen durch Z **projizierende Ebenen.** Geraden und Ebenen parallel zur Bildebene Π nennt man wie früher **Hauptgeraden** und **Hauptebenen.** Geraden und Ebenen senkrecht zur Bildebene Π heißen **Tiefengeraden** und **Tiefenebenen.**

Die Hauptebene, welche durch das Projektionszentrum geht, ist die **Verschwindungsebene** der Projektion. Ihre Punkte, die **Verschwindungspunkte**, werden in Fernpunkte abgebildet. Alle andern Punkte haben endliche Bilder.
Eine wichtige Rolle spielt der Fußpunkt H des Lotes vom Zentrum Z auf die Bildebene; er heißt der **Hauptpunkt** der Perspektive.
Der Abstand d des Zentrums von der Bildebene ist die **Distanz** oder Bildtiefe der Perspektive.

Eine Zentralprojektion eines Gegenstandes läßt sich auffassen als der Schatten, den er auf die Bildebene wirft, wenn das Zentrum ein leuchtender Punkt ist, vorausgesetzt daß der Gegenstand sich zwischen der Lichtquelle und der Bildebene befindet.

Eigenschaften einer Zentralprojektion:
Vergleiche (1.2) bis (1.5).

(28.1) Eine nichtprojizierende Gerade wird abgebildet in eine Gerade, eine projizierende in einen Punkt.

(28.2) Wenn das Zentrum ein endlicher Punkt ist, werden parallele Geraden (z. B. die Firstkante und die Traufkanten des Hausdaches der Fig. 1.a) im allgemeinen nicht wieder in parallele Geraden abgebildet. Parallele Geraden, welche Hauptlage haben, bleiben parallel.
Die Bilder zweier Geraden sind parallel, wenn diese denselben Verschwindungspunkt haben oder wenn die beiden Verschwindungspunkte auf einer projizierenden Geraden liegen.

(28.3) Streckenlängen und Winkel ändern sich im allgemeinen. Winkel, die in einer Hauptebene liegen, behalten ihre Größe. Figuren, die in einer Hauptebene liegen, gehen über in ähnliche Figuren.

(28.4) Doppelverhältnisse bleiben erhalten.
Für vier Punkte A, B, C, D einer nichtprojizierenden Geraden gilt: Doppelverhältnis $(\overline{A}\overline{B}\overline{C}\overline{D})$ = Doppelverhältnis (ABCD) (19.6).
Auf Hauptgeraden bleiben sogar Teilverhältnisse erhalten.

(28.5) Die durch eine Zentralprojektion hervorgerufene Abbildung einer nicht durch das Zentrum Z gehenden Ebene auf die Bildebene Π ist eine Zentralkollineation (Kap. 20).
Insbesondere werden Kegelschnitte in Kegelschnitte abgebildet (20.5).

Eine Zentralprojektion ist keine umkehrbar eindeutige Abbildung. Bei perspektivischen Zeichnungen ergeben sich wie früher bei den Parallelprojektionen Rekonstruktionsschwierigkeiten. Wie kann bei einer perspektivisch dargestellten Geraden abgelesen werden, welches Urbild sie darstellen soll?

Das Spurpunkt-Fluchtpunkt Verfahren

Im Folgenden soll das Projektionszentrum Z immer ein endlicher Punkt sein.

(28.6) Darstellung einer Geraden

Die Lage einer Geraden im Raum kann mit Hilfe zweier ausgezeichneter Punkte beschrieben werden, mit Hilfe ihres Spurpunkts und ihres Fluchtpunkts:

Der **Spurpunkt S_g** der Geraden g (Fig. 28.b) ist der Schnittpunkt von g mit der Bildebene Π.
Der **Fluchtpunkt F_g** der Geraden g ist das Bild des Fernpunkts von g.

Der Fluchtpunkt ist der Punkt, in welchem die Parallele zu g durch das Zentrum Z, der sog. **Fluchtstrahl** von g, die Bildebene Π schneidet.

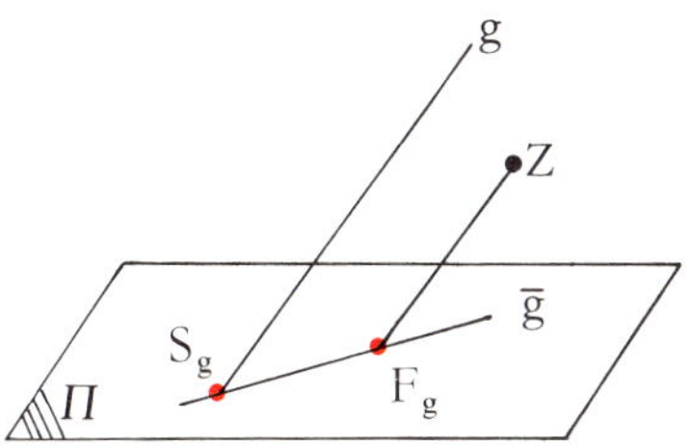

Fig. 28.b

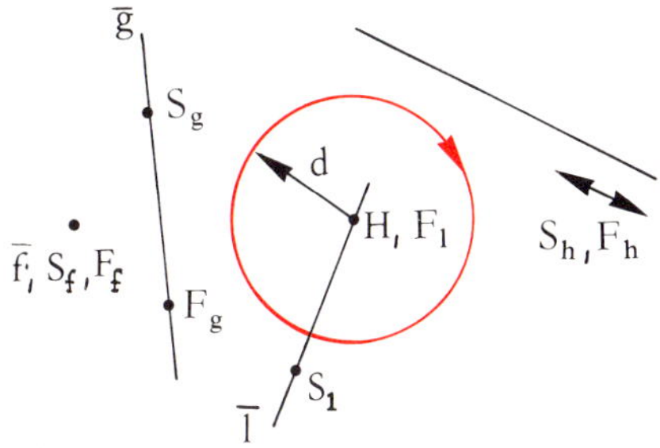

Fig. 28.c

Eine Gerade im Raum, die nicht Hauptlage hat, ist bei vorgegebenem Zentrum Z durch die Angabe ihres Spurpunkts und ihres Fluchtpunkts eindeutig festgelegt, ihre Richtung allein schon durch den Fluchtpunkt. Natürlich muß man, wenn man nur die Bildebene Π vor sich hat (Fig. 28.c) die Stellung des Zentrums Z gegenüber Π genau kennen, um aus dem Spurpunkt und aus dem Fluchtpunkt die Lage der Geraden im Raum zu rekonstruieren.
Man zeichnet jeweils im perspektivischen Bild den Hauptpunkt H ein und zeigt die Distanz d mit dem sog. **Distanzkreis** an; das ist der Kreis in Π um H mit der Distanz d als Radius. Durch H und den Distanzkreis ist die Lage des Zentrums bezüglich der Bildebene eindeutig beschrieben, wenn noch mit dem Umlaufsinn des Kreises angezeigt wird, auf welcher Seite der Ebene Π das Zentrum gemeint ist; von Z nach H blickend, soll man den Uhrzeigersinn sehen.
Die Fig. 28.c zeigt Geraden in verschiedenen Lagen. Anfänglich macht es etwas Mühe, aus den Angaben im perspektivischen Bild die Verhältnisse im Raum abzulesen:
Die Gerade g hat allgemeine Lage. Um sich g im Raum vorzustellen, vergegenwärtigt man sich die Lage des Zentrums Z: senkrecht über dem Hauptpunkt H im Abstand des Distanzkreisradius. Dann zieht man in Gedanken den Fluchtstrahl ZF_g und verschiebt ihn durch den Spurpunkt S_g.
Die Gerade f ist projizierend. S_f und F_f fallen mit $\bar{f}$ zusammen.
Die Gerade l ist eine Tiefengerade. F_l fällt mit H zusammen.

Die Gerade h ist eine Hauptgerade. S_h und F_h fallen mit dem Fernpunkt von $\overline{h}$ zusammen. Man beachte, daß bei Hauptgeraden die Lage im Raum durch die Angabe des Spurpunkts und Fluchtpunkts allein nicht eindeutig bestimmt ist. Es läßt sich nur sagen, daß h parallel zu $\overline{h}$ verläuft. Um Hauptgeraden genau lokalisieren zu können, sind zusätzliche Angaben nötig (28.8).
Die Lage des Fluchtpunkts F_g einer Geraden g in bezug auf den Distanzkreis beschreibt die Neigung der Geraden bezüglich der Bildebene Π. Je näher der Fluchtpunkt beim Hauptpunkt H liegt, desto größer ist der Neigungswinkel. Liegt F_g auf dem Distanzkreis, so beträgt der Neigungswinkel 45°, liegt F_g im Innern, so ist er größer, außerhalb kleiner als 45°. Liegt das Bild $\overline{P}$ eines Punktes P einer Geraden g zwischen F_g und S_g, so liegen P und das Zentrum Z auf verschiedenen Seiten der Bildebene, liegt P außerhalb der Strecke F_gS_g, so sind P und Z auf derselben Seite, und zwar liegt dann P *vor* einem von Z nach H schauenden Betrachter, wenn $\overline{P}$ näher bei S_g als bei F_g liegt, andernfalls im Rücken. Genauer: S_g teilt die Strecke $\overline{P}F_g$ im gleichen Verhältnis wie die Hauptebene durch P die Strecke HZ.

(28.7) **Darstellung einer Ebene**

Ebenen beschreibt man durch zwei ausgezeichnete Geraden, durch ihre Spur und ihre Fluchtgerade:

Die **Spur** s_Λ einer Ebene Λ (Fig. 28.d) ist die Schnittgerade von Λ mit der Bildebene Π.
Die **Fluchtgerade** f_Λ einer Ebene Λ ist das Bild der Ferngeraden von Λ.

Die Fluchtgerade ist die Gerade, in welcher die Parallelebene zu Λ durch das Zentrum Z, die sog. **Fluchtebene** von Λ, die Bildebene Π schneidet.
Die Spur- und die Fluchtgerade sind zueinander parallel.
Die Fig. 28.e zeigt eine Ebene Λ in allgemeiner Lage, eine projizierende Ebene Σ und eine Tiefenebene Ω. Die projizierende Ebene erscheint als Gerade, s_Σ und f_Σ fallen mit $\overline{\Sigma}$ zusammen. Bei der Tiefenebene geht f_Ω durch den Hauptpunkt $\overline{H}$.

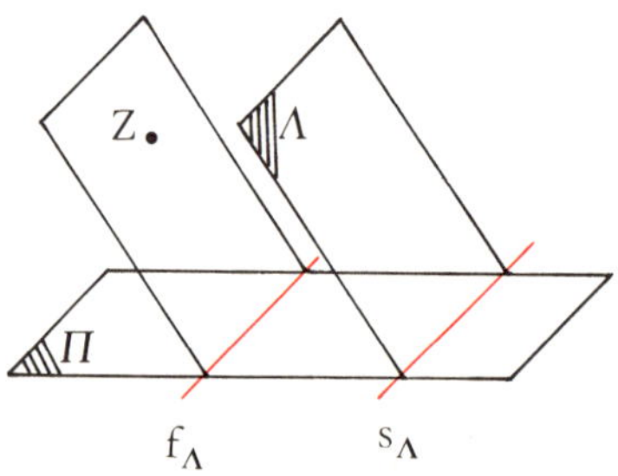

Fig. 28.d

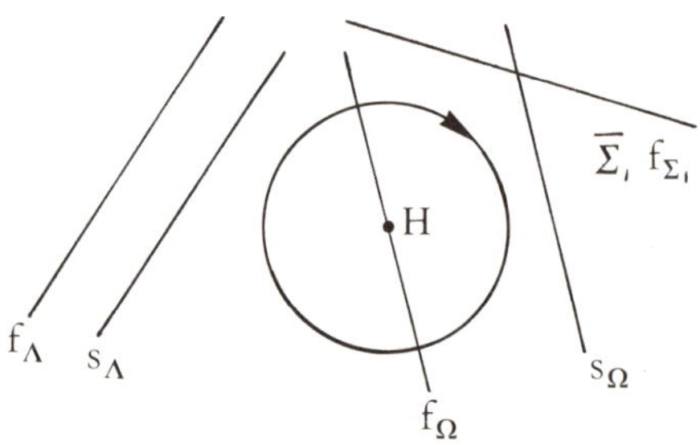

Fig. 28.e

Wie bei den Geraden übe man sich auch hier in der räumlichen Vorstellung: Man vergegenwärtigt sich jeweils die Lage des Zentrums Z und verschiebt die Ebene, aufgespannt durch das Zentrum und die Fluchtgerade, durch die Spur.

Eine Hauptebene kann allein durch ihre Spur und ihre Fluchtgerade, die beide mit der Ferngeraden von Π zusammenfallen, nicht beschrieben werden (28.8).
Die Lage der Fluchtgeraden f_Λ in bezug auf den Distanzkreis beschreibt die Neigung der Ebene Λ bezüglich Π.

(28.8) **Darstellung eines Punktes**

Wie beschreibt man die Lage eines Punktes im Raum? Durch die Angabe des perspektivischen Bildes $\overline{P}$ allein ist ein Punkt P nicht eindeutig bestimmt.
Das bequemste Verfahren, die Lage eines Punktes P eindeutig festzulegen, besteht darin, nicht nur $\overline{P}$ zu zeichnen, sondern gleichzeitig noch irgendeine nichtprojizierende Gerade oder Ebene, die P enthält, anzugeben, eine sog. **Trägergerade** oder **Trägerebene** von P.
Auch Hauptgeraden werden dadurch festgelegt, daß man noch eine sie enthaltende Ebene zeichnet oder einen ihrer Punkte mit Hilfe einer Trägergeraden darstellt. Ebenso Hauptebenen.
Man könnte als Trägerelemente jeweils ausschließlich nur Tiefengeraden und Tiefenebenen verwenden (der Spurpunkt der Tiefengeraden durch einen Punkt P ist die Normalprojektion des Punktes P auf die Bildebene), das ist aber nicht zu empfehlen.
Die Fig. 28.f zeigt einige Beispiele:

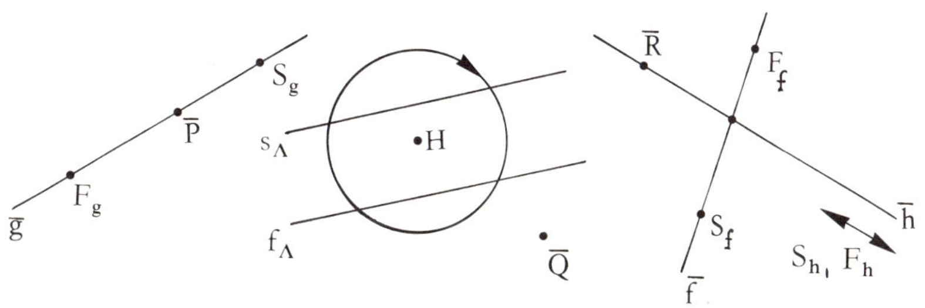

Fig. 28.f

Gemeint ist hier, daß der Punkt P auf der Geraden g liegen soll, ebenso Q in der Ebene Λ und R auf einer die Gerade f schneidenden Hauptgeraden h.
Man verdeutliche sich aber genau, daß allein aus der Zeichnung nicht hervorgeht, ob P wirklich auf g liegt oder nicht usw. P kann ja irgendein Punkt auf $\overline{P}Z$ sein. Erst die zusätzliche Information „P liegt auf g" determiniert die Lage des Punktes P.

Die Grundlage für das perspektivische Konstruieren bilden die folgenden

Fluchtpunkt- und Inzidenzsätze:

(28.9) Zwei Geraden sind genau dann parallel, wenn sie denselben Fluchtpunkt haben (Fig. 28.g).

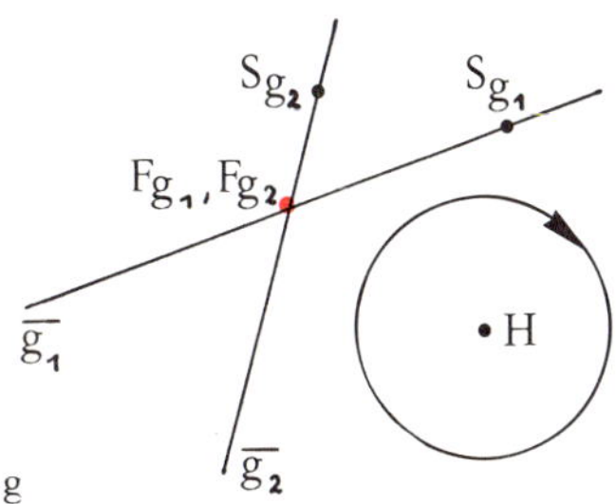

Fig. 28.g

(28.10) Zwei Ebenen sind genau dann parallel, wenn sie dieselbe Fluchtgerade haben (Fig. 28.h).

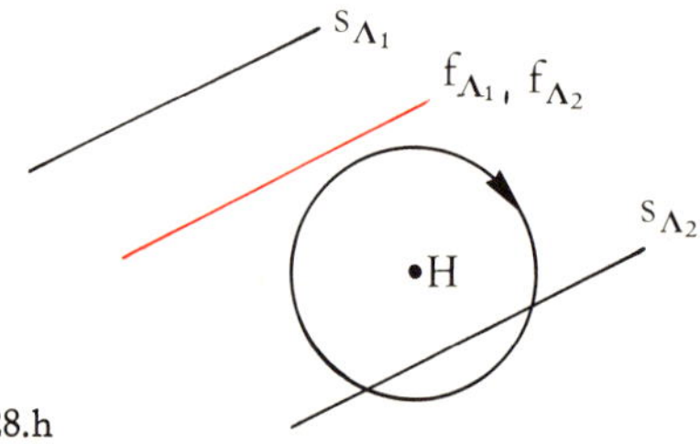

Fig. 28.h

(28.11) Eine Gerade und eine Ebene sind genau dann parallel, wenn der Fluchtpunkt der Geraden auf der Fluchtgeraden der Ebene liegt (Fig. 28.i).

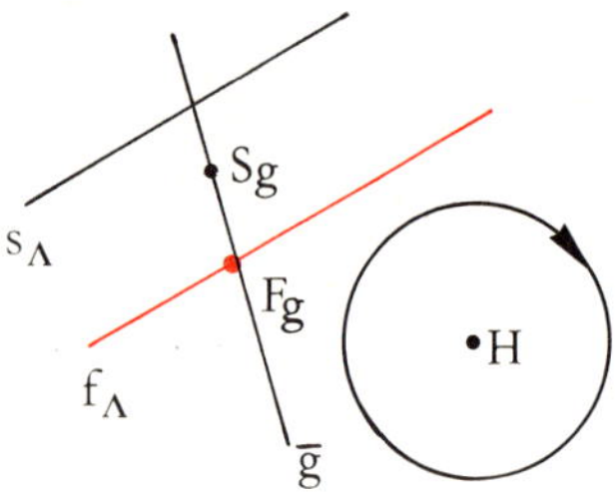

Fig. 28.i

(28.12) Eine Gerade und eine Ebene, die nicht Hauptlage haben, inzidieren genau dann, wenn der Fluchtpunkt der Geraden auf der Fluchtgeraden der Ebene und der Spurpunkt der Geraden auf der Spur der Ebene liegen (Fig. 28.k).

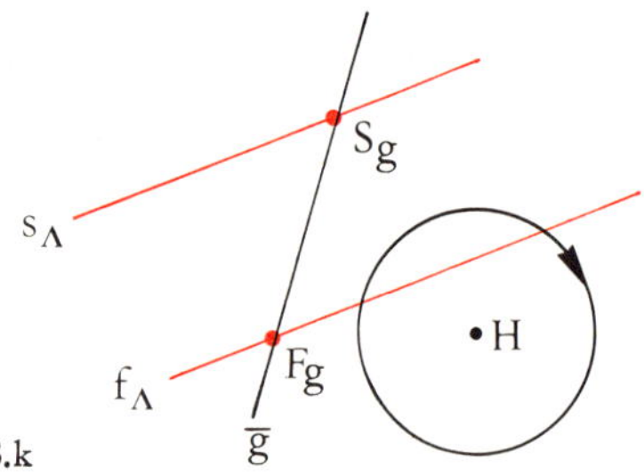

Fig. 28.k

Das Bild einer Hauptgeraden einer Ebene ist parallel zur Spur und zur Fluchtgeraden der Ebene (Fig. 28.l).

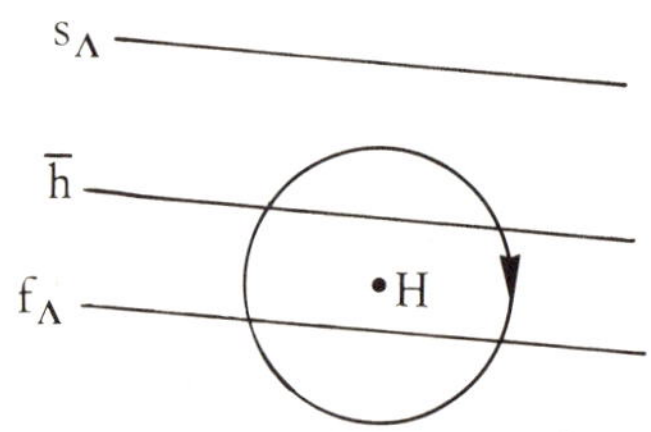

Fig. 28.l

(28.13) Zwei Geraden, die nicht Hauptlage haben, schneiden sich, d. h. sind nicht windschief, genau dann, wenn es in der Bildebene ein Parallelenpaar gibt, so daß die Fluchtpunkte der beiden Geraden auf der einen, und die Spurpunkte auf der anderen Parallelen liegen (Fig. 28.m).

Die beiden Parallelen sind die Fluchtgerade und die Spur der durch die beiden Geraden aufgespannten Ebene. Der Schnittpunkt $\overline{P}$ der Bilder $\overline{g_1}$ und $\overline{g_2}$ der Geraden g_1 und g_2 ist das Bild des Schnittpunkts P der Geraden.

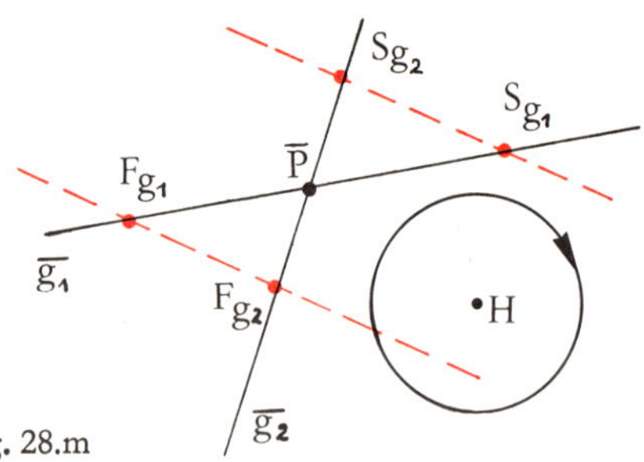

Fig. 28.m

29. Grundkonstruktionen, 1. Teil

(29.1) **Die Schnittgerade zweier Ebenen**

Gegeben: Ebene Φ (s_Φ, f_Φ)
Ebene Λ (s_Λ, f_Λ)

(Die Klammern zeigen die Stücke an, durch welche die Ebenen gegeben sind).

Gesucht: Schnittgerade g von Φ und Λ (Fig. 29.a).

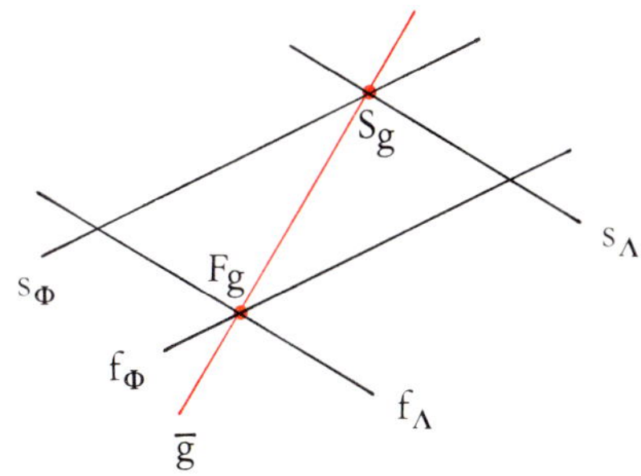

Fig. 29.a

Der Spurpunkt S_g der Geraden g ist der Schnittpunkt der Spuren der Ebenen Φ und Λ, der Fluchtpunkt F_g von g ist der Schnittpunkt der Fluchtgeraden von Φ und Λ. Häufig kommt es in der Praxis vor (z. B. bei Schattenkonstruktionen), daß schon ein gemeinsamer Punkt der beiden Ebenen bekannt ist. Dann benötigt man die Ebenenspuren für die Konstruktion von $\overline{g}$ nicht; man verbindet dann einfach das Bild des gegebenen Punktes mit dem Schnittpunkt der Fluchtgeraden.

(29.2) **Der Schnittpunkt einer Geraden mit einer Ebene**

Gegeben: Gerade g (S_g, F_g)
Ebene Λ (s_Λ, f_Λ).

Gesucht: Schnittpunkt D von g und Λ (Fig. 29.b).

Man legt eine Hilfsebene Δ durch die Gerade g, schneidet Δ mit der Ebene Λ und schneidet die Schnittgerade der beiden Ebenen mit g.

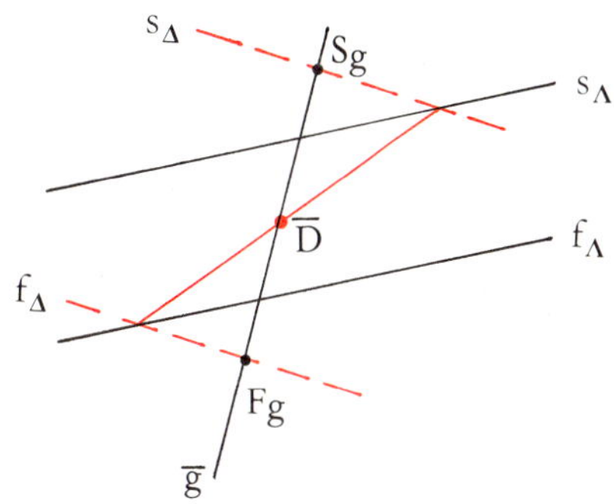

Fig. 29.b

Es soll jeweils dem Leser überlassen bleiben, die Dispositionen dieser Grundaufgaben zu modifizieren. Hier soll nur das Grundsätzliche für den allgemeinen Fall dargestellt werden.

Zum Beispiel könnte in der Fig. 29.b die Gerade g eine Hauptgerade sein. Man muß natürlich dann die Lage von g genau vorgeben, z. B. mit Hilfe einer Geraden l, welche von g geschnitten wird. Die Fig. 29.c zeigt einen solchen Fall. Als Hilfsebene Δ nimmt man hier die Ebene gl; ihre Spur und ihre Fluchtgerade verlaufen parallel zu $\overline{g}$ durch S_l und F_l. Oder Λ könnte eine Hauptebene sein, gegeben durch ihren Schnittpunkt P mit einer Geraden p (Fig. 29.d). Dann konstruiert man die Parallele g_1 zu g durch P und schneidet in der Ebene $\Delta = gg_1$ die Hauptgerade durch P mit g.

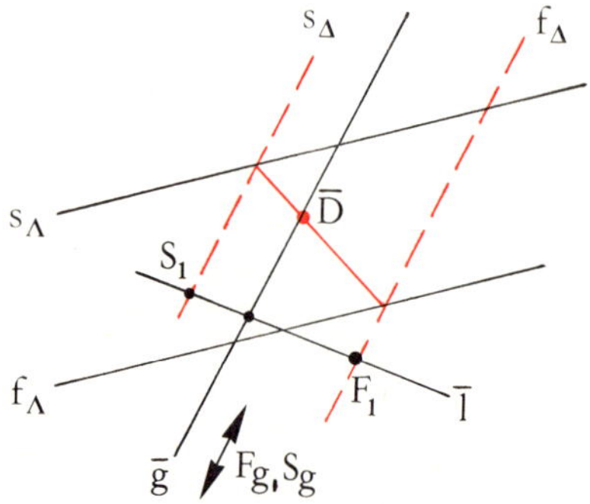

Fig. 29.c

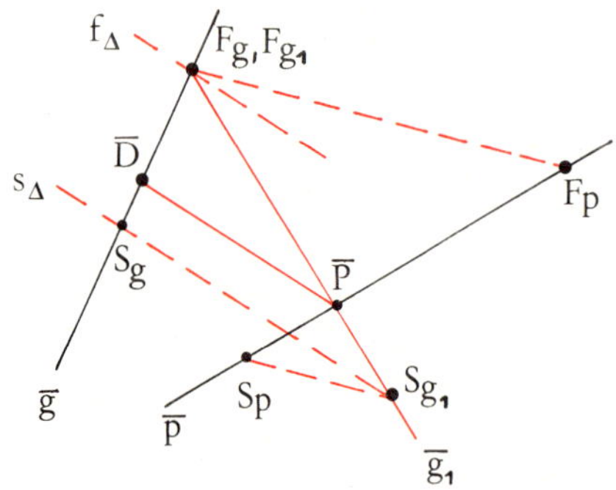

Fig. 29.d

(29.3) Die Gerade durch zwei Punkte

Die Aufgabe, in einer perspektivischen Zeichnung die Verbindungsgerade zweier Punkte zu konstruieren, besteht jeweils nicht nur darin, die Bilder der beiden Punkte zu verbinden. Man soll, um weitere, daran anschließende Konstruktionen möglich zu machen, auch den Spurpunkt und den Fluchtpunkt der Verbindungsgeraden konstruieren.

Gegeben: Punkt P (auf einer Geraden p)
Punkt Q (auf einer Geraden q).

Gesucht: Gerade l durch P und Q (Fig. 29.e).

Man legt durch P die Parallele q_1 zu q: Der Fluchtpunkt F_{q_1} fällt mit F_q zusammen und der Spurpunkt S_{q_1} liegt auf der Parallelen zu $F_{q_1}F_p$ durch S_p. Die Ebene $\Delta = q_1 q$ geht dann durch P und Q und enthält somit l.

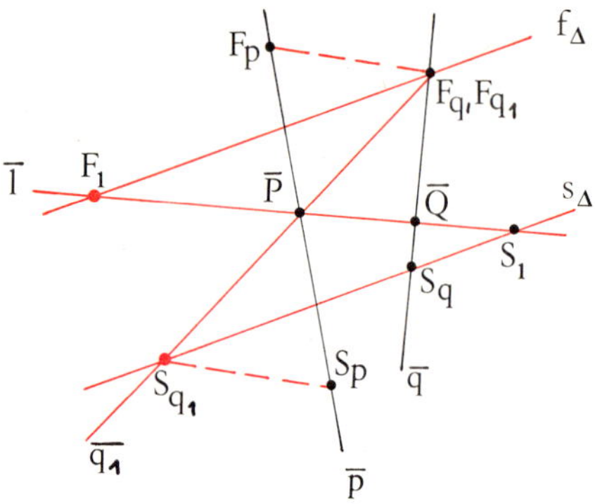

Fig. 29.e

(29.4) Streckenteilung

Gegeben sind auf einer Geraden g drei Punkte A, B, P. Wie bestimmt man das Verhältnis, in welchem P die Strecke AB teilt?
Man legt durch g eine beliebige Ebene Λ (Fig. 29.f). In der Ebene Λ wählt man eine Hauptgerade h und projiziert in Λ die Punkte A, B, P von einem beliebigen Fernpunkt U aus auf die Gerade h in die Punkte A*, B*, P*. Die Geraden AA*, BB*, PP* sind in Wirklichkeit parallel. Darum überträgt sich das Teilverhältnis von g auf h und kann wegen (28.4) auf $\overline{h}$ abgelesen werden: $\overline{P^*}$ teilt die Strecke $\overline{A^*}\,\overline{B^*}$ im gleichen Verhältnis wie P die Strecke AB. Man beachte noch, daß bei dieser Konstruktion der Spurpunkt S_g und die Spur s_Λ nicht gebraucht werden.
Auf diese Weise können Teilverhältnisse sichtbar gemacht werden und Strecken geteilt werden. Die Fig. 29.g zeigt, wie man eine auf einer Geraden g gegebene Strecke AB halbiert. In der Fig. 29.h wird auf einer Geraden g, ausgehend von einer gegebenen Einheitsstrecke AB, ein sog. perspektiver Maßstab abgetragen.

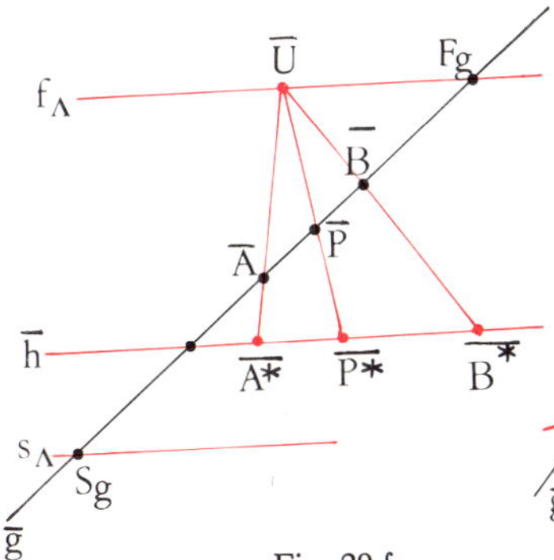

Fig. 29.f

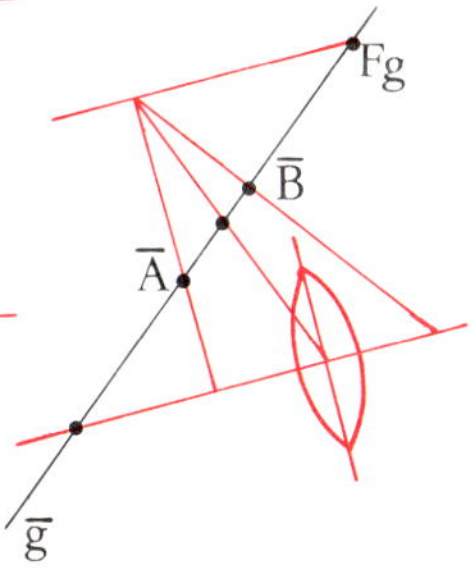

Fig. 29.g

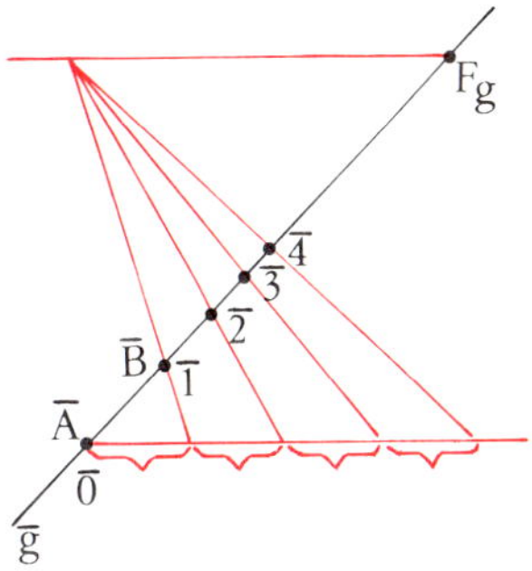

Fig. 29.h

Daß das perspektivische Konstruieren gar nicht schwierig ist, wenn man sich an die Grundregeln gewöhnt hat, zeigt die folgende

(29.5) **Anwendung:**

Gegeben sind drei Geraden a, b, c. Gesucht sind auf a ein Punkt A, auf b ein Punkt B und auf c ein Punkt C, so daß B die Mitte der Strecke AC wird (Fig. 29.i).
Das ist die Aufgabe (7.2), jetzt in perspektivischer Manier.

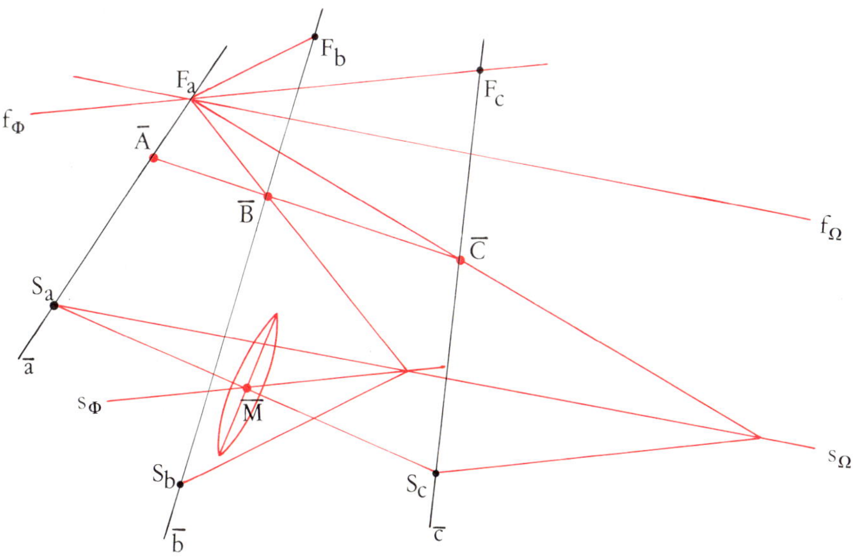

Fig. 29.i

Man folge dem Lösungsprogramm (7.2). Einen Punkt M der Mittelparallelebene Φ der Parallelebenen durch a und c bekommt man sofort auf der (Haupt-)Geraden S_aS_c. Dann kann man die Fluchtgerade und die Spur der Ebene Φ konstruieren, ohne daß man wie früher die Parallelen a_1 und c_1 zu a und c durch M einzuzeichnen braucht. Beim Schnitt der Ebene Φ mit b und beim Schnitt der Ebene $\Omega = aB$ mit c können als Hilfsebenen die Parallelebenen zu a genommen werden. Zum Schluß kontrolliere man gemäß (29.4) das Teilverhältnis der drei Punkte A, B, C.

Ein unvermeidbarer Nachteil der Spurpunkt-Fluchtpunkt Methode besteht darin, daß die bei den Konstruktionen benötigten Spur- und Fluchtelemente bei flach liegenden Geraden und Ebenen oft nicht aufs Zeichnungsblatt fallen. Man ist dann gezwungen, die nicht zugänglichen Punkte mittels Hilfskonstruktionen miteinzubeziehen (32.6). Manchmal kann man die Situation einfach dadurch verbessern, daß man die ganze Zeichnung in verkleinertem Maßstab nochmals zeichnet.

Einige **Übungen:**

(Man zeichne jeweils, wenn nichts anderes gesagt wird, die gegebenen Geraden und Ebenen in allgemeiner Lage. Punkte sollen mittels einer Trägergeraden oder einer Trägerebene, Hauptgeraden mittels einer Trägerebene, Hauptebenen durch einen ihrer Punkte mittels einer Trägergeraden vorgegeben werden.)

(29.6) Gegeben sind zwei Ebenen Φ, Ψ und in Φ ein Punkt P. Man konstruiere in Φ die Gerade durch P, welche zu Ψ parallel ist.

(29.7) Gegeben sind eine Gerade g und ein Punkt Q. Gesucht ist die Parallele zu g durch Q.

(29.8) Gegeben sind eine Ebene Λ und ein Punkt Q. Gesucht ist die Parallelebene zu Λ durch Q. (Man verwendet eine zu Λ parallele Hilfsgerade durch Q.)

(29.9) Gegeben sind eine Gerade und eine Hauptgerade. Wie stellt man fest, ob sich die beiden Geraden schneiden?

(29.10) Man schneide eine Ebene mit einer Hauptebene.

(29.11) Gegeben sind eine Gerade a und ein Punkt B. Man konstruiere die Ebene, welche durch a und B aufgespannt wird.

(29.12) Gegeben sind drei Punkte. Gesucht ist die durch sie aufgespannte Ebene.

(29.13) Gegeben ist eine Gerade g. Man konstruiere die Normalprojektion von g auf die Bildebene. (Man legt die Tiefenebene durch g.)

30. Grundkonstruktionen, 2. Teil (Lotfluchtpunkt, Lotfluchtgerade)

Wenn eine Gerade g und eine Ebene Λ aufeinander senkrecht stehen (Fig. 30.a), so stehen der Fluchtstrahl ZF_g der Geraden und die Fluchtebene Zf_Λ der Ebene auch aufeinander senkrecht. Und die Tiefenebene, welche durch das Zentrum Z und den Fluchtpunkt F_g der Geraden geht, steht senkrecht auf der Fluchtgeraden f_Λ der Ebene. Wird dann das rechtwinklige Dreieck, gebildet durch die Punkte Z, F_g und den Fußpunkt des Lotes vom Hauptpunkt H auf f_Λ, um dieses Lot in die Bildebene Π umgelegt, so kommt Z auf den Distanzkreis zu liegen (Fig. 30.b).

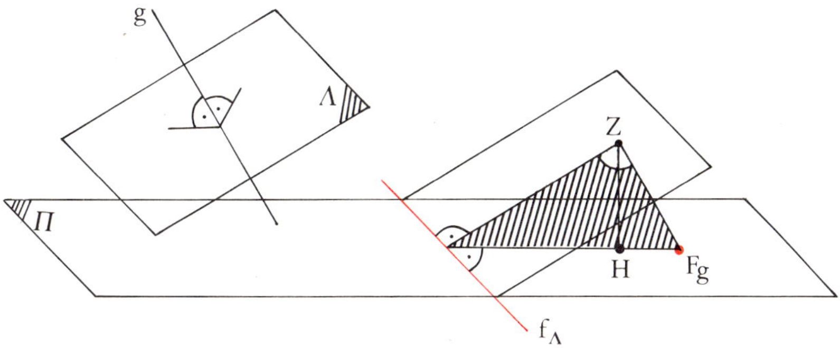

Fig. 30.a

(30.1) **Definition:**

Der **Lotfluchtpunkt einer Ebene** ist der Fluchtpunkt aller Geraden, welche auf der Ebene senkrecht stehen.
Die **Lotfluchtgerade einer Geraden** ist die Fluchtgerade aller Ebenen, welche auf der Geraden senkrecht stehen.

Das heißt auch:

(30.2) Durch den Lotfluchtpunkt einer Ebene Λ gehen die Fluchtgeraden aller Ebenen, die zu Λ normal sind.

(30.3) Auf der Lotfluchtgeraden einer Geraden g liegen die Fluchtpunkte aller Geraden, die zu g normal sind.

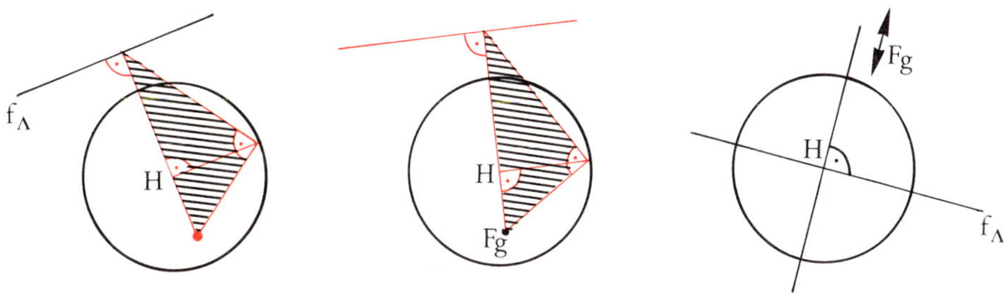

Fig. 30.b

Die Fig. 30.b zeigt, wie man mit Hilfe des umgelegten Dreiecks, ausgehend von der Fluchtgeraden f_Λ der Ebene Λ, den Lotfluchtpunkt von Λ konstruiert, rsp. umgekehrt, ausgehend vom Fluchtpunkt F_g der Geraden g, die Lotfluchtgerade von g.
Man beachte speziell den Fall einer Tiefenebene rsp. einer Hauptgeraden.

Die Grundkonstruktionen mit Normalen verlaufen folgendermaßen:

(30.4) **Konstruktion der Normalen zu einer gegebenen Ebene durch einen gegebenen Punkt**

Gegeben: Ebene Λ
Punkt P (auf einer Geraden p)

Gesucht: Normale n zu Λ durch P (Fig. 30.c).

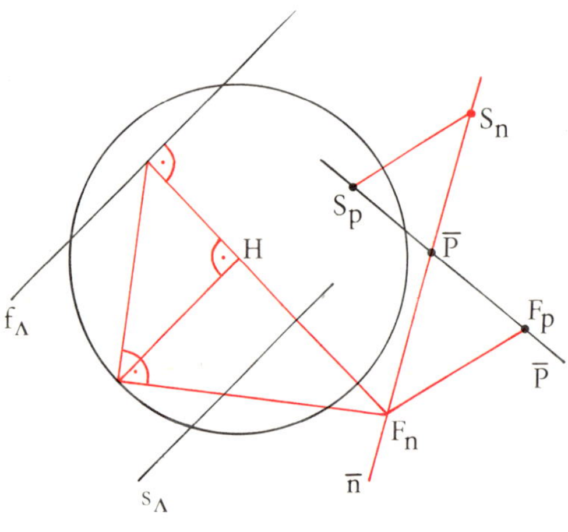

Fig. 30.c

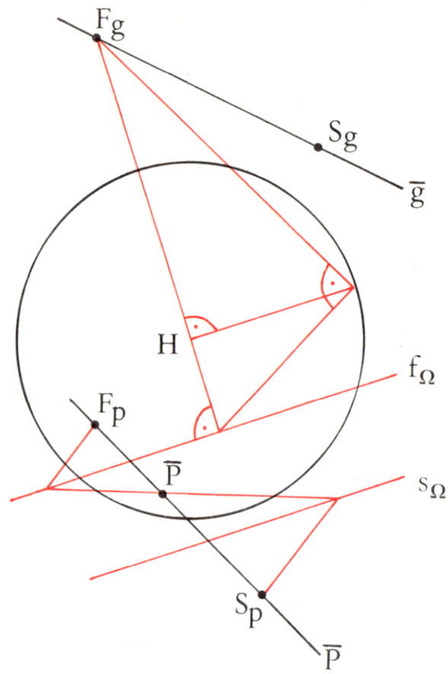

Fig. 30.d

(30.5) **Konstruktion der Normalebene zu einer gegebenen Geraden durch einen gegebenen Punkt**

Gegeben: Gerade g
Punkt P (auf einer Geraden p)

Gesucht: Normalebene Ω zu g durch P (Fig. 30.d).

Konstruktionsaufgaben mit Normalen bieten weiter keine Schwierigkeiten. Sie brauchen Platz, da sich immer ein Teil der Konstruktion außerhalb des Distanzkreises abspielt.

Die Fig. 30.e zeigt noch die Konstruktion von Fallgeraden einer Ebene. Die Fallgeraden einer Ebene Δ (bezüglich der Bildebene) stehen senkrecht auf den Hauptgeraden von Δ. Die Lotfluchtgerade einer Hauptgeraden h ist die Senkrechte zu $\overline{h}$ durch den Hauptpunkt H. Der Fußpunkt des Lotes von H auf f_Δ ist der Fluchtpunkt der Fallgeraden der Ebene.

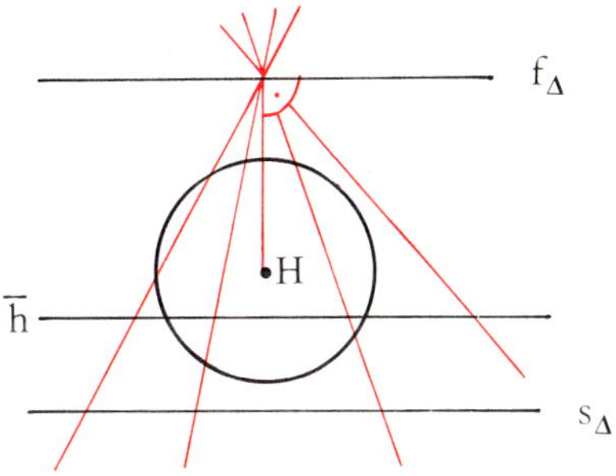

Fig. 30.e

Anwendung:

Konstruktion der kürzesten Transversalen zweier windschiefer Geraden. Vergleiche (8.6). Gegeben sind die Geraden a und b. Gesucht ist die kürzeste Transversale n von a und b (Fig. 30.f).

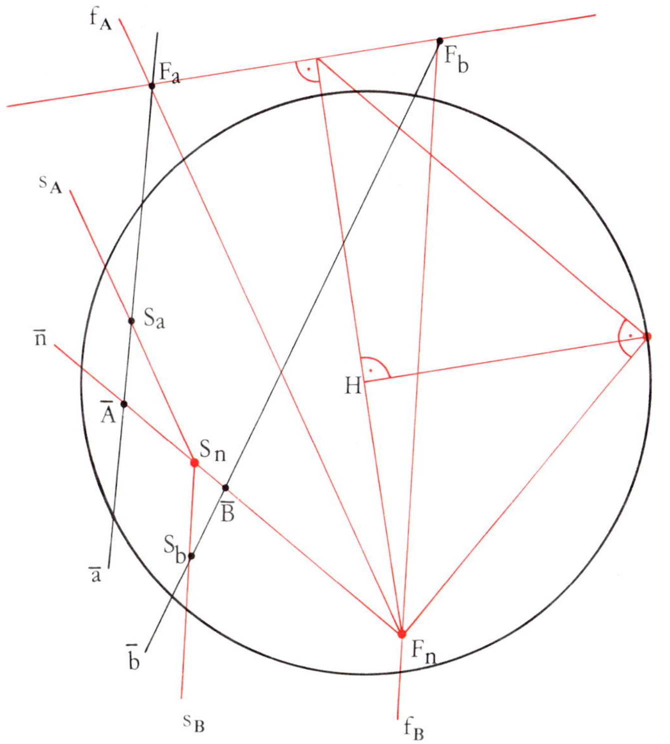

Fig. 30.f

Beschreibung der Konstruktion:

1) Der Fluchtpunkt F_n der gesuchten Transversalen ist der Lotfluchtpunkt der zu a und b parallelen Ebenen.
2) Die Ebenen A = an und B = bn aufspannen.
3) A und B schneiden. Der Schnittpunkt der Spuren s_A und s_B ist der Spurpunkt S_n der gesuchten Transversalen.

31. Grundkonstruktionen, 3. Teil (Meßpunkt, Meßkreis)

(31.1) **Definition:**

Die **Meßpunkte einer Ebene** Λ (Fig. 31.a) sind die beiden Punkte in der Bildebene Π, welche auf der Senkrechten vom Hauptpunkt H auf die Fluchtgerade f_Λ von Λ liegen und von f_Λ den gleichen Abstand haben wie das Zentrum Z.
Man bezeichnet sie mit M_Λ ($M_\Lambda{}^*$ und $M_\Lambda{}^{**}$).

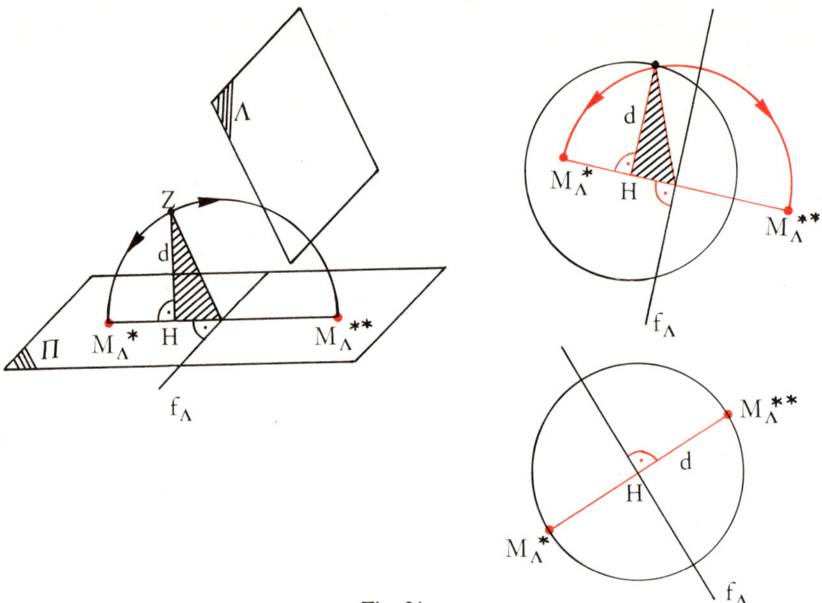

Fig. 31.a

Parallele Ebenen haben dieselben Meßpunkte.
Die Fig. 31.a zeigt, wie in der Bildebene Π die Meßpunkte einer Ebene mit Hilfe des Distanzkreises konstruiert werden.
Ist die Ebene Λ eine Tiefenebene, so liegen ihre Meßpunkte auf dem Distanzkreis. Man nennt dann die Meßpunkte auch **Distanzpunkte.** Bei Hauptebenen ist der Hauptpunkt H der Meßpunkt.

(31.2) **Definition:**

Der **Meßkreis einer Geraden g** (Fig. 31.b) ist der Kreis in der Bildebene Π um den Fluchtpunkt F_g von g, dessen Radius gleich der Entfernung des Fluchtpunkts vom Zentrum Z ist.

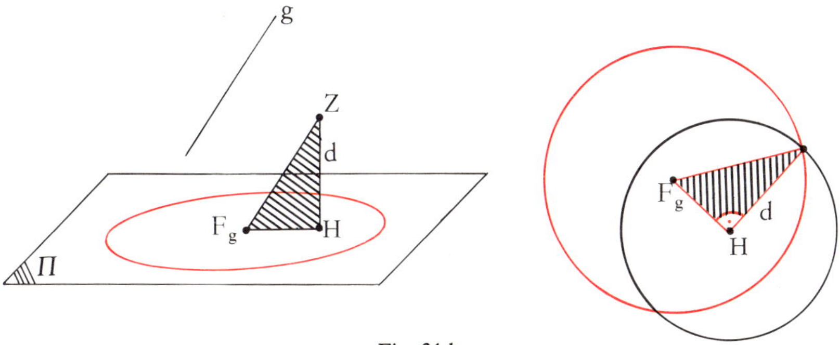

Fig. 31.b

Parallele Geraden haben denselben Meßkreis.
Der Meßkreis der Tiefengeraden fällt zusammen mit dem Distanzkreis. Bei einer Hauptgeraden h artet der Meßkreis aus in die Gerade senkrecht zu $\overline{h}$ durch den Hauptpunkt H.

Die Fig. 31.c zeigt noch, daß die Meßkreise aller Geraden einer Ebene Λ durch die Meßpunkte von Λ gehen.

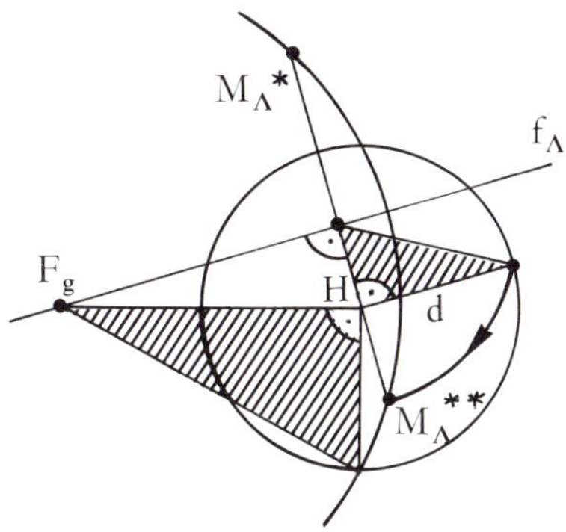

Fig. 31 c

Bei den folgenden drei wichtigen Grundaufgaben spielen Meßpunkte rsp. Meßkreise eine Rolle:
Bei der Konstruktion des Winkels zwischen zwei Geraden (31.3).
Beim Längenvergleich von Strecken (31.7).
Beim Umklappen einer Ebene (31.12).

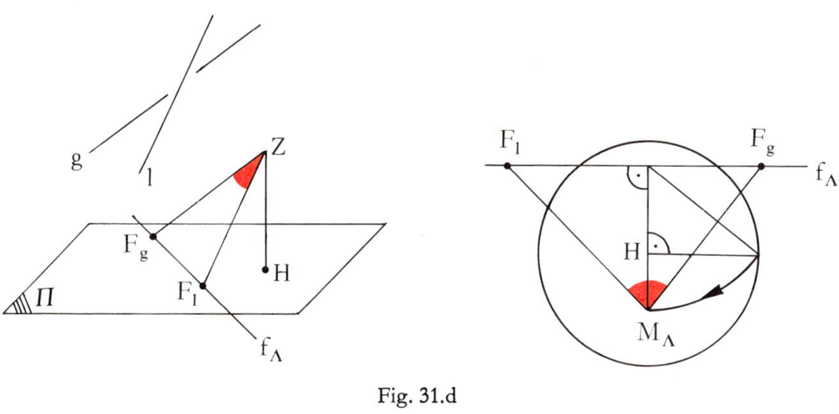

Fig. 31.d

(31.3) **Der Winkel zwischen zwei Geraden**

Der Winkel zwischen zwei Geraden g und l (Fig. 31.d) ist gleich dem Winkel zwischen ihren Fluchtstrahlen ZF_g und ZF_l. Es sei Λ eine Ebene parallel zu g und l. Ihre Fluchtgerade f_Λ geht dann durch die Fluchtpunkte F_g und F_l der beiden Geraden. Klappt man das Dreieck F_gZF_l um f_Λ in die Bildebene Π um, so geht das Zentrum Z über in einen der Meßpunkte M_Λ der Ebene Λ.

Satz:

Die wahre Größe des Winkels zwischen zwei Geraden ermittelt man auf die folgende Weise: Man konstruiert einen der Meßpunkte der Ebenen, welche zu beiden Geraden parallel sind (die Verbindungsgerade der Fluchtpunkte der Geraden ist die Fluchtgerade dieser Ebenen), und verbindet ihn mit den Fluchtpunkten der beiden Geraden.

Übung (31.4):

In einer Ebene ist ein Dreieck gegeben. Man bestimme die wahre Größe seiner Winkel.

Übung (31.5):

Man konstruiere die Winkelhalbierenden zweier sich schneidender Geraden.

Übung (31.6):

Gegeben sind zwei Ebenen. Welchen Winkel schließen sie ein? (Man konstruiert den Winkel, den ihre Normalen einschließen.)

(31.7) **Längenvergleich bei Strecken**

Strecken behalten bei einer Zentralprojektion im allgemeinen ihre Längen nicht. Auch wenn eine Strecke Hauptlage hat, kann man ihre Länge nicht einfach aus der perspektivischen Zeichnung herausmessen, denn die Verzerrung einer Hauptgeraden h ist abhängig vom Abstand, welchen die Hauptebene durch h vom Projektionszentrum hat.

Satz:

Die Länge einer in einer Hauptebene Σ liegenden Strecke AB (Fig. 31.e) verhält sich zum Abstand des Projektionszentrums Z von der Ebene Σ wie die Länge der Bildstrecke $\overline{A}\,\overline{B}$ zur Distanz d des perspektivischen Bildes.

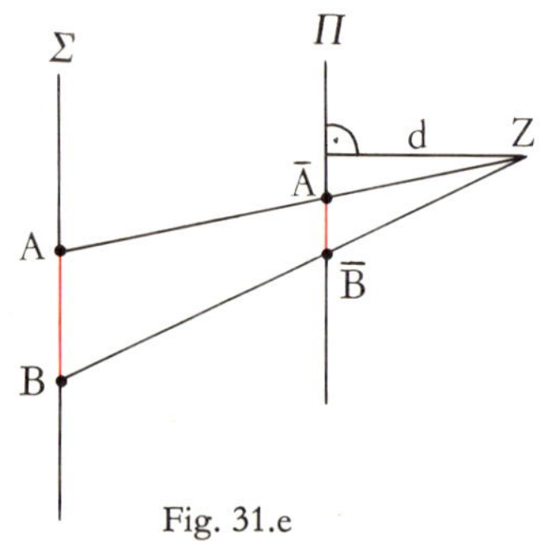

Fig. 31.e

Dabei kann die perspektivische Zeichnung natürlich in beliebigem Maßstab gezeichnet sein.

Wie vergleicht man die Längen irgend zweier Strecken?

a) Zwei Strecken AB und CD in einer gemeinsamen Hauptebene Φ (Fig. 31.f) sind genau dann gleich lang, wenn ihre Bilder $\overline{A}\,\overline{B}$ und $\overline{C}\,\overline{D}$ gleich lang sind.

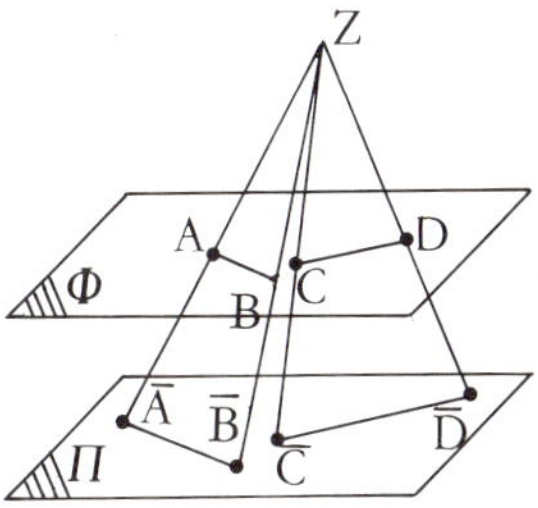

Fig. 31.f

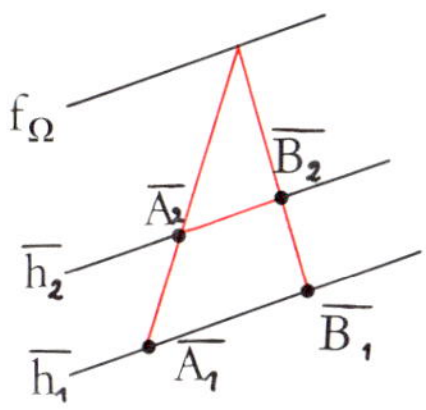

Fig. 31.g

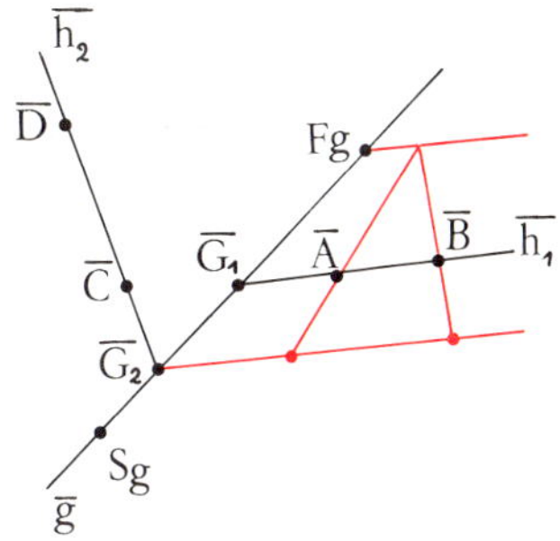

Fig. 31.h

b) Die Fig. 31.g zeigt, wie man eine auf einer Hauptgeraden h_1 einer Ebene Ω liegende Strecke A_1B_1 überträgt auf eine andere Hauptgerade h_2 derselben Ebene. Das Viereck $A_1B_1B_2A_2$ ist in Wirklichkeit ein Parallelogramm.

c) Daraus ergibt sich, wie man die Längen zweier Strecken vergleicht, welche beide Hauptlage haben aber in verschiedenen Hauptebenen liegen (Fig. 31.h). Die Strecke AB liege auf einer Hauptgeraden h_1, die Strecke CD auf einer Hauptgeraden h_2, und die beiden Hauptgeraden sollen eine gegebene Gerade g in den Punkten G_1 und G_2 schneiden. Man verschiebt AB in der Ebene h_1g auf die Hauptgerade, welche durch G_2 geht.

d) **Eine Gerade drehen, bis sie Hauptlage hat**

Hat eine Strecke AB nicht Hauptlage, so muß man sie, damit man sie mit anderen Strecken vergleichen kann, zuerst in Hauptlage drehen.

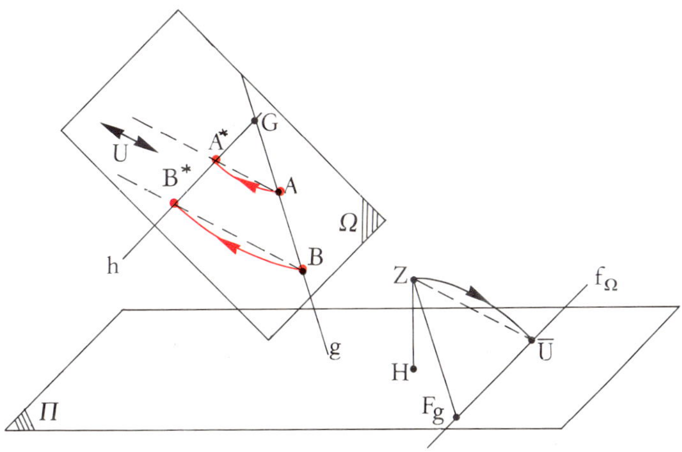

Fig. 31.i

Gegeben sei eine nichtprojizierende Gerade g (Fig. 31.i). Und es sei h eine beliebige, die Gerade g schneidende Hauptgerade. Dreht man in der Ebene $\Omega = gh$ die Gerade g um den Schnittpunkt G von g und h, bis g mit h zusammenfällt, so liegen ineinanderübergehende Punkte auf parallelen Verbindungssehnen. Die Abbildung: $A \to A^*$ der Geraden g auf die Gerade h ist eine Parallelprojektion in Ω. Es sei U der zugehörige Fernpunkt. Im

perspektivischen Bild wird aus dieser Parallelprojektion eine Zentralprojektion von $\overline{g}$ auf $\overline{h}$ mit dem Bild $\overline{U}$ des Punktes U als Projektionszentrum. $\overline{U}$ liegt auf der Fluchtgeraden f_Ω von Ω und, wegen der Ähnlichkeit der gleichschenkligen Dreiecke $\overline{U}F_gZ$ und A^*GA, auf dem Meßkreis von g.
Die Fig. 31.k zeigt, was sich in der Bildebene Π abspielt.

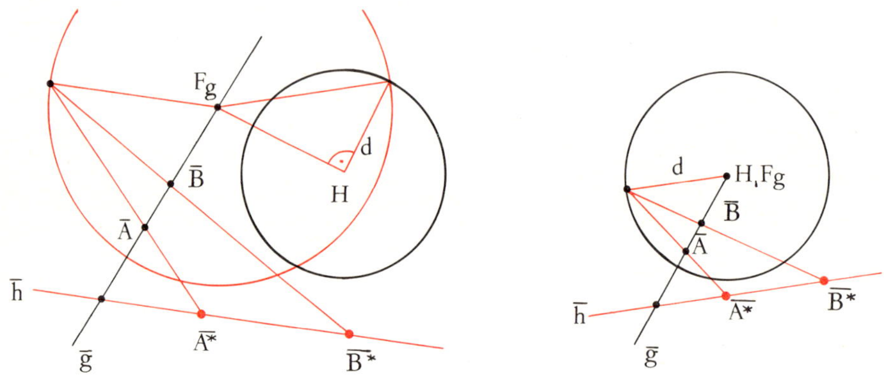

Fig. 31.k

(31.8) **Satz:**

Eine nichtprojizierende Gerade g wird folgendermaßen in Hauptlage gedreht: Man wählt eine Hauptgerade h, welche die Gerade g schneidet, konstruiert den Meßkreis von g und schneidet ihn mit der Parallelen zu $\overline{h}$ durch den Fluchtpunkt F_g von g. Dann projiziert man $\overline{g}$ vom Schnittpunkt aus auf $\overline{h}$. Jede Strecke AB auf g geht dabei in eine gleichlange Strecke A^*B^* auf h über.

Ist g eine Tiefengerade, so vereinfacht sich die Konstruktion, da dann der Meßkreis der Distanzkreis ist.

Die Gerade $\overline{h}$ bezeichnet man als eine **Meßlinie**. Liegt g in einer Ebene Δ, von der ein Meßpunkt M_Δ schon konstruiert ist, so wählt man, da M_Δ dann zum Meßkreis von g gehört, mit Vorteil die Meßlinie $\overline{h}$ parallel zu F_gM_Δ.

Man beachte noch, daß in der Fig. 31.l die Strecke P_1Q_1 halb so lang ist wie die Strecke P_2Q_2, wenn U_1F halb so lang ist wie U_2F. Ist die Distanz d einer perspektivischen Zeichnung allzugroß, so kann man die Konstruktion der Fig. 31.k auf diese Weise reduziert durchführen.

Damit sind wir in der Lage, eine auf einer beliebigen Geraden gegebene Strecke auf eine beliebige andere Gerade zu übertragen.

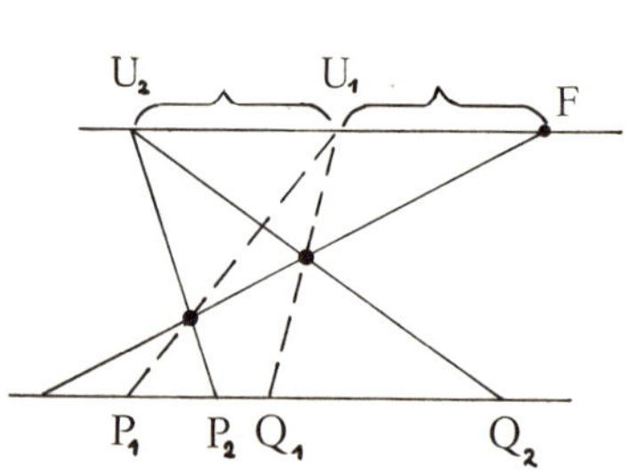

Fig. 31.l

Übung (31.9):

Gegeben ist in einer Hauptebene ein Quadrat ABCD. Man konstruiere einen Würfel mit diesem Quadrat als Seitenfläche (Fig. 31.m).

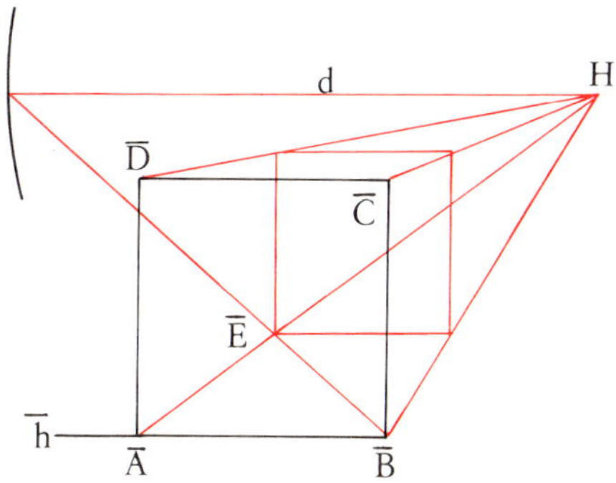

Fig. 31.m

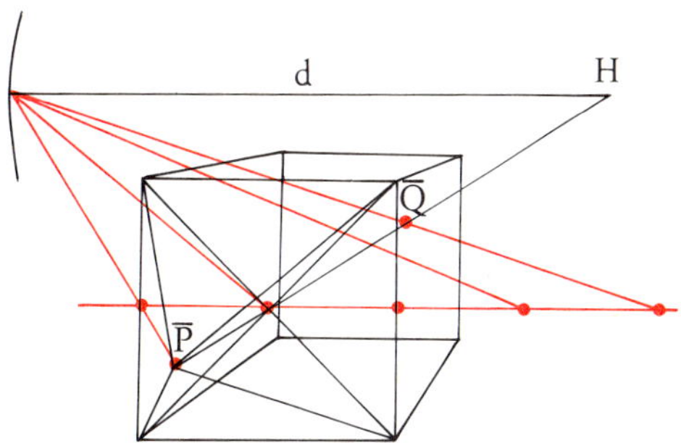

Fig. 31.n

Die auf der gegebenen Seitenfläche senkrecht stehenden Würfelkanten sind Tiefengeraden. Übertragen der Kantenlänge von der Hauptgeraden h gemäß Fig. 31.k. Die der Seitenfläche ABCD gegenüberliegende Seitenfläche hat auch Hauptlage, erscheint auch als Quadrat.

Ist umgekehrt das Bild eines so auf einer Hauptebene stehenden Würfels gegeben, so kann aus der Zeichnung sofort der Hauptpunkt H und die Distanz d der Perspektive abgelesen werden.

Nun ergänze man den Würfel noch durch Aufsetzen von Pyramiden auf die Seitenflächen zu einem Rhombendodekaeder wie bei (2.2). In der Fig. 31.n sind nur die Pyramidenspitzen P und Q konstruiert, welche auf der Tiefengeraden durch die Mittelpunkte der Seitenflächen liegen, welche Hauptlage haben. Die Konstruktion der übrigen Pyramiden ist einfach, da ihre Höhen in einer Hauptebene abzutragen sind.
Man stelle auf diese Weise, wie bei (2.4), auch noch ein reguläres Ikosaeder dar.

Übung (31.10):

Man zeichne wie bei (31.9) eine Frontansicht eines Würfels und trage auf einer der Würfeldiagonalen von einer Ecke aus die Würfelkante ab.

Übung (31.11):

Gegeben sind eine Ebene Δ und ein Punkt P (auf einer Geraden p). Man bestimme den Abstand des Punktes von der Ebene (Fig. 31.o).

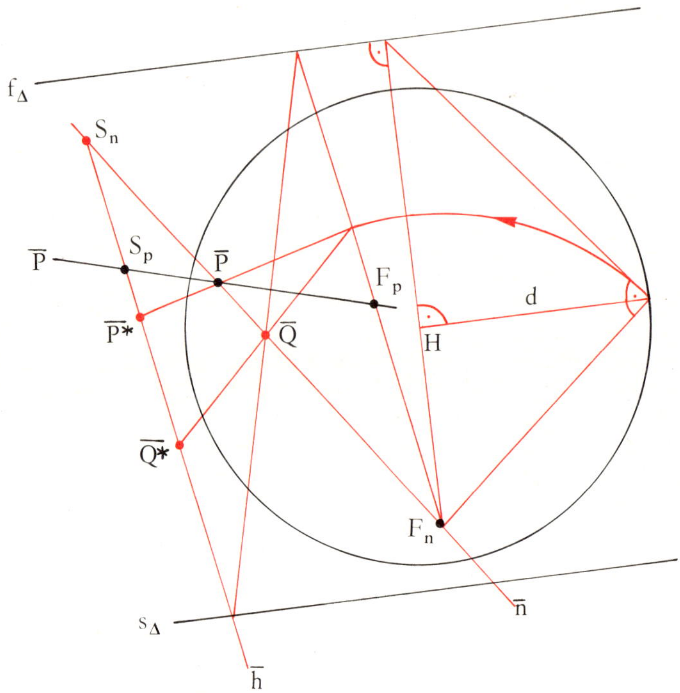

Fig. 31.o

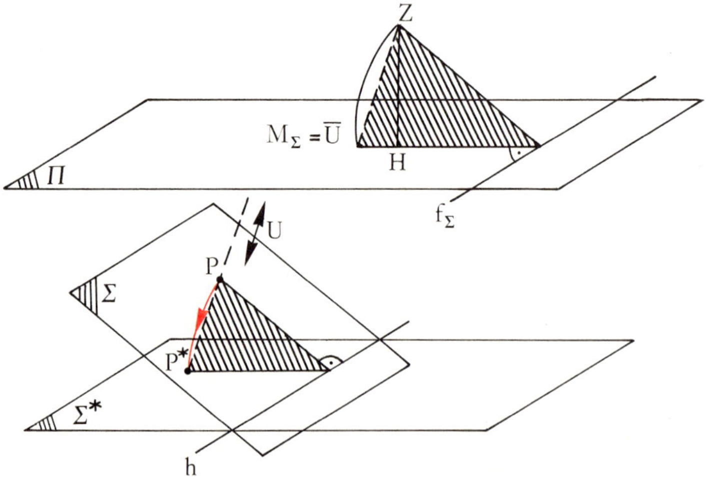

Fig. 31.p

(31.12) **Umklappen einer Ebene**

Um die wahre Form einer ebenen Figur zu bestimmen oder um in einer Ebene leicht konstruieren zu können, klappt man die Ebene in Hauptlage bezüglich der Bildebene um.

Es sei Σ eine nichtprojizierende Ebene und h eine ihrer Hauptgeraden (Fig. 31.p). Bei der Umklappung der Ebene Σ um h in die Hauptebene Σ^* gehe der Punkt P von Σ über in den Punkt P*. Die Abbildung: $P \to P^*$ ist eine Zentralkollineation der Ebene Σ auf die Ebene Σ^* mit einem Fernpunkt U als Kollineationszentrum; h ist die Achse. Das perspektivische Bild $\overline{U}$ des Punktes U ist wegen der Ähnlichkeit der schraffierten, gleichschenkligen Dreiecke gerade der Meßpunkt M_Σ der Ebene Σ; je nachdem, auf welche Seite die Ebene Σ gedreht wird, ist es der eine oder der andere. Nach (21.5) geht die räumliche Zentralkollineation bei der Perspektive über in eine Zentralkollineation: $\overline{P} \to \overline{P^*}$ in der Bildebene Π, mit dem Kollineationszentrum M_Σ und der Achse $\overline{h}$. Wir bestimmen noch die Verschwindungsgerade dieser Zentralkollineation in Π: Die Punkte, die in die Fernpunkte abgebildet werden, sind die Bilder der Fernpunkte von Σ, denn bei der räumlichen Parallelprojektion gehen die Fernpunkte von Σ über in die Fernpunkte von Σ^*. Die Fluchtgerade f_Σ der Ebene Σ ist somit die Verschwindungsgerade der Zentralkollineation: $\overline{P} \to \overline{P^*}$. Um Verwirrungen zu vermeiden, betrachtet man besser immer die inverse Abbildung: $\overline{P^*} \to \overline{P}$; dann spielt f_Σ die Rolle der *Flucht*geraden. Die Fig. 31.q zeigt, was sich in der Bildebene Π abspielt.

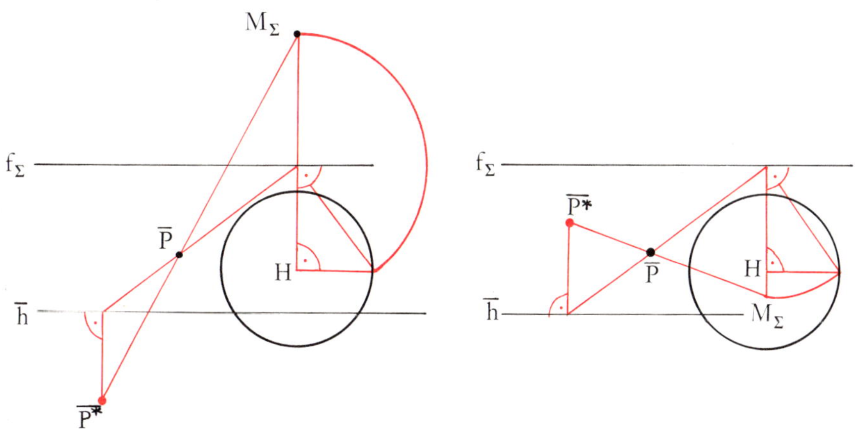

Fig. 31.q

(31.13) **Satz:**

Wird eine nichtprojizierende Ebene Σ um eine ihrer Hauptgeraden h in Hauptlage umgeklappt, so ist die dadurch bewirkte Abbildung in der Bildebene Π, welche dem Bild $\overline{P^*}$ der Umklappung P* eines Punktes P von Σ das Bild $\overline{P}$ von P zuordnet, eine Zentralkollineation. Das Zentrum dieser Zentralkollineation ist einer der Meßpunkte M_Σ der Ebene Σ, die Achse dieser Zentralkollineation ist das Bild $\overline{h}$ der Hauptgeraden h, und die Fluchtgerade dieser Zentralkollineation ist die Fluchtgerade f_Σ der Ebene Σ.

Man präge sich speziell die Situation bei einer Tiefenebene ein (Fig. 31.r); hier liegt der Meßpunkt auf dem Distanzkreis.

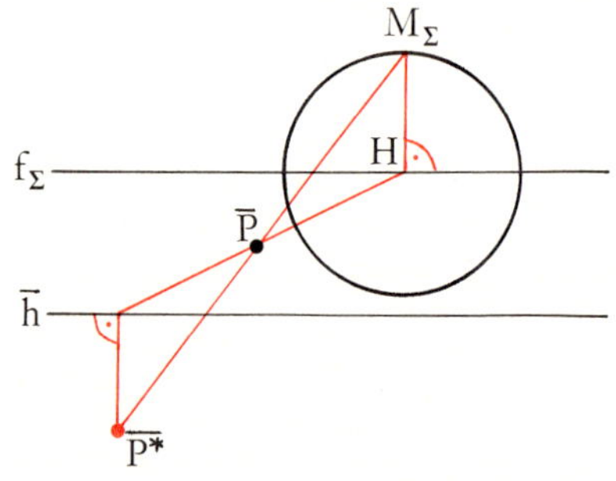

Fig. 31.r

Damit ist es nun möglich, bei perspektivischen Zeichnungen die wahre Form ebener Figuren mit Hilfe der Methoden des Kap. 21 zu bestimmen. Die Größe des Bildes einer umgeklappten Figur richtet sich natürlich nach der Hauptebene, in welche umgeklappt wird und in der die Umklappungshauptgerade h liegt; will man die Länge einer Strecke der umgeklappten Figur feststellen, so muß man sie mit einer Strecke auf h vergleichen!

Übung (31.14):

Man löse nochmals die Aufgaben (31.4) und (31.5).

Übung (31.15):

In einer Ebene Ω sind zwei Punkte A und B gegeben. Man konstruiere einen auf Ω stehenden Würfel mit der Kante AB.

Übung (31.16): **Darstellung eines Kreises**

In einer Ebene Σ sind zwei Punkte M und P gegeben. Man zeichne in Σ den Kreis k mit dem Mittelpunkt M, welcher durch P geht (Fig. 31.s).
Man wählt in Σ die Hauptgerade h, um welche die Ebene umgeklappt werden soll, und konstruiert einen ihrer Meßpunkte M_Σ. Dann bildet man $\overline{M}$ und $\overline{P}$ ab und kann das Bild $\overline{k^*}$ der Umklappung k^* des Kreises zeichnen. Ausgehend vom Kreis $\overline{k^*}$ wird der Kegelschnitt $\overline{k}$ gemäß (21.15) konstruiert. Dazu braucht man die Verschwindungsgerade ∞^* der Abbildung: $\overline{M^*} \to \overline{M}$ (f_Σ ist die Fluchtgerade dieser Abbildung). Je nachdem sie $\overline{k^*}$ schneidet, berührt oder meidet, erscheint der darzustellende Kreis als Hyperbel, Parabel oder Ellipse. Hier die Zeichnung für den Fall einer Ellipse. Man konstruiert den Pol $\overline{N^*}$ der Geraden ∞^* bezüglich $\overline{k^*}$. $\overline{N^*}$ geht über in das Ellipsenzentrum $\overline{N}$, das natürlich nicht mit dem perspektivischen Bild des Kreismittelpunkts zusammenfällt. (Man kann hier $\overline{N}$ auch direkt bekommen als Mitte der Strecke $\overline{S}\,\overline{T}$, denn die Tangenten in den Ellipsenpunkten $\overline{S}$ und $\overline{T}$ sind zueinander parallel.) Dann konstruiert man zwei konjugierte Ellipsenradien $\overline{N}\,\overline{R}$ und $\overline{N}\,\overline{S}$ und daraus die Ellipsenachsen. Gewöhnlich wird man sich bei kleineren Figuren damit begnügen, nur einzelne Kreispunkte zu konstruieren und den Kegelschnitt auszuziehen ohne genaue Konstruktion der Achsen.

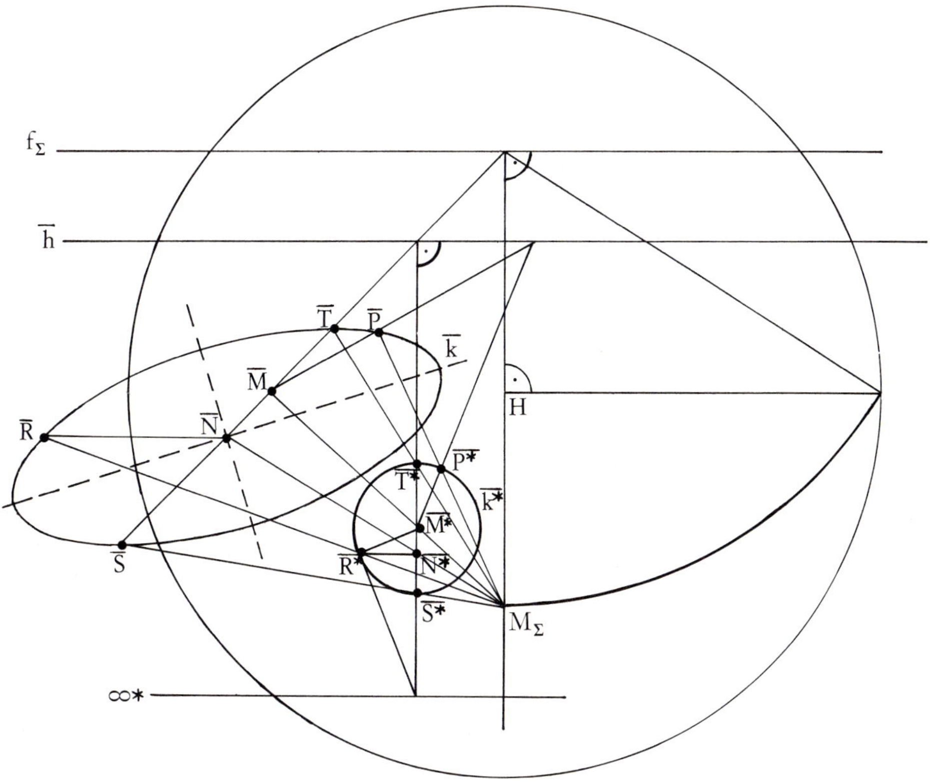

Fig. 31.s

Man konstruiere in der Fig. 31.m noch die Inkreise der Würfelseitenflächen.

Übung (31.17):

Um die wahre Gestalt eines perspektivisch dargestellten Gegenstandes mittels Umklappungen von Ebenen bestimmen zu können, muß man immer den Hauptpunkt H und die Distanz d der Zeichnung kennen. In der Praxis kommt es aber häufig vor, daß man H und d von vornherein nicht hat, aber von einem dargestellten Körper oder wenigstens einem Teil davon die wahre Form weiß. Wie ermittelt man dann H und d?

Ausmessen einer Fotografie

a) Zum Beispiel sind in einer perspektivischen Zeichnung vier Punkte A, B, C, D gegeben, von denen man weiß, daß sie in einer Tiefenebene liegen und ein Quadrat bilden (Fig. 31.t). Man denke z. B. an einen schachbrettartigen Parkettboden bei einer Zimmerinnenansicht.

Die Fluchtgerade f_Λ der Ebene Λ der vier Punkte geht durch die Schnittpunkte $\overline{U}$ und $\overline{V}$ gegenüberliegender Seiten des Vierecks $\overline{A}\,\overline{B}\,\overline{C}\,\overline{D}$. Und der Meßpunkt M_Λ der Ebene Λ muß auf dem Thaleskreis über $\overline{U}\,\overline{V}$ liegen, ebenso auf dem Thaleskreis über $\overline{X}\,\overline{Y}$, wenn das Viereck $\overline{A}\overline{B}\overline{C}\overline{D}$ bei einer Zentralkollineation mit dem Zentrum M_Λ und der Verschwindungsgeraden f_Λ in ein Quadrat übergehen soll (21.13). Man kann auch den Ortsbogen über $\overline{U}\overline{Y}$ für den Winkel 45° zu Hilfe nehmen.

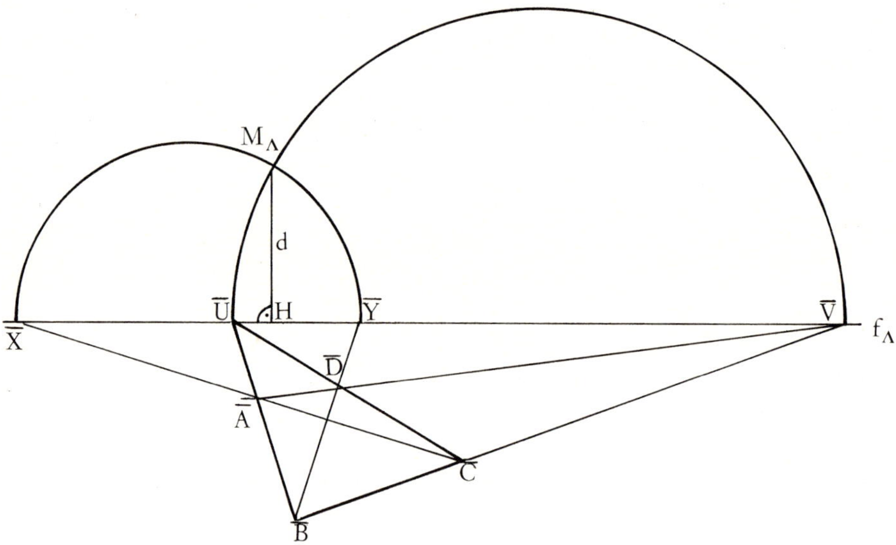

Fig. 31.t

Wenn Λ eine Tiefenebene ist, liegt M_Λ auf dem Distanzkreis; H ist dann der Fußpunkt des Lots von M_Λ auf f_Λ, die Distanz d ist die Länge dieses Lots.
Ist Λ keine Tiefenebene, so kann für H wenigstens ein geometrischer Ort, die Senkrechte zu f_Λ durch M_Λ, angegeben werden.

b) Oder es sei in einer Ebene Λ, von der man weiß, daß sie eine Tiefenebene ist, ein Kreis dargestellt. Wie erhält man aus f_Λ den Hauptpunkt und die Distanz? (Man benützt das dem Kreis umschriebene Quadrat, dessen Seiten Hauptgeraden rsp. Fallgeraden sind.)

Nachtrag:

(31.18) Konstruktion der Normalprojektion eines Punktes auf die Bildebene.
Gegeben ist in der Fig. 31.u ein Punkt A (auf einer Geraden g). Gesucht ist die Normalprojektion A′ von A auf die Bildebene.

Man legt durch A die Tiefengerade t. Ihr Spurpunkt ist die gesuchte Normalprojektion.

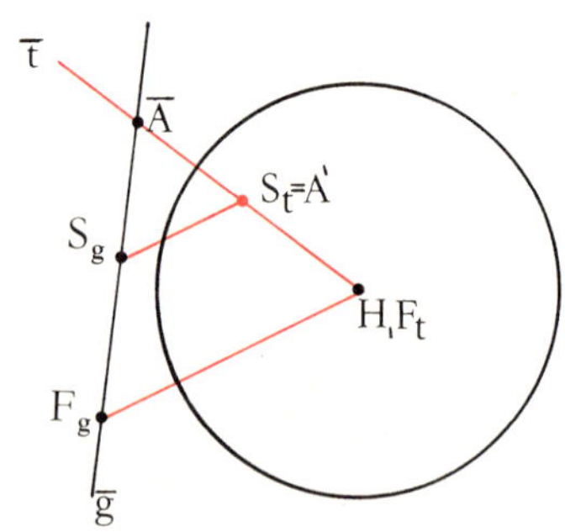

Fig. 31.u

(31.19) Umklappen einer projizierenden Ebene.
Der Umklappungssatz (31.13) bezieht sich auf nichtprojizierende Ebenen. Projizierende Ebenen verlangen eine spezielle Behandlung.

Bei der Umklappung einer projizierenden Ebene Σ um ihre Spur s_Σ in die Bildebene Π (Fig. 31.v) geht das Zentrum Z über in den Meßpunkt M_Σ von Σ, und die Umklappung A* irgendeines Punktes A von Σ liegt auf der Geraden durch M_Σ und $\overline{A}$. Ferner liegt A* auf der Senkrechten zu s_Σ durch A', wobei A' die Normalprojektion von A auf Π ist.

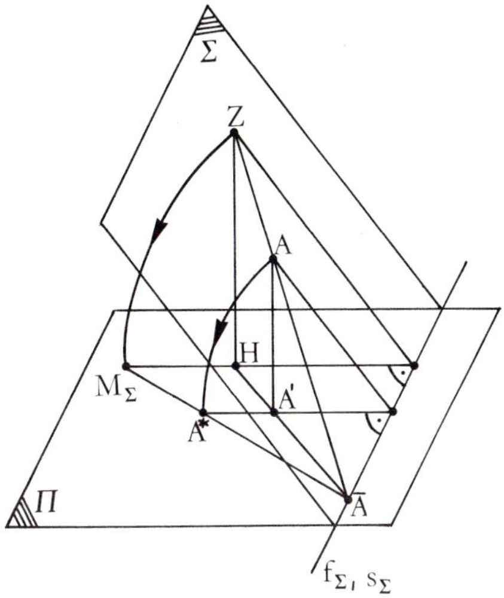

Fig. 31.v

Die **perspektivische Darstellung einer Kugel**, von welcher der Mittelpunkt und der Radius gegeben sind, läßt sich mit einer solchen Umklappung bewerkstelligen.
Das perspektivische Bild einer Kugel ist die Schnittkurve des der Kugel umschriebenen Projektionskegels mit der Bildebene, also ein Kegelschnitt; nur ein Kreis, wenn der Mittelpunkt auf der Tiefengeraden durch das Projektionszentrum liegt. Schneidet z. B. die Kugel die Verschwindungsebene, so ist ihr Bild eine Hyperbel.
Man konstruiert das perspektivische Bild einer Kugel am besten, indem man die Tiefenebene, welche durch den Kugelmittelpunkt und das Zentrum Z geht, in die Bildebene umklappt. Dann können die Brennpunkte und Scheitel des Kugelbildes sofort gezeichnet werden.

32. Verschieben der Bildebene, Änderung des Zentrums

Bei einer perspektivischen Darstellung eines Gegenstandes muß immer darauf geachtet werden, daß das Projektionszentrum und die Bildebene günstig gewählt sind, sonst wirkt die Zeichnung nicht anschaulich. Das Bild einer Kugel zum Beispiel kann eine Hyperbel sein wie in der Fig. 18.i; die Bildwirkung ist dann nicht gut.
Beim Betrachten eines perspektivischen Bildes sollte das Auge immer genau an die Stelle des Zentrums gebracht werden. Das wird viel zu wenig gemacht, da man sich von klein auf an ein oberflächliches Betrachten von Bildern gewöhnt hat.
Anschaulich wirkt ein perspektivisches Bild dann, wenn es von einem Auge im Zentrum Z ohne Kopfbewegen, mit *einem* Blick, gesehen werden kann. Der darzustellende Gegenstand darf nicht zu breit sein, rsp. das Zentrum muß weit genug vom Gegenstand entfernt liegen. Günstig sind die Verhältnisse, wenn der Gegenstand sich im sog. **Sehkegel** befindet und das Bild im **Sehkreis** (Fig. 32.a).

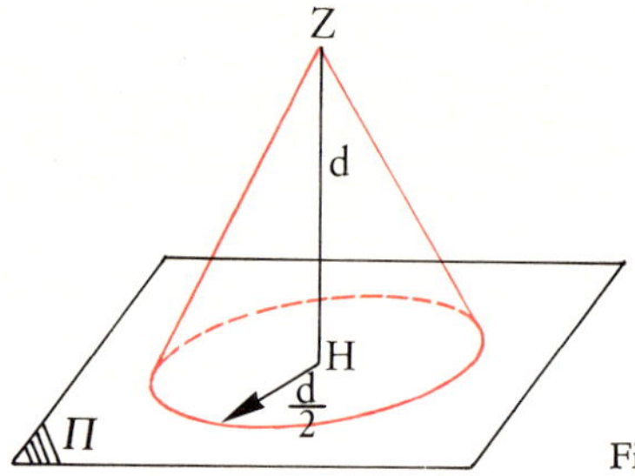

Fig. 32.a

Der **Sehkreis** ist der Kreis in der Bildebene Π mit dem Hauptpunkt H als Zentrum und der Hälfte der Distanz d als Radius; der **Sehkegel** ist der Kegel mit dem Sehkreis als Leitkreis und dem Projektionszentrum Z als Spitze.

Bei einer ein Blatt des Formats A 4 (21,0 cm × 29,7 cm) ausfüllenden perspektivischen Zeichnung sollte die Distanz d also etwa 30 cm betragen.

(32.1) Muß ein großer Gegenstand K, z. B. ein architektonisches Gebäude, auf einem Zeichnungsblatt dargestellt werden, so muß man, damit K in den Sehkegel zu liegen kommt, das Projektionszentrum Z in weiter Entfernung von K wählen und das Zeichnungsblatt Π mit seiner beschränkten Größe nahe bei Z dazwischen schieben (Fig. 32.b).

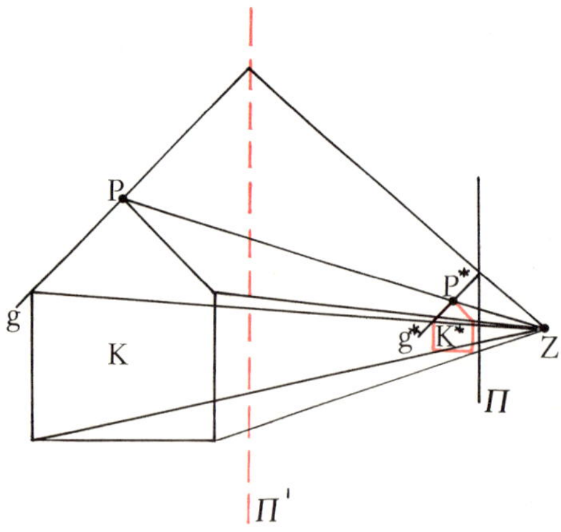

Fig. 32.b

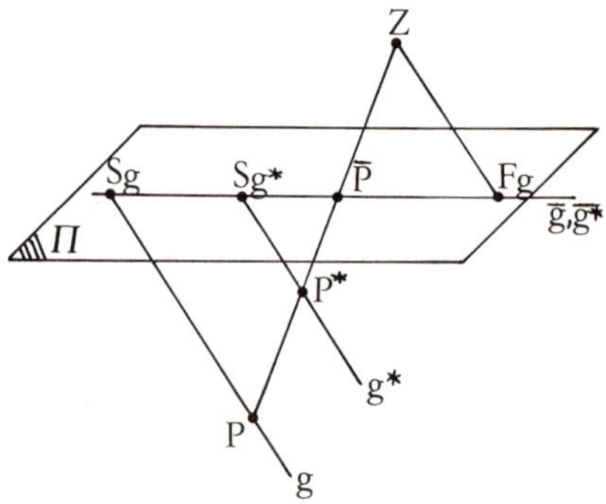

Fig. 32.c

Die Zeichnung in Π läßt sich aber dann konstruktiv nur schlecht erfassen, weil die Spurpunkte vieler Geraden von K nicht aufs Blatt fallen. Man denkt sich darum ein fiktives Groß-Zeichnungsblatt Π' in die Nähe von K gelegt, projiziert K auf Π' und zeichnet einfach eine maßstäbliche Verkleinerung dieses Bildes.

Zu einer gleichen perspektivischen Zeichnung kommt man aber auch dadurch, daß man, statt K auf Π' abzubilden und zu verkleinern, einen durch Streckung mit dem Zentrum Z aus K hervorgegangenen kleineren, ähnlichen Körper K* in der Nähe von Π, vor oder hinter Π, ein Modell von K, auf Π projiziert. K und K* haben in der Ebene Π genau dasselbe Bild.

Es sei P ein Punkt, g eine Gerade des Körpers K, P* und g* die entsprechenden Elemente beim ähnlichen Modell K*. Ob nun P oder P*, g oder g* von Z aus auf Π projiziert wird (Fig. 32.c), am perspektivischen Bild ändert sich nichts — abgesehen von den Spurpunkten. Die Spurpunkte S_g und S_{g*} fallen nicht zusammen. Welcher Zusammenhang besteht zwischen S_g und S_{g*}? Das Streckenverhältnis $F_gS_g : F_gS_{g*}$ ist gleich dem Verhältnis der Abstände der Punkte P und P* von Z, also gleich dem Verhältnis der Streckung, welche K in K* überführt. Ebenso ist es bei Ebenen und ihren Spuren.

(32.2) **Satz:**

Bringt man bei einer perspektivischen Zeichnung eines Gegenstandes alle Geradenspurpunkte im selben Verhältnis näher zu den zugehörigen Fluchtpunkten, ebenso die Ebenenspuren zu den Fluchtgeraden (rsp. entfernt man sie in einem konstanten Verhältnis), so ist die neue Zeichnung eine (maßstäbliche) perspektivische Zeichnung des Gegenstandes vom gleichen Zentrum aus auf eine andere, zur ersten Bildebene parallele Bildebene.

(32.3) Wesentlichere Veränderungen bei einem perspektivischen Bild ergeben sich, wenn man nicht wie in der Fig. 32.b die Bildebene zwischen dem darzustellenden Gegenstand und dem festen Projektionszentrum Z verschiebt, sondern die Bildebene gegenüber dem Gegenstand festhält, aber das Zentrum verändert (Fig. 32.d).

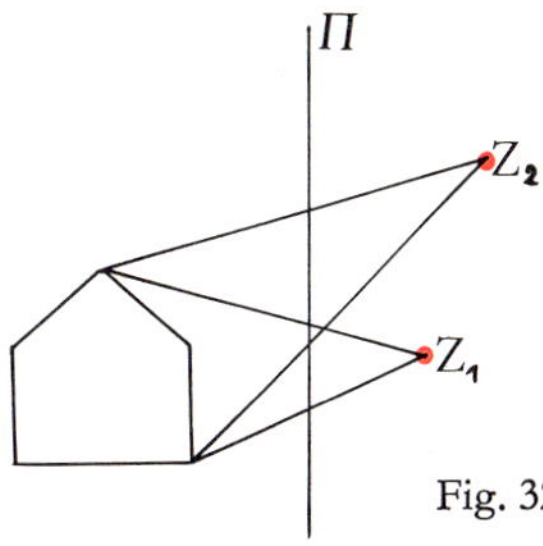

Fig. 32.d

Wird der Raum von zwei verschiedenen endlichen Zentren Z_1 und Z_2 aus auf eine Ebene Π (Fig. 32.e) projiziert, so gehören zu einem Punkt P des Raumes zwei Bilder $\overline{P}_1$ und $\overline{P}_2$ in Π. Es sei S der Schnittpunkt der Verbindungsgeraden der beiden Projektionszentren mit der Bildebene.

Die Punkte $\overline{P}_1$, $\overline{P}_2$ und S sind kollinear. Die beiden Bilder $\overline{g}_1$ und $\overline{g}_2$ einer Geraden g stimmen im Spurpunkt S_g überein. Ihre beiden Fluchtpunkte $F_{g,1}$ und $F_{g,2}$ liegen auf einer Geraden durch S, und es ist $SF_{g,1} : SF_{g,2} = SZ_1 : SZ_2$, d. h. für alle Fluchtpunkte liegt in Π eine Streckung vor mit dem Zentrum S und dem Verhältnis $SZ_1 : SZ_2$, rsp. wenn S ein Fernpunkt ist, eine Verschiebung um den Vektor Z_1Z_2.

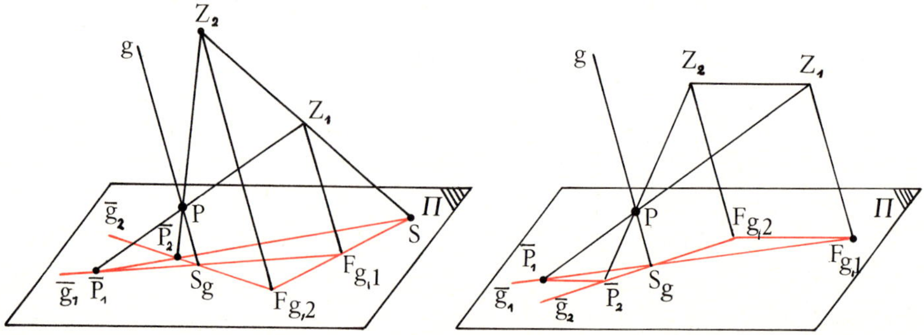

Fig. 32.e

Ist eine der beiden Projektionen eines Gegenstandes gezeichnet, so kann man die andere erhalten, indem man eine Gerade nach der anderen umzeichnet. Man hält jeweils den Spurpunkt fest und führt die Fluchtpunktstreckung durch. Entsprechende Punkte der beiden Projektionen liegen dann auf Geraden durch S. Dasselbe geschieht mit den Ebenen. Die Spuren bleiben fest, die Fluchtgeraden gehen durch Streckung rsp. Verschiebung ineinander über.

Wird dieser Prozeß auf eine einzelne, nichtprojizierende Ebene Σ des Gegenstandes beschränkt, so ergibt sich in Π nach (21.6) eine Zentralkollineation mit dem Zentrum S und der Achse s_Σ.

Zwei Fälle sind besonders wichtig:

(32.4) **Konstruktion mit reduzierter Distanz**

Die Forderung nach Anschaulichkeit verlangt bei einer perspektivischen Zeichnung häufig eine große Distanz, so groß, daß sich Konstruktionen kaum durchführen lassen, weil der Distanzkreis und viele Fluchtpunkte und Meßpunkte nicht aufs Zeichnungsblatt fallen. Dann behilft man sich auf die folgende Weise:

Man macht die Zeichnung zuerst für ein näher bei der Bildebene liegendes Zentrum, zu welchem derselbe Hauptpunkt H gehört, und überträgt die Zeichnung dann geradenweise. Die Fig. 32.f zeigt eine solche Zentrumsverschiebung senkrecht zur Bildebene Π.

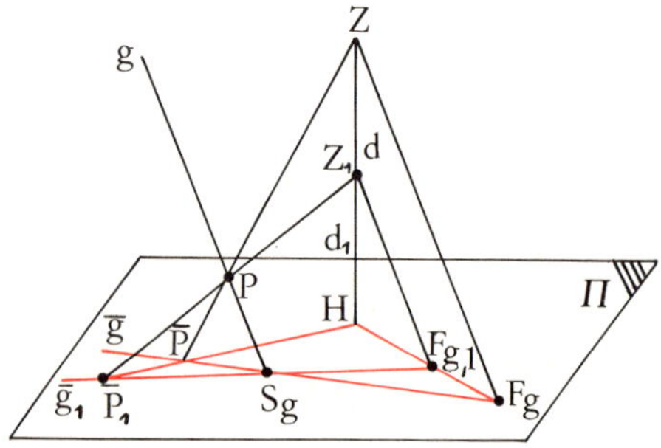

Fig. 32.f

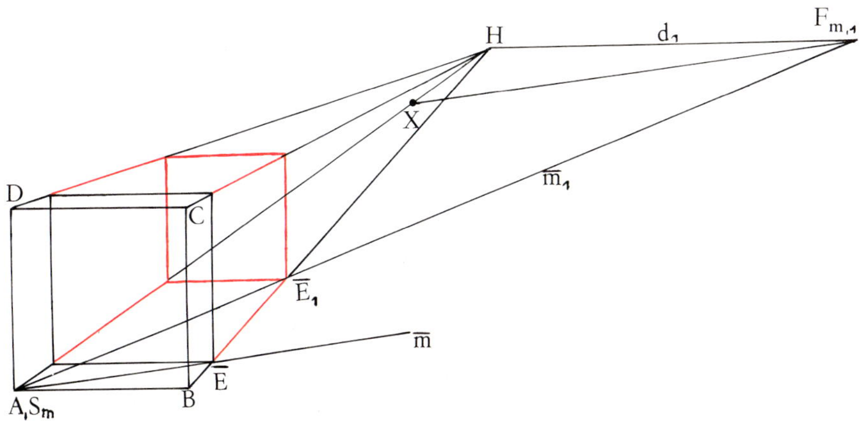

Fig. 32.g

Der Hauptpunkt H spielt hier die Rolle des Punktes S, das Streckungsverhältnis für die Fluchtelemente ist $d_1 : d$. Man beachte, daß die Tiefengeraden in sich übergehen (als Ganzes, nicht punktweise).

Ein **Beispiel:**

In der Fig. 32.g soll mit dem Hauptpunkt H und der für den Betrachter günstigen, großen Distanz $d = 30$ cm ein Würfel gezeichnet werden, von dem eine in der Zeichnungsebene liegende Seitenfläche ABCD gegeben ist. Man konstruiert den Würfel wie bei (31.9), zuerst aber mit einer kleineren Distanz d_1, z. B. mit $d_1 = \frac{1}{6}d$. Das Bild $\overline{m}$ der Grundflächendiagonalen m und damit die Ecke E des Würfels bekommt man aus $\overline{m}_1$, indem man den Fluchtpunkt $F_{m,1}$ mit dem Faktor $d : d_1$ von H aus streckt und den neuen Fluchtpunkt F_m mit dem Spurpunkt S_m verbindet. F_m kommt aber nicht aufs Blatt zu liegen. Die Zeichnung zeigt, wie man in solchen Fällen mit einem Hilfspunkt arbeitet: X ist der Punkt, der die Strecke HS_m im gleichen Verhältnis teilt wie $F_{m,1}$ die Strecke HF_m; $\overline{m}$ verläuft parallel zu $XF_{m,1}$.
Muß man bei diesem Würfel noch weitere Konstruktionen durchführen, z. B. (31.10), so macht man dies auch zuerst beim ersten Würfelbild mit reduzierter Distanz und überträgt das Resultat.
Man mache sich aber klar, daß man den Umriß eines Körpers nicht ohne weiteres aus einer Zeichnung mit reduzierter Distanz bekommen kann, da für verschiedene Projektionszentren meistens nicht dieselben Körperpunkte Umrißpunkte sind.

(32.5) **Stereoskopische Bilder**

Wird ein Gegenstand gleichzeitig von zwei Zentren Z_1 und Z_2, welche von der Bildebene Π dieselbe Distanz haben und deren gegenseitige Entfernung Z_1Z_2 gleich dem menschlichen Augenabstand (etwa 7 cm) ist, auf Π projiziert, so entsteht eine **stereoskopische Darstellung** des Gegenstandes.
Hält man beim Betrachten einer solchen stereoskopischen Zeichnung die Augen genau an die Stellen der beiden Zentren Z_1 und Z_2, so sieht man bei einiger Übung die beiden Figuren in der Mitte zu einer einzigen plastisch verschmolzen.

In der Fig. 32.h wurde ein Würfel in Frontansicht stereoskopisch dargestellt; Bilddistanz 15 cm. Die Projektion rechts erhält man aus der Projektion links durch Verschieben aller Geradenfluchtpunkte um den Vektor H_1H_2.
Natürlich sieht hier jedes Auge noch beide Projektionen. Das kann mit den bekannten zweifarbigen Zeichnungen und den entsprechenden Brillen, die jedem Auge nur das ihm zugehörige Bild zukommen lassen, vermieden werden.

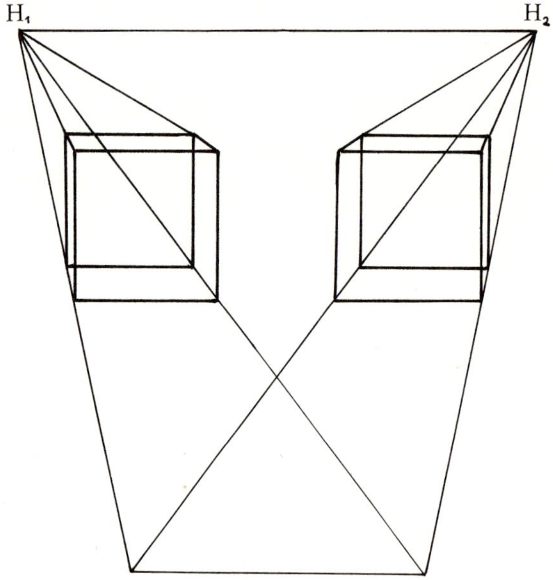

Fig. 32.h

(32.6) Ein zeichentechnischer Hinweis.

Zum dauernden Problem bei der Konstruktion perspektivischer Bilder wird der Umstand, daß immer wieder mit Punkten gearbeitet werden muß, die nicht aufs Zeichnungsblatt fallen. Gewöhnlich geht es um die folgende Aufgabe:
Gegeben sind zwei sich nicht auf dem Zeichnungsblatt schneidende Geraden f, g und ein Punkt P.

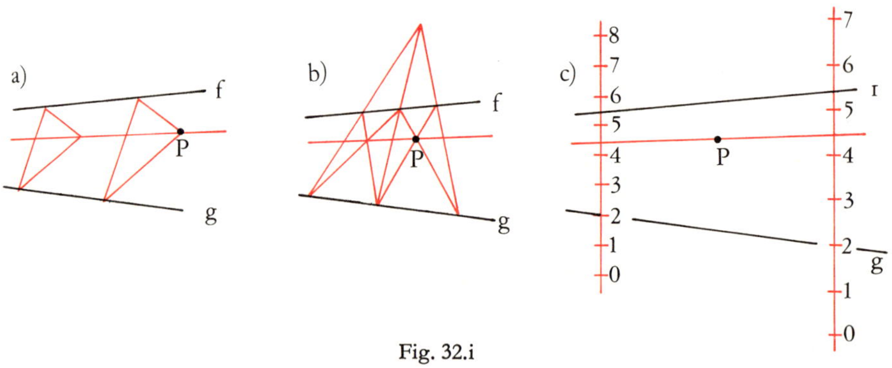

Fig. 32.i

Gesucht ist die Gerade, welche P mit dem Schnittpunkt von f und g verbindet. Die Fig. 32.i zeigt einige Konstruktionsverfahren.

Die Methode c) eignet sich besonders dann, wenn viele Punkte P mit demselben unerreichbaren Punkt verbunden werden müssen. Bei diesem Verfahren werden zwei parallele sog. Proportionalmaßstäbe korrespondierend über die Geraden f und g gelegt, und die gesuchte Gerade durch P wird einfach so genau wie möglich in die beiden Skalen eingepaßt.

Ein praktisches Hilfsgerät stellt die **Fluchtpunktschiene** dar (Fig. 32.k). Sie besteht aus drei Linealen, die fest zusammengefügt sind, derart daß je drei ihrer Kanten in einem Punkt zusammenlaufen, z. B. die Kanten x, y, z im Punkt N.

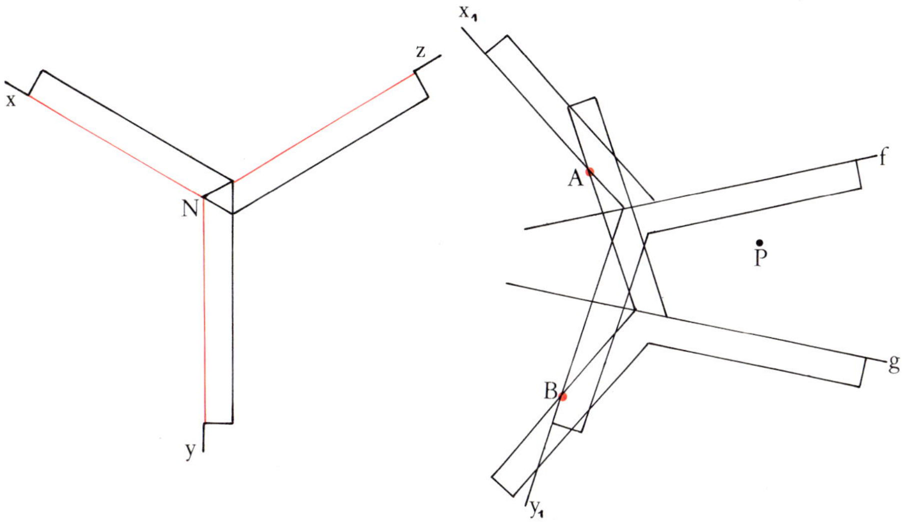

Fig. 32.k

Man legt zunächst die Kante z auf die Gerade f und zieht die Geraden x_1 und y_1 entlang den Kanten x und y. Dann legt man z auf g, und zwar so, daß x die Gerade x_1 und y die Gerade y_1 noch auf dem Zeichnungsblatt schneidet. Nun steckt man in den Schnittpunkten A und B Nadeln ein und läßt die Kanten x und y an ihnen entlang gleiten. Die Kante z hat dabei immer die Richtung auf den Schnittpunkt von f und g, denn nach dem Peripheriewinkelsatz beschreibt der Punkt N bei dieser Bewegung einen Kreisbogen, und die starr mit x und y verbundene Kante z geht durch einen festen Punkt dieses Kreises, eben durch den Schnittpunkt von f und g.

33. Darstellung eines Würfels

Für eine rasche Darstellung eines Körpers ist auch beim perspektivischen Zeichnen das axonometrische Verfahren besonders geeignet. Man zeichnet nicht allein den Körper, sondern zusammen mit ihm auch ein Koordinatendreibein, auf das er bezogen wird. Das Kap. 34 befaßt sich mit der axonometrischen Methode. Hier soll vorerst nur untersucht werden, wie sich ein Würfel perspektivisch darstellt.

Ein Würfel rsp. ein Cartesisches Koordinatendreibein werde zentralprojiziert von einem endlichen Punkt Z aus auf eine Ebene Π (Fig. 33.a). Dabei soll vorerst keine der Würfelkanten, keine der drei Koordinatenachsen, parallel zur Bildebene Π sein.

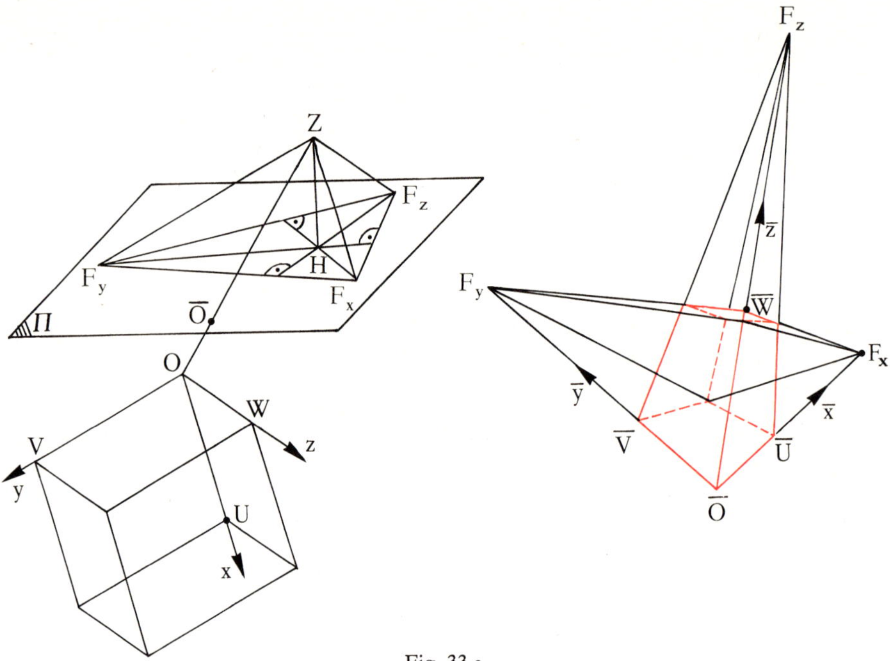

Fig. 33.a

Eine perspektivische Zeichnung eines so bezüglich der Bildebene allgemein liegenden Würfels nennt man eine **Kippansicht** des Würfels.
Bei einer Kippansicht bilden die Fluchtpunkte F_x, F_y, F_z der Koordinatenachsen ein spitzwinkliges Dreieck. Dieses Dreieck ist die Grundfläche der auf der Bildebene Π stehenden Pyramide mit dem Projektionszentrum Z als Spitze und den zu den Koordinatenachsen parallelen Fluchtstrahlen ZF_x, ZF_y, ZF_z als Seitenkanten. Z liegt auf den Thaleskugeln über den Seiten dieses Dreiecks $F_xF_yF_z$, der Hauptpunkt H ist der Höhenschnittpunkt (vgl. 27.1).

Wie konstruiert man eine Kippansicht eines Würfels oder eines Koordinatendreibeins? Man kann wie bei (31.15) in einer Ebene ein Quadrat konstruieren und darüber den Würfel schrittweise errichten. Dazu braucht man den Hauptpunkt H und die Distanz d der Zeichnung.

Wenn H und d nicht vorgegeben sind oder wenn man sich auf H und d nicht von vornherein festlegen will, schlägt man den umgekehrten Weg ein. Man wählt den Punkt $\overline{O}$, das Bild des Koordinatennullpunkts, und wählt das spitzwinklige Dreieck $F_xF_yF_z$ der Achsenfluchtpunkte. Der Hauptpunkt und die Distanz sind dann festgelegt. H ist der Höhenschnittpunkt des Dreiecks $F_xF_yF_z$, und d kann mit Hilfe des Thaleskreises über einer der Höhen des Dreiecks konstruiert werden (Fig. 33.b).

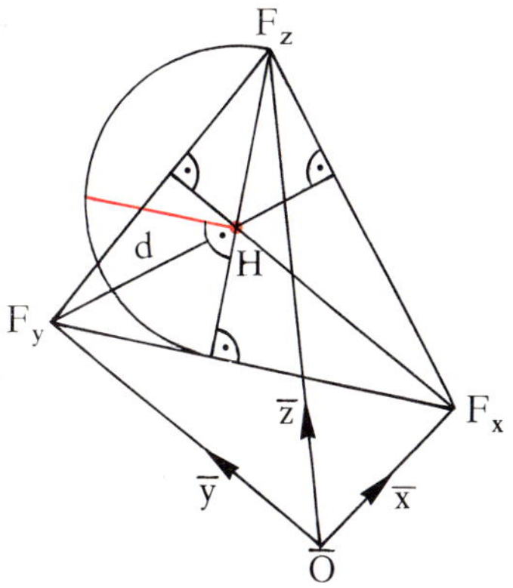

Fig. 33.b

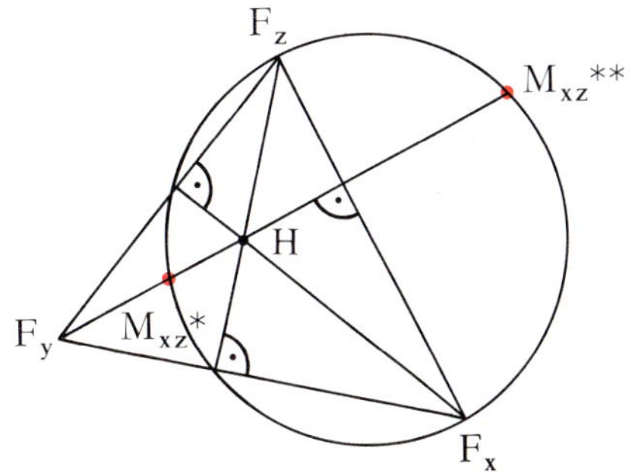

Fig. 33.c

Darauf werden die Bilder $\overline{U}$, $\overline{V}$, $\overline{W}$ der Einheitspunkte auf den drei Koordinatenachsen konstruiert. Sie können nicht voneinander unabhängig eingezeichnet werden, sonst entsteht das Bild irgendeines Quaders, nicht eines Würfels. Man trägt die Einheitsstrecke von O aus auf die Koordinatenachsen ab, indem man die Achsen in Hauptlage dreht, oder indem man zwei der Koordinatenebenen umklappt. Dabei faßt man O am bequemsten auf als in der Bildebene liegend. Die Spuren der Koordinatenebenen sind dann die Parallelen zu den Seiten des Dreiecks $F_xF_yF_z$ durch $\overline{O} = O$.
Die Fig. 33.c zeigt, wie die Meßpunkte der Koordinatenebenen konstruiert werden. Die Umklappung des Dreiecks F_xF_zZ um die Seite F_xF_z in die Bildebene Π führt das Zentrum Z über in einen der Meßpunkte der xz-Ebene. Diese Meßpunkte M_{xz}* und M_{xz}** sind die Schnittpunkte des Thaleskreises über der Seite F_xF_z mit der zugehörigen Höhe. Dieser zweite Weg, zuerst die Bilder der Koordinatenachsen zu wählen und dann den zugehörigen Hauptpunkt und die Distanz zu ermitteln, hat den Vorteil, daß die Plazierung des Koordinatenwürfels auf dem Zeichnungsblatt und seine Verzerrung besser unter Kontrolle gehalten werden kann.

In der Praxis besonders wichtig sind Ansichten von Würfeln, welche bezüglich der Bildebene Π spezielle Lage haben:

Eine **Frontansicht** eines Würfels ist eine perspektivische Zeichnung eines Würfels, von dem eine Seitenfläche zur Bildebene parallel ist.
Eine **Eckansicht** eines Würfels ist eine perspektivische Zeichnung eines Würfels, von dem eine Kante, keine Seitenfläche, zur Bildebene parallel ist.

Bei architektonischen Front- und Eckansichten wählt man gewöhnlich die Bildebene im Raume vertikal und denkt sich den Würfel auf einer im Raum waagrechten **Standebene** stehend (Fig. 33.d).

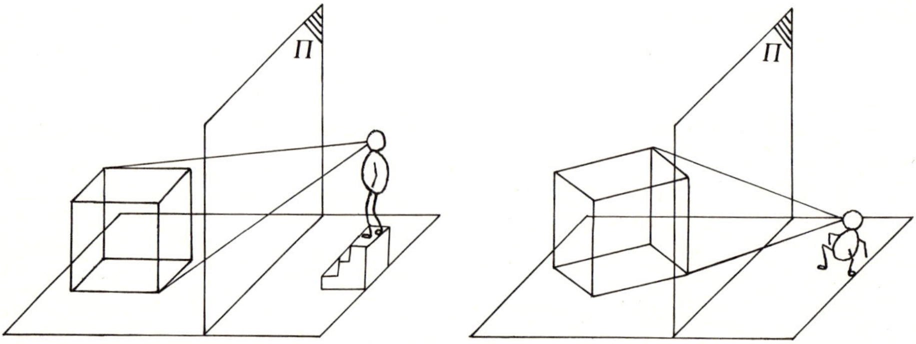

Fig. 33.d

Die Tiefenebenen parallel zur Standebene heißen **Bodenebenen**, die Fluchtgerade der Bodenebenen, d. h. auf dem Zeichnungsblatt die waagrechte Gerade durch den Hauptpunkt, ist der **Horizont** der Zeichnung. Der Abstand des Zentrums Z von der Standebene ist die **Augenhöhe** über der Standebene. Die Spur der Standebene nennt man die Standlinie. Auf dem Zeichnungsblatt kann die Augenhöhe als Abstand zwischen der Standlinie und dem Horizont abgelesen werden.

(33.1) **Frontansicht eines Würfels**

In der Fig. 33.e liegt die xz-Ebene des Koordinatensystems parallel zur Bildebene. Die Ebenen parallel zu ihr haben Hauptlage, die zur y-Achse parallelen Geraden sind Tiefengeraden. Der Fluchtpunkt F_y der Tiefengeraden ist der Hauptpunkt H, die Fluchtgerade f_{xy} der Bodenebenen ist der Horizont. Die Entfernung des Würfels von der Bildebene wird beschrieben durch die Spur s_{xy} der xy-Ebene.

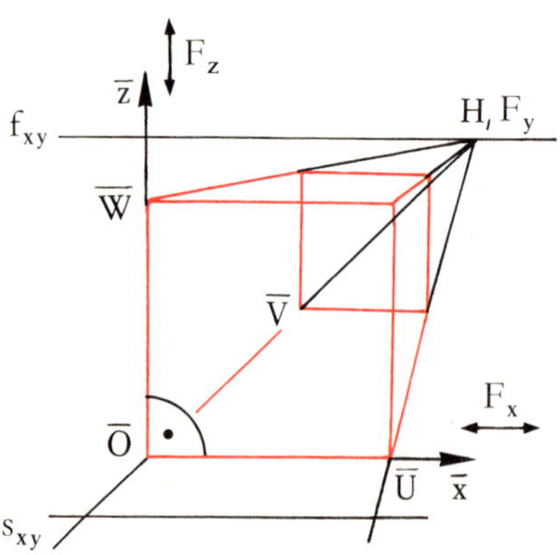

Fig. 33.e

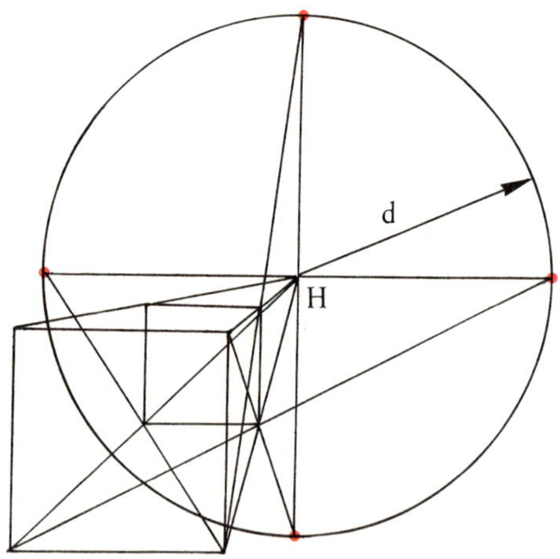

Fig. 33.f

Die Konstruktion des Einheitspunktes V der y-Achse rsp. der Distanz d gestaltet sich wie bei (31.9). Die Meßpunkte der xy-Ebene und der yz-Ebene liegen, da es sich um Tiefenebenen handelt, auf dem Distanzkreis. In der Fig. 33.f sind diese Meßpunkte oder Distanzpunkte der Koordinatenebenen alle eingezeichnet. Sie sind besonders wichtig, da sich jeweils viele Konstruktionen in den Bodenebenen und Tiefenwänden abspielen.
Die historische Entwicklung des perspektivischen Zeichnens begann in der italienischen Renaissance mit der Darstellung von Würfelfrontansichten und mit einfachen Distanzpunktkonstruktionen. Im 18. Jahrhundert entwickelte sich dann daraus die allgemeine Meßpunktperspektive.

(33.2) **Eckansicht eines Würfels**

Die Fig. 33.g zeigt eine Eckansicht eines Würfels rsp. eines Koordinatendreibeins. Die z-Achse hat Hauptlage. Die Ebenen parallel zur xy-Ebene sind Tiefenebenen. Ihre Fluchtgerade, der Horizont f_{xy}, geht durch den Hauptpunkt H und steht senkrecht auf dem Bild der z-Achse. Wie weit der Würfel von der Bildebene entfernt ist, zeigt wieder die Spur s_{xy} der xy-Ebene. Oft zieht man s_{xy} gerade durch $\overline{O}$, läßt also die z-Achse in die Bildebene fallen.

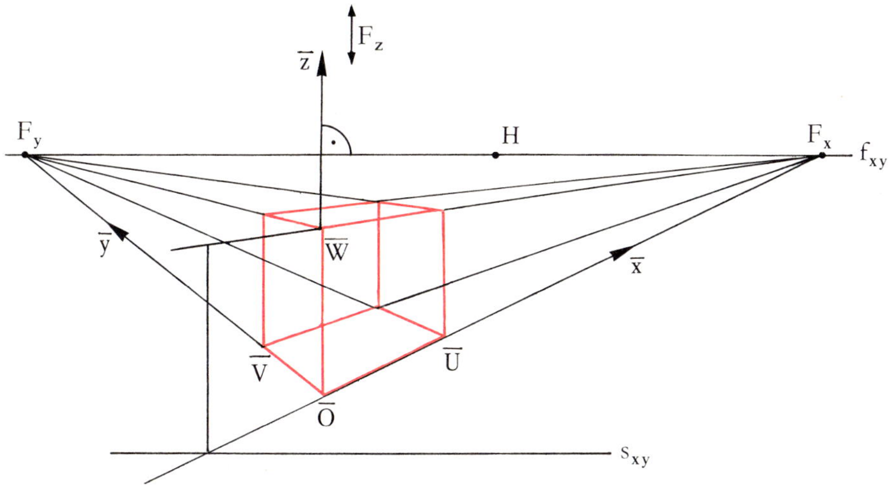

Fig. 33.g

Wie bei der allgemeinen Kipplage können hier der Hauptpunkt H und die Bilder $\overline{U}$, $\overline{V}$, $\overline{W}$ der drei Einheitspunkte nicht voneinander unabhängig eingezeichnet werden. Gewöhnlich beginnt man beim Zeichnen einer Eckansicht mit dem Horizont f_{xy}, zieht die $\overline{x}$- und die $\overline{y}$-Achse und kann noch die Bilder $\overline{U}$ und $\overline{V}$ der Einheitspunkte auf diesen beiden Achsen wählen. Man zeichnet also das Bild der Würfelgrundfläche. Das Übrige ist damit festgelegt. Der Hauptpunkt H und die Distanz lassen sich wie in der Fig. 31.t konstruieren. Man bestimmt dann noch die Länge der Strecke OU und trägt sie auf der z-Achse ab. Dazu klappt man die xy-Ebene um (Fig. 33.h), oder man dreht die x-Achse in Hauptlage, am besten gerade auf die z-Achse (Fig. 33.i).

Oder man zeichnet wie vorher das Dreieck $\overline{O}F_xF_y$, aber ohne die Einheitspunkte, und wählt auf dem Horizont den Hauptpunkt H. Dann ist d festgelegt, und man kann noch einen der drei Punkte $\overline{U}$, $\overline{V}$, $\overline{W}$ wählen.

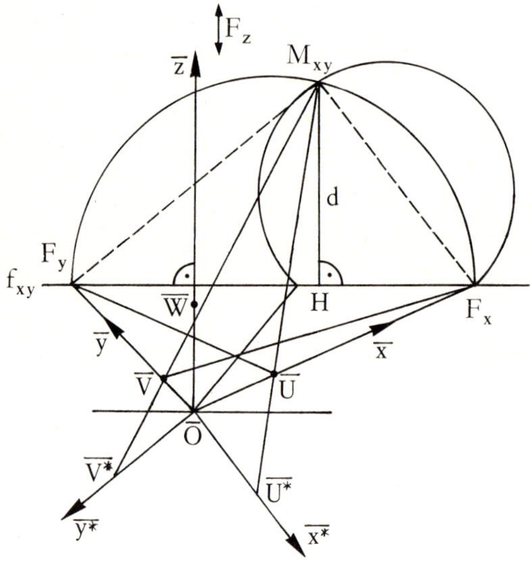

Fig. 33.h

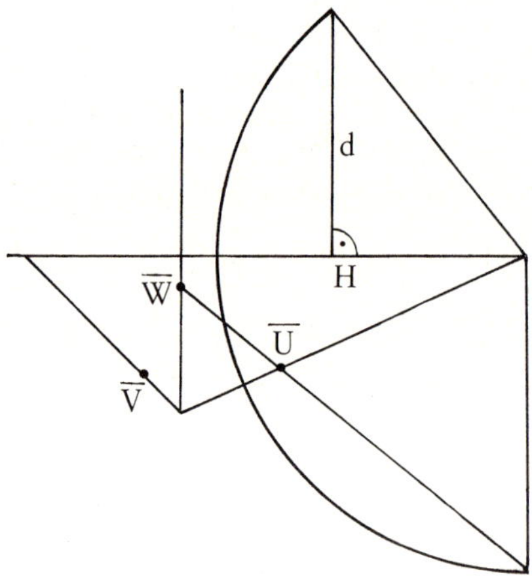

Fig. 33.i

Bei einer perspektivischen Darstellung eines im Raum auf einer horizontalen Ebene stehend gedachten Gegenstandes spricht man jeweils von Vogelperspektive oder von Froschperspektive, je nachdem der Gegenstand mehr von oben oder von unten gesehen wird.

34. Das axonometrische Verfahren

Auch bei perspektivischen Zeichnungen empfiehlt sich wie bei Parallelprojektionen die axonometrische Methode, wenn es darum geht, schnell ein anschauliches Bild eines Körpers herzustellen, von dem schon Normalrisse gezeichnet sind oder dessen Punkte koordinatenmäßig gegeben sind. Man bezieht den Körper auf ein Koordinatensystem und zeichnet im axonometrischen Bild zusammen mit dem Bild $\overline{P}$ eines Punktes P auch die Bilder $\overline{P'}$, $\overline{P''}$, $\overline{P'''}$ seiner Normalprojektionen auf die Koordinatenebenen. Viel ändert sich nicht gegenüber früher (Kap. 3 und 25). Umständlicher ist das Übertragen der Punkte aus den Normalrissen, weil bei einer Zentralprojektion von einem endlichen Punkt aus nur Doppelverhältnisse, nicht aber Teilverhältnisse erhalten bleiben.

(34.1) Darstellung eines Punktes

Die Fig. 34.a zeigt, wie ein beliebiger Punkt P durch seinen Koordinatenquader bei einer Front-, einer Eck- und einer Kippansicht dargestellt wird.

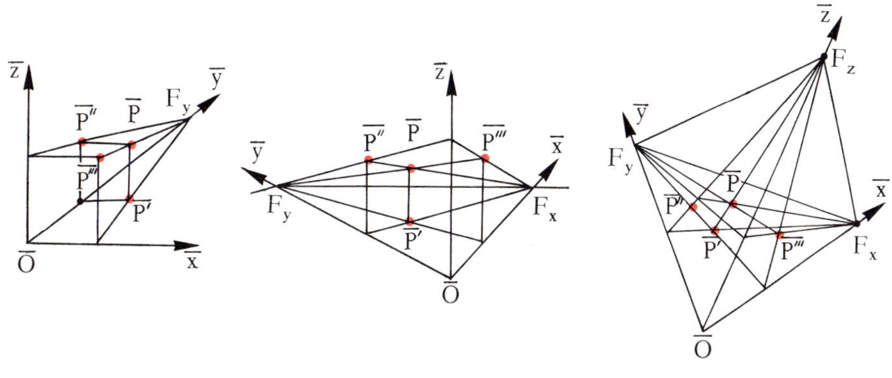

Fig. 34.a

Man vergleiche dazu die Kap. 3 und 25. Wie früher stellt man auf entsprechende Weise Geraden dar, und Ebenen kann man wieder durch ihre Schnittgeraden mit den Koordinatenebenen veranschaulichen.

(34.2) Übertragen eines Punktes

Ein Körper sei bezogen auf ein Cartesisches Koordinatensystem. Zwei seiner Normalrisse auf die Ebenen dieses Koordinatensystems sollen vorgegeben sein, gezeichnet in beliebigem Maßstab (Fig. 34.b). Man bekommt eine perspektivische axonometrische Darstellung dieses Körpers, wenn man ein perspektivisches Bild eines Koordinatendreibeins zeichnet (Kap. 33) und die Punkte des Körpers einzeln aus den Normalrissen ins axonometrische Bild überträgt. Dies geschieht mit Hilfe der Fußpunkte P_x, P_y, P_z der Lote von P auf die Koordinatenachsen und der zugehörigen Doppelverhältnisse auf den Achsen. In der Fig. 34.b ist die Konstruktion des Punktes P_y ausgeführt.

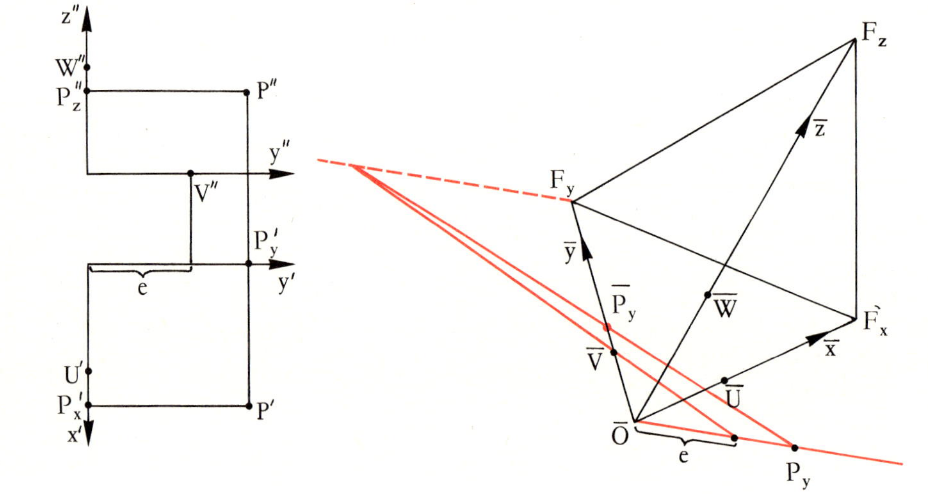

Fig. 34.b

Sind $\overline{P_x}$, $\overline{P_y}$ und $\overline{P_z}$ konstruiert, so kann der zu P gehörende Quader ausgezogen werden. Man beachte, daß die Richtung des Strahls durch $\overline{O}$, mit dem man arbeitet, beliebig gewählt werden kann; auch kann man auf diesen Strahl gerade den Maßstab der Normalrisse übernehmen.

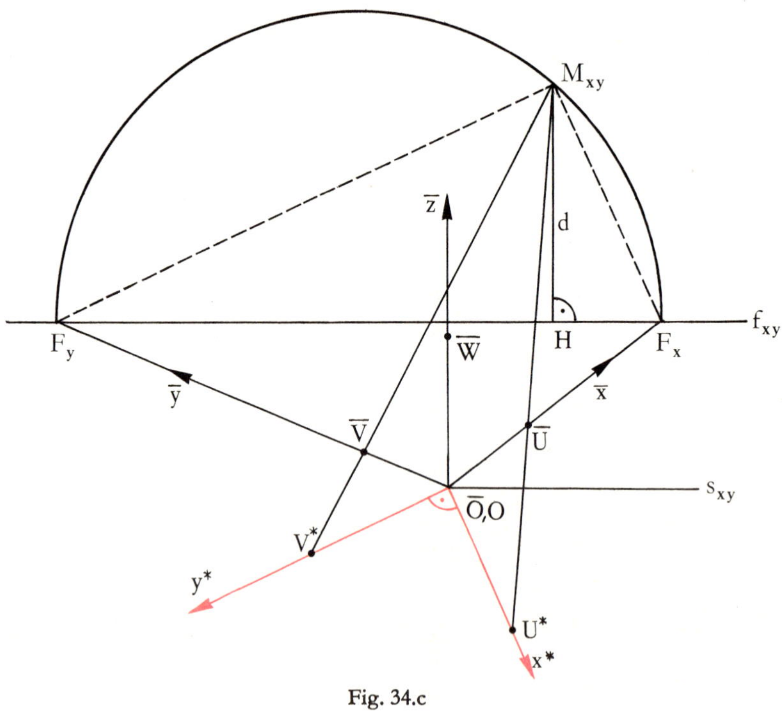

Fig. 34.c

Oder man klappt die Koordinatenebenen um, bei der Eckansicht der Fig. 34.c z. B. die xy-Ebene um die Spur s_{xy} durch $\overline{O} = O$. Dann kann der ganze Grundriß auf einmal mit Hilfe der Zentralkollineation (31.13) übertragen werden. Man muß dann allerdings den Maßstab, in welchem der gegebene Grundriß gezeichnet ist, der umgeklappten Ebene anpassen.
Umgekehrt überträgt man auf diese Weise Punkte aus einem axonometrischen Bild in separate Normalrisse.

Manchmal erscheinen Koordinatenebenen in der perspektivischen Zeichnung stark verkürzt, z. B. in der Fig. 34.d die xy-Ebene. Man zeichnet dann den Grundriß bequemer zuerst in einer günstigen Parallelebene zur xy-Ebene, gewissermaßen **in einem Kellergeschoß**. Zwischen dem Bild des Grundrisses in der xy-Ebene und dem Bild des Grundrisses in der Kellerebene besteht nach (21.5) eine Zentralkollineation, mit der Achse f_{xy} und dem Zentrum F_z, im Falle der Eckansicht also eine normale Affinität.

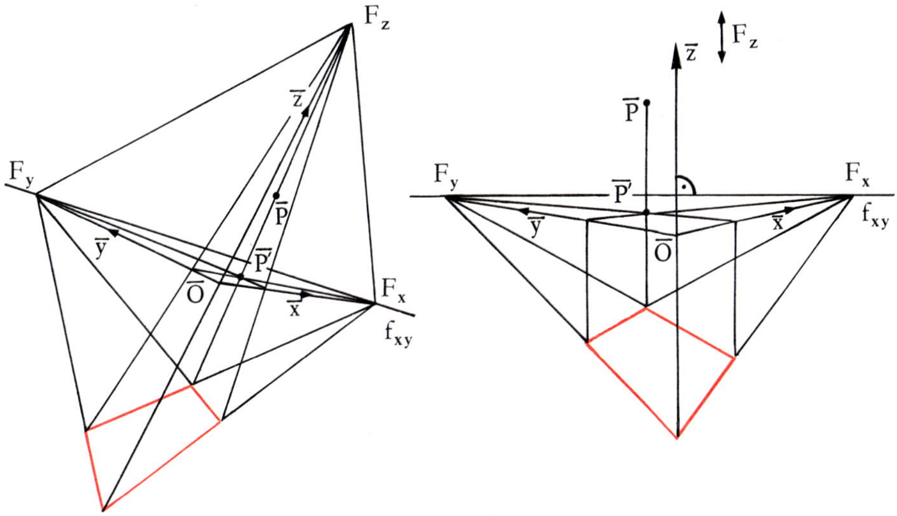

Fig. 34.d

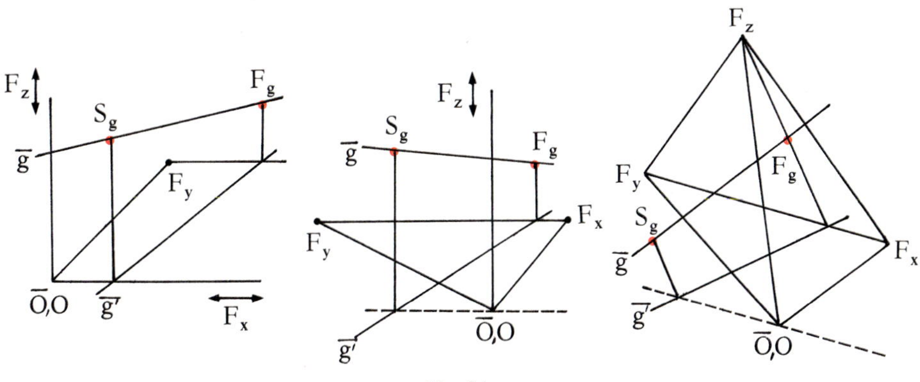

Fig. 34.e

(34.3) Fluchtpunkt und Spurpunkt einer Geraden

Gegeben sei eine Gerade g, axonometrisch dargestellt durch $\overline{g}$ und $\overline{g'}$. Man konstruiere den Spurpunkt S_g und den Fluchtpunkt F_g von g (Fig. 34.e).
In der Zeichnung 34.e wurde der Nullpunkt O in der Bildebene angenommen. Man zeichnet den Spurpunkt und den Fluchtpunkt der Geraden g′ in der xy-Ebene und legt dann die Ebene durch g und g′. Diese Ebene ist parallel zur z-Achse, ihre Fluchtgerade geht durch F_z und den Fluchtpunkt von g′, usw.
Wenn umgekehrt g gegeben ist durch S_g und F_g, kann entsprechend $\overline{g'}$ konstruiert werden.
Auch mit Ebenen geht es so. In der Eckansicht der Fig. 34.f ist die Ebene Γ gegeben durch ihre Schnittgeraden mit den Koordinatenebenen. Gesucht sind die Fluchtgerade f_Γ und die Spur s_Γ und umgekehrt.

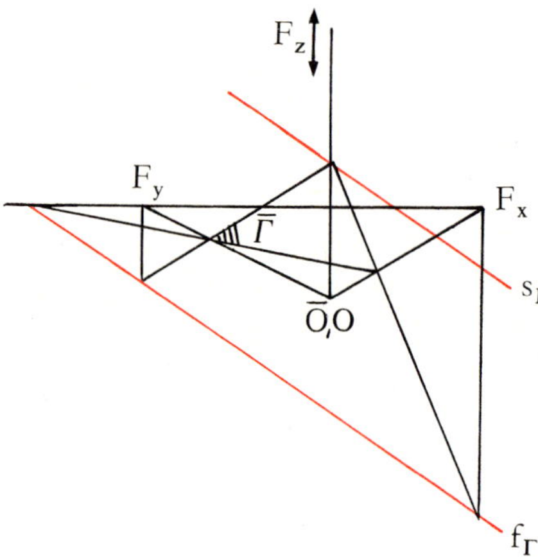

Fig. 34.f

(34.4) Konstruktionen

Wenn Punkte, Geraden und Ebenen axonometrisch gegeben sind, also mit ihren Rissen bezüglich des Koordinatensystems, so lassen sich einfache Inzidenzaufgaben wie früher durchführen, z. B. die Konstruktion des Schnittpunkts einer Geraden mit einer Ebene (3.3). Der Leser übe sich selber wieder an einigen Beispielen. Kommen metrische Probleme dazu, so stellt man um auf das Spurpunkt-Fluchtpunkt Verfahren, konstruiert sich die Spur- und Fluchtelemente der beteiligten Geraden und Ebenen und verfährt nach den Methoden der Kap. 29, 30, 31.
Dieses Kombinieren der Verfahren erfordert beim Zeichnenden eine gute Übersicht und ein sicheres Gefühl für die Durchführbarkeit der Konstruktionspläne. Dazu kommt, daß man aus Platzgründen meistens in den Möglichkeiten etwas beschränkt ist. Oft ist es überhaupt besser, Konstruktionen nicht direkt im perspektivischen Bild, sondern zuerst im Zweitafelsystem durchzuführen und erst nachher die fertige Figur ins Bild zu übertragen.

(34.5) Rekonstruktion des Projektionszentrums

Wie zeichnet man, wenn ein perspektivisches Bild eines Koordinatendreibeins gegeben ist, das zugrundeliegende Zentrum der Perspektive in separat gezeichneten Normalrissen ein? Es gibt ja in der axonometrischen Figur kein Bild $\overline{Z}$ von Z, das man wie bei (34.2) zurückübertragen kann. Aber die Bilder von Z′, Z″, Z‴ sind bekannt, es sind dies die Fluchtpunkte der Koordinatenachsen: $\overline{Z''} = F_x$, $\overline{Z'''} = F_y$, $\overline{Z'} = F_z$, denn das Lot ZZ″ von Z auf die yz-Ebene ist parallel zur x-Achse, also gleich dem Fluchtstrahl ZF_x etc. Man faßt F_x auf als Bild eines Punktes der yz-Ebene, F_y als Bild eines Punktes der xz-Ebene, F_z als Bild eines Punktes der xy-Ebene und überträgt diese Punkte wie bei (34.2) unter Zuhilfenahme anderer, schon übertragener Punkte in die zugehörigen Rißtafeln.

Auch die Normale n durch Z zur Bildebene, der Hauptsehstrahl ZH, kann leicht übertragen werden. Man denkt sich durch n die Ebenen parallel zu den Koordinatenachsen gelegt. Diese Ebenen sind projizierende Tiefenebenen, da n senkrecht auf der Bildebene steht. Ihre Schnittgeraden mit den Koordinatenebenen sind die Risse n′, n″, n‴, deren Bilder $\overline{n'}$, $\overline{n''}$, $\overline{n'''}$ sind die Höhen des Dreiecks $F_zF_xF_y$. In der Fig. 34.g sind die Konstruktionen im Fall einer Frontlage ausgeführt.

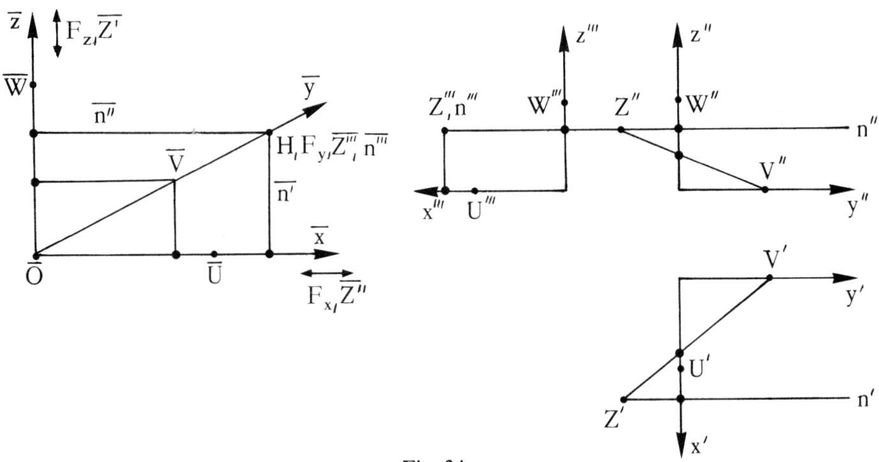

Fig. 34.g

35. Anwendungen

Beispiel (35.1):

Gegeben ist eine Eckansicht eines Quaders einschließlich des Hauptpunktes H auf der Fluchtgeraden der Standebene (Fig. 35.a). Auf diesen Quader soll ein Satteldach aufgesetzt werden, dessen Ebenen bezüglich der Standebene den Neigungswinkel φ haben.

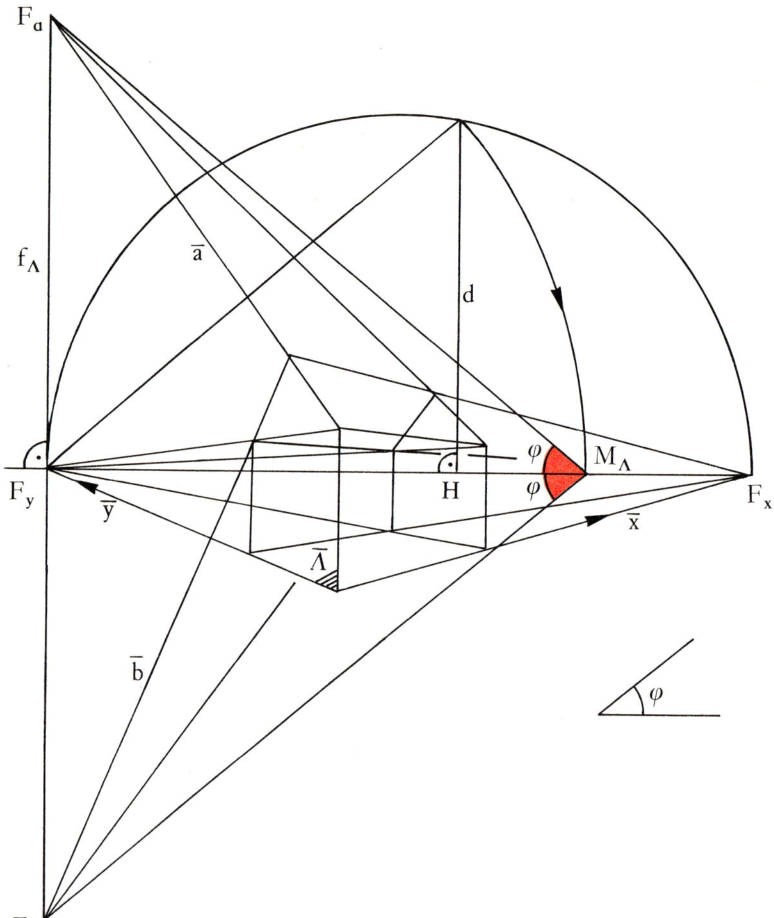

Fig. 35.a

Der Thaleskreis über der Strecke F_xF_y liefert die Distanz d der Zeichnung. Die Fluchtgerade f_Λ der Giebelseitenfläche Λ geht durch F_y und steht senkrecht auf dem Horizont. Man konstruiert den Meßpunkt M_Λ dieser Ebene. Dann erhält man die Fluchtpunkte der Giebelkanten a und b nach (31.3), indem man in M_Λ deren Neigungswinkel bezüglich der y-Achse über und unter den Horizont abträgt.

Wenn die Dachform komplizierter ist, empfiehlt es sich, das Dach mit Hilfe eines oder mehrerer Höhenschnitte zu konstruieren.
In der Fig. 35.b wurde auf ein vorgegebenes Rechteck in einer Bodenebene ein Walmdach mit einem Giebelfenster aufgesetzt. Die Dachflächen haben alle den vorgegebenen Neigungswinkel φ.

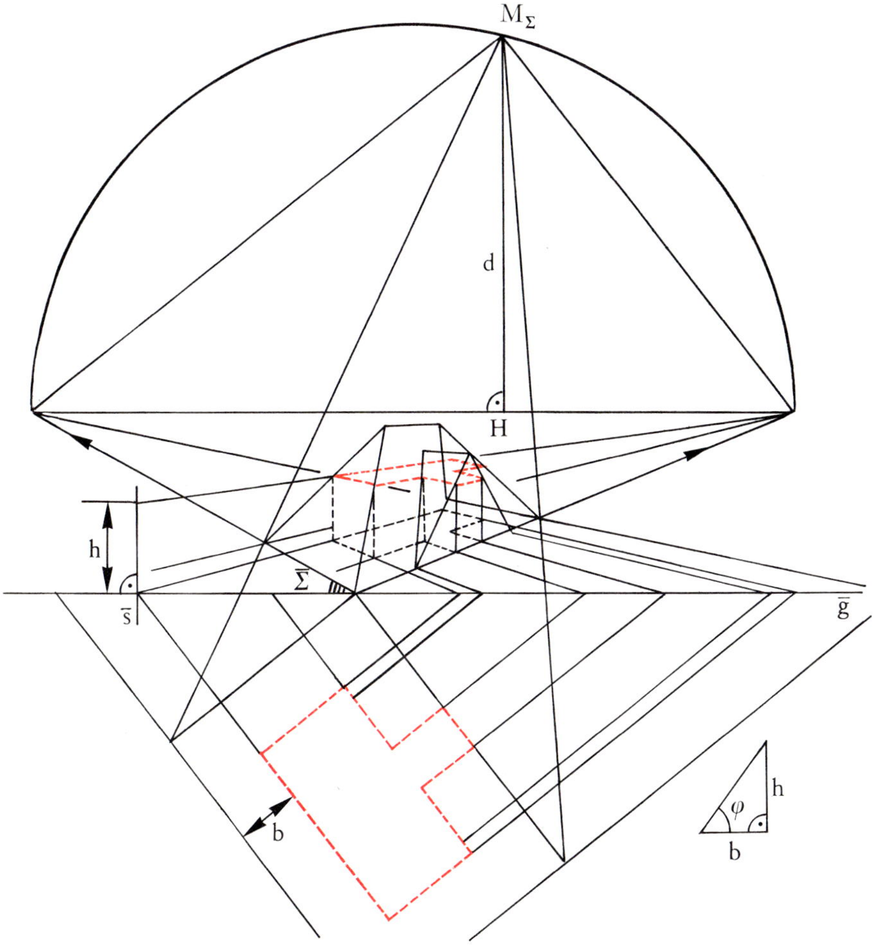

Fig. 35.b

Man klappt hier die Bodenebene Σ um eine Hauptgerade g um und konstruiert zuerst in der Umklappung, nachher im perspektivischen Bild die Normalprojektion eines in beliebigem Abstand h über Σ gewählten Höhenschnitts. Diese Normalprojektion auf Σ muß dann nur noch in die richtige Höhe gehoben werden mit Hilfe einer die Gerade g schneidenden, vertikalen Hauptgeraden s.

Aufgabe: Man durchstoße ein gegebenes Gebäudedach mit einem Kamin, dessen Grundriß vorgezeichnet ist.

Beispiel (35.2):

Man zeichne einige perspektivische Ansichten eines Zimmers, von dem zugeordnete Normalrisse gegeben sind (Fig. 35.c).

Bei einer Frontansicht beginnt man mit der Frontseite des Zimmerquaders, zeichnet sie im gewünschten Maßstab auf und wählt den Horizont mit dem Hauptpunkt H. In der Fig. 35.d wurde die Augenhöhe für einen auf dem Fußboden stehenden Betrachter angenommen. Dann wählt man die Distanz d der Zeichnung. Aus Platzgründen wurde sie hier im Buch nicht groß genug gewählt. Um die perspektivische Wirkung zu prüfen, sollte man mit dem Auge immer bis auf den Abstand d an das Blatt herangehen.

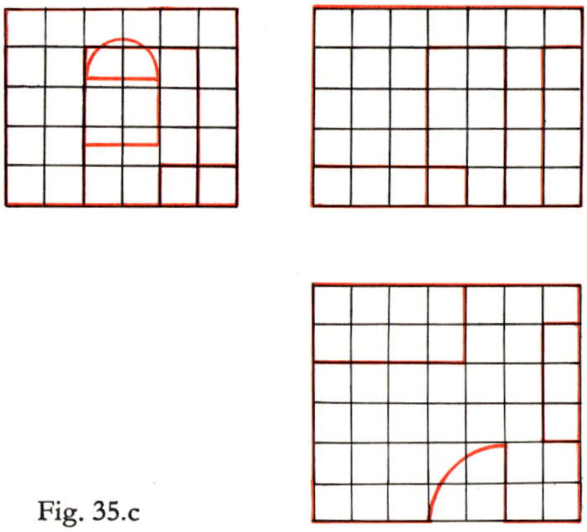

Fig. 35.c

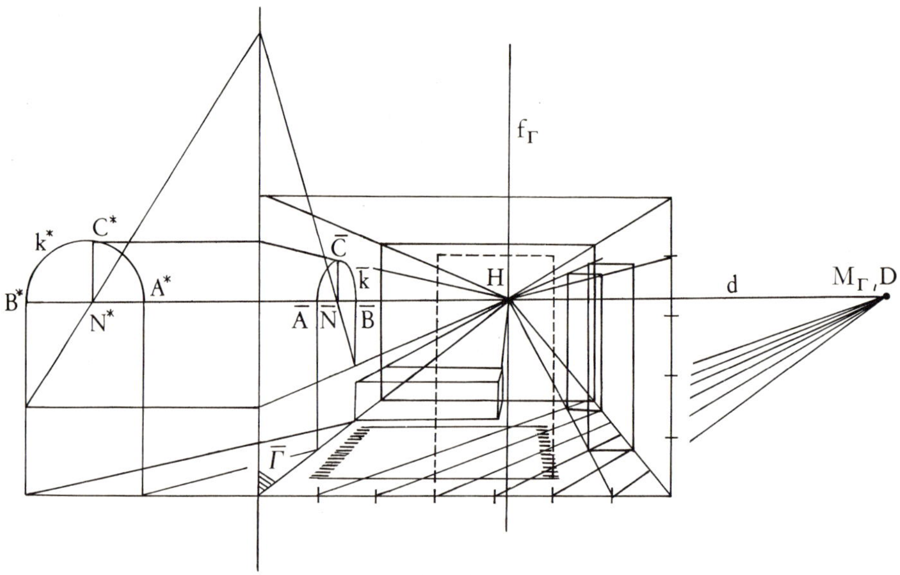

Fig. 35.d

Man beachte, daß bei dieser Frontansicht der Betrachter nicht etwa im Zimmer oder unter der Türe steht, sondern um die Strecke d, gemessen im Frontwandmaßstab, vor dieser Frontwand, die man sich durchsichtig denkt (31.7). Mit Hilfe des Distanzpunktes D überträgt man in der Bodenebene des Zimmers die Längenskala von der Frontkante auf eine Tiefengerade. Dann werden die Möbel eingezeichnet.
Will man das Bild des Fensterhalbkreises k nicht nur ungefähr mit Hilfe des umschriebenen Rechtecks, sondern genau zeichnen, d. h. die Achsen der Ellipse $\bar{k}$ konstruieren, so klappt man die Seitenwand Γ um, am besten um die Frontkante. Das Ellipsenzentrum $\bar{N}$ ist die Mitte der Strecke $\bar{A}\bar{B}$, denn die Tangenten in $\bar{A}$ und $\bar{B}$ sind parallel.

Aus der Umklappung holt man sich den Endpunkt $\overline{C}$ des zu $\overline{A}\,\overline{B}$ konjugierten Ellipsendurchmessers und läßt die Rytz'sche Konstruktion folgen.
Die Fig. 35.e zeigt eine Frontansicht aus der Vogelperspektive.

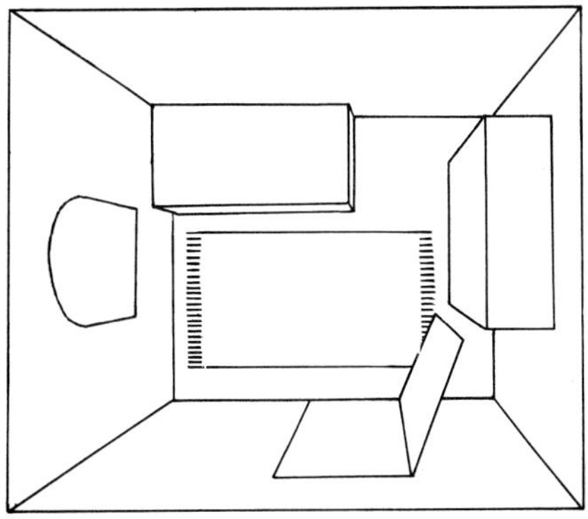

Fig. 35.e

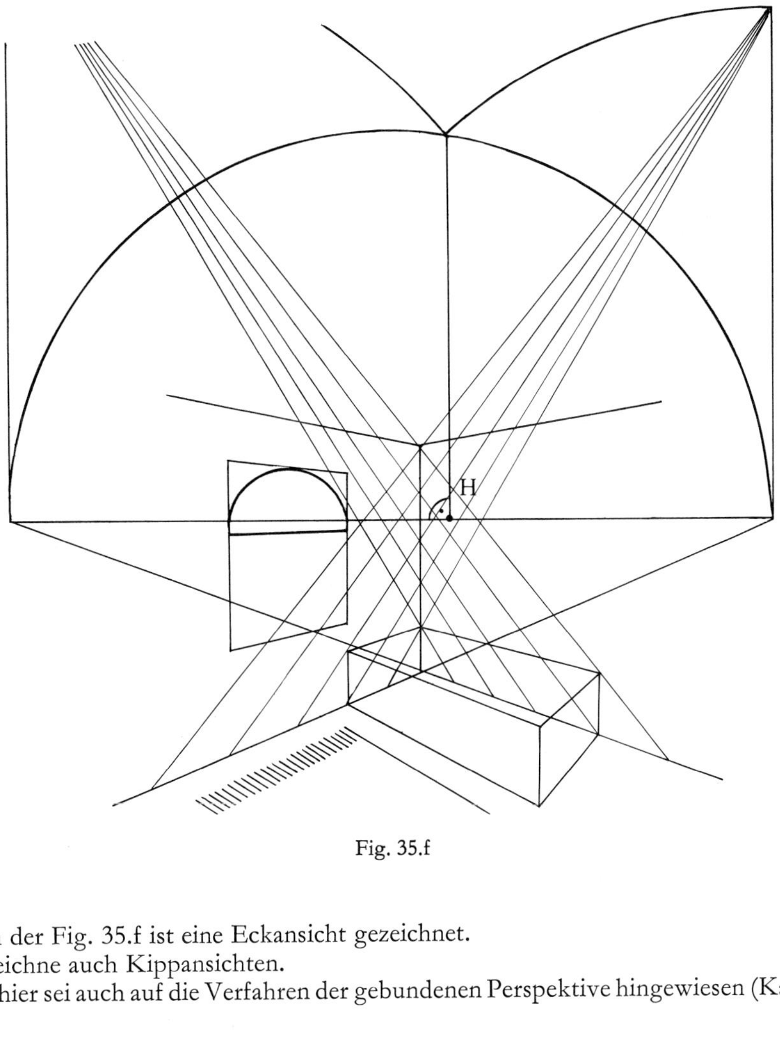

Fig. 35.f

Und in der Fig. 35.f ist eine Eckansicht gezeichnet.
Man zeichne auch Kippansichten.
Schon hier sei auch auf die Verfahren der gebundenen Perspektive hingewiesen (Kap. 36).

Beispiel (35.3):

Ein wichtiges Detail.

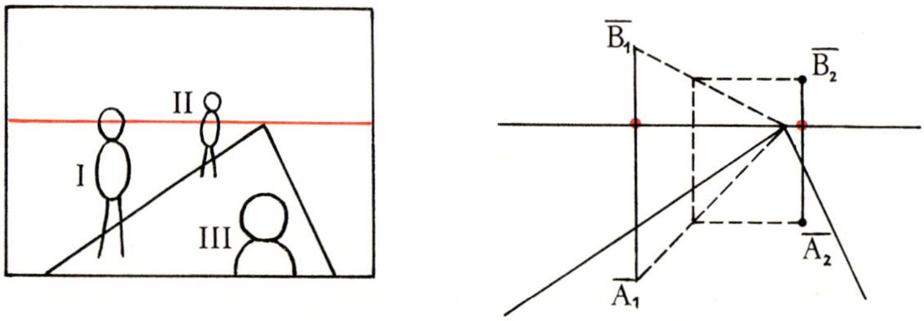

Fig. 35.g

In der Fig. 35.g ist auf einer vertikal im Raume stehenden Bildebene eine horizontale, gerade Straße mit drei gleich großen, auf ihr stehenden Personen I, II, III dargestellt. Was stimmt an der Zeichnung nicht?

Wenn zwei auf der Straßenebene senkrecht stehende Strecken A_1B_1 und A_2B_2 gleich lang sind, dann werden ihre Bilder durch den Horizont im gleichen Verhältnis geteilt. Man korrigiere die Zeichnung unter der Annahme, daß die Person I richtig gezeichnet ist, daß also die Augenhöhe des Betrachters gerade die Personenhöhe ist; entsprechend für II und III. Natürlich kann die Zeichnung auch als richtig befunden werden, nämlich wenn man der Meinung ist, nur die Person I stehe auf der Straße, II mache einen Luftsprung und III kniee.

Bei solchen Bildern gibt jeweils die Stellung des Horizontes gegenüber Objekten, deren Größe bekannt ist, Personen, Bäumen, Gebäude, Auskunft über die Augenhöhe des Beobachters.

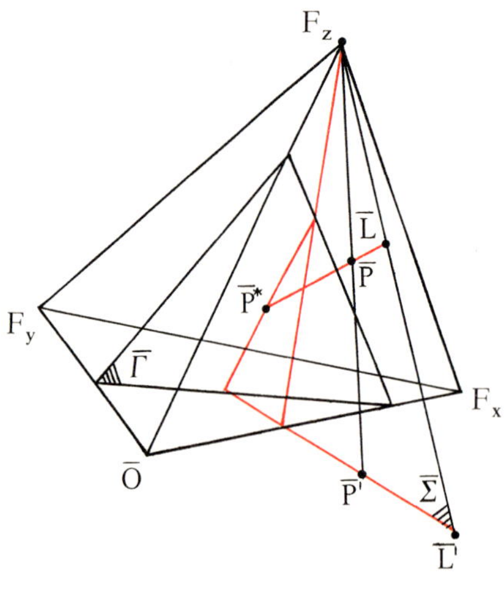

Fig. 35.h

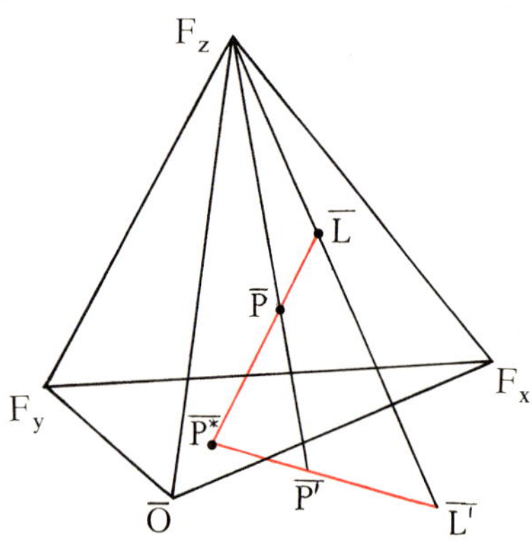

Fig. 35.i

Beispiel (35.4): **Schlagschattenkonstruktion**

Man konstruiere den Schlagschatten, den ein Punkt P auf eine Ebene Γ wirft, bei Beleuchtung von einer Lichtquelle L aus.

Die Fig. 35.h zeigt die Konstruktion im axonometrischen Verfahren. Die Lichtquelle L ist gegeben durch $\overline{L}$ und $\overline{L'}$; ebenso P durch $\overline{P}$ und $\overline{P'}$. Man legt durch den Lichtstrahl LP die Ebene Σ parallel zur z-Achse und schneidet sie mit Γ.
In der Fig. 35.i ist der Schatten gezeichnet, der auf die xy-Ebene geworfen wird.

Wenn die Lichtquelle L ein Fernpunkt ist, d. h. bei Parallelbeleuchtung, sind die Risse L′, L″, L‴ auch Fernpunkte, und deren Bilder $\overline{L'}$, $\overline{L''}$, $\overline{L'''}$ liegen auf den Seiten des Dreiecks $F_xF_yF_z$; das Bild $\overline{L'}$ des Grundrisses zum Beispiel ist der Schnittpunkt der Geraden $F_z\overline{L}$ mit F_xF_y. Man merke sich besonders die Verhältnisse bei einer Eckansicht (Fig. 35.k).

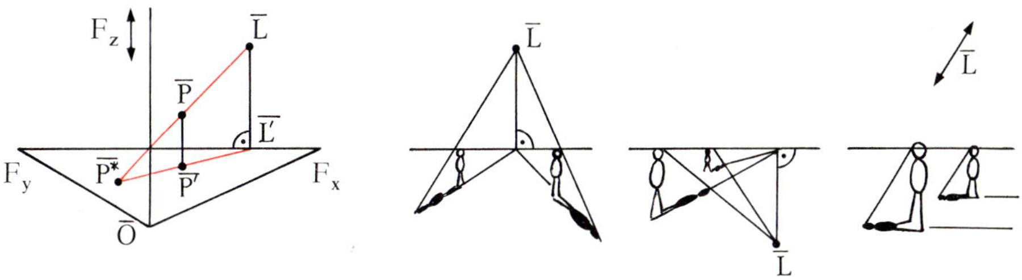

Fig. 35.k

Je nachdem, ob der Sonnenpunkt $\overline{L}$ über oder unter dem Horizont liegt, steht die Sonne vor oder hinter dem Betrachter des Bildes. Ist $\overline{L}$ ein Fernpunkt, so liegt die Sonne L seitlich vom Betrachter, in der Verschwindungsebene.

Bei einer Parallelbeleuchtung kann der Schlagschatten P*, den ein Punkt P auf eine Ebene Γ wirft, leicht auch ohne Hilfe eines Koordinatensystems konstruiert werden, wenn nur von einer Geraden g, welche durch P geht, der Fluchtpunkt F_g und der Schnittpunkt D mit Γ bekannt sind. Die Fig. 35.l zeigt das Verfahren: Der Sonnenpunkt $\overline{L}$ ist der Fluchtpunkt aller Lichtstrahlen. Den Schnittpunkt des durch P laufenden Lichtstrahls l mit der Ebene Γ konstruiert man mit Hilfe der Ebene lg, deren Fluchtgerade $\overline{L}F_g$ man mit der Fluchtgeraden f_Γ von Γ schneidet.

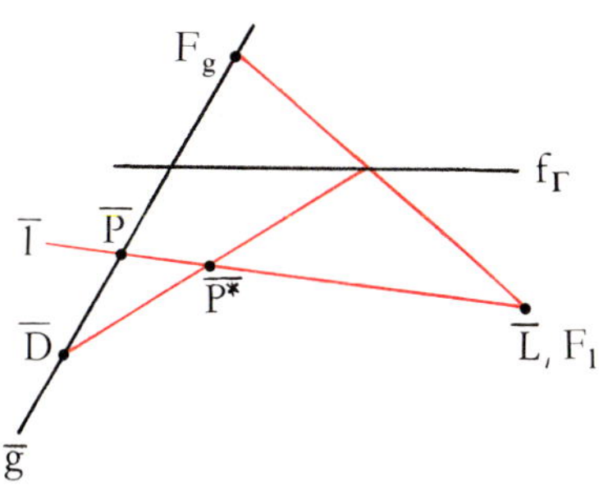

Fig. 35.l

Es folgen zwei **Anwendungen:**

(35.5) Schatten eines parallel beleuchteten Hauses mit Kamin (Fig. 35.m)

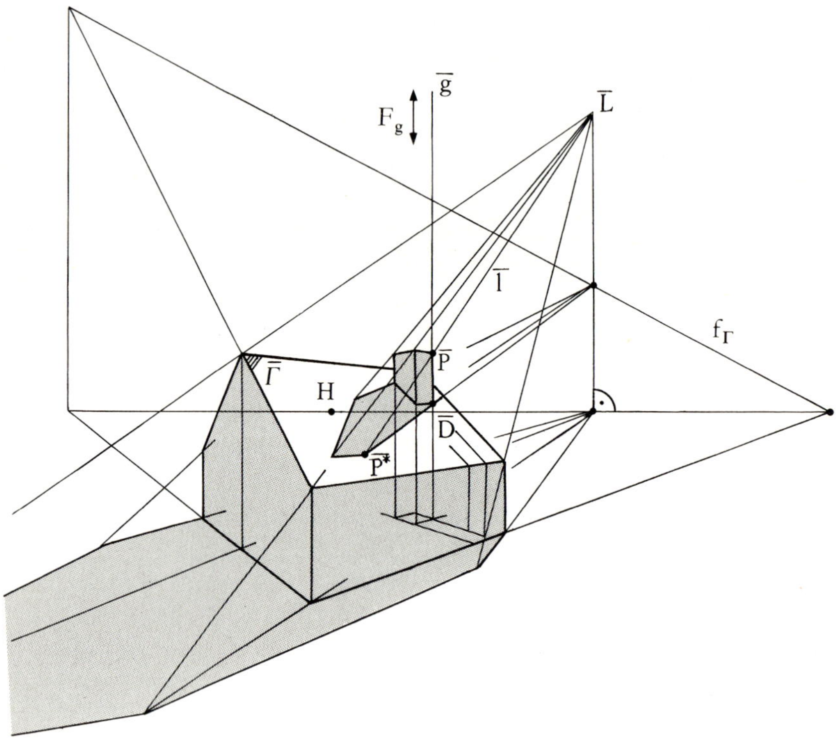

Fig. 35.m

Man bestimme hier auch den Neigungswinkel, den die Lichtstrahlen mit der Bodenebene bilden.

(35.6) Parallel beleuchteter Torbogen

Ein Mauertor mit halbkreisförmigem Bogen wird von einem Fernpunkt L aus parallel beleuchtet (Fig. 35.n). Der äußere Torrand wirft einen Schatten ins Tor hinein. Den Schatten P*, den der Punkt P auf die Torinnenwand wirft, bekommt man auf die folgende Weise: Man muß den durch P gehenden Lichtstrahl l schneiden mit dem Zylinder, welchen die durch den Torrand laufenden, zur Torrichtung parallelen Geraden bilden. Dazu schneidet man wie üblich die Ebene Φ, aufgespannt durch l und die Mantellinie m durch P, mit der Ebene Γ, in welcher der Torrand liegt. Die Schnittgerade s schneidet den Torrand in P und Q. P* liegt auf der Mantellinie durch Q.

Aufgabe (35.7): Man zeichne wie bei (35.2) ein möbliertes Zimmer und beleuchte es mit einer im Zimmer hängenden Lampe.

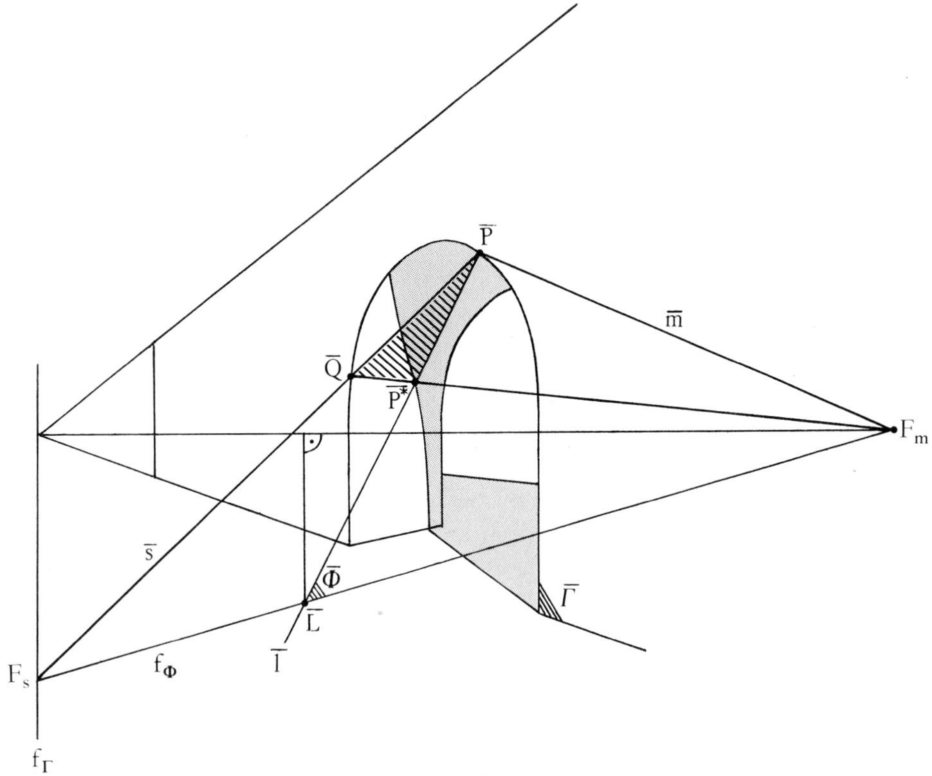

Fig. 35.n

Beispiel (35.8):

Ein Kreuzgewölbe ist im Grundriß und Aufriß gegeben (Fig. 35.o). Man konstruiere die Frontansicht, welche sich vom vorgegebenen Projektionszentrum Z aus ergibt.

Die Bildebene Π, projizierend bezüglich des Grundrisses, kann nach (32.1) in beliebigem Abstand von Z gewählt werden. Man beginnt die perspektivische Zeichnung mit dem Schnittbogen des Tiefenganges, der in der Bildebene Π liegt, zeichnet ihn in einem geeigneten Maßstab und legt damit auch die Distanz d der Zeichnung fest (31.7), oder man gibt sich umgekehrt d vor und zeichnet das Bild dieses Frontbogens in der richtigen Größe. Dann zeichnet man den Horizont und den Hauptpunkt H ein. Wenn d groß ist, kann der Maßstab wie in der Fig. 31.1 mit der halben Distanz von der unteren Frontkante auf eine Tiefengerade übertragen werden. Die Bodenkanten, die Wände und der hintere Abschlußbogen lassen sich dann sofort zeichnen.

Konstruktion der beiden Gratellipsen: Die Ellipse e in der Diagonalebene Σ und der Gewölbekreis k in der Bildebene sind zentralkollinear mit dem Fernpunkt des Tiefenganges als Zentrum und der Spur der Ebene Σ als Achse. Nach (21.5) sind die Bilder $\bar{e}$ und $\bar{k}$ in der Bildebene zentralkollinear mit der Achse s_Σ und dem Hauptpunkt H als Zentrum. Konstruktion des Mittelpunkts und der Achsen von $\bar{e}$ wie bei (21.15). Die Gratellipsen können auch punktweise mit Hilfe von Höhenschnitten konstruiert werden (vgl. die Fig. 2.h).

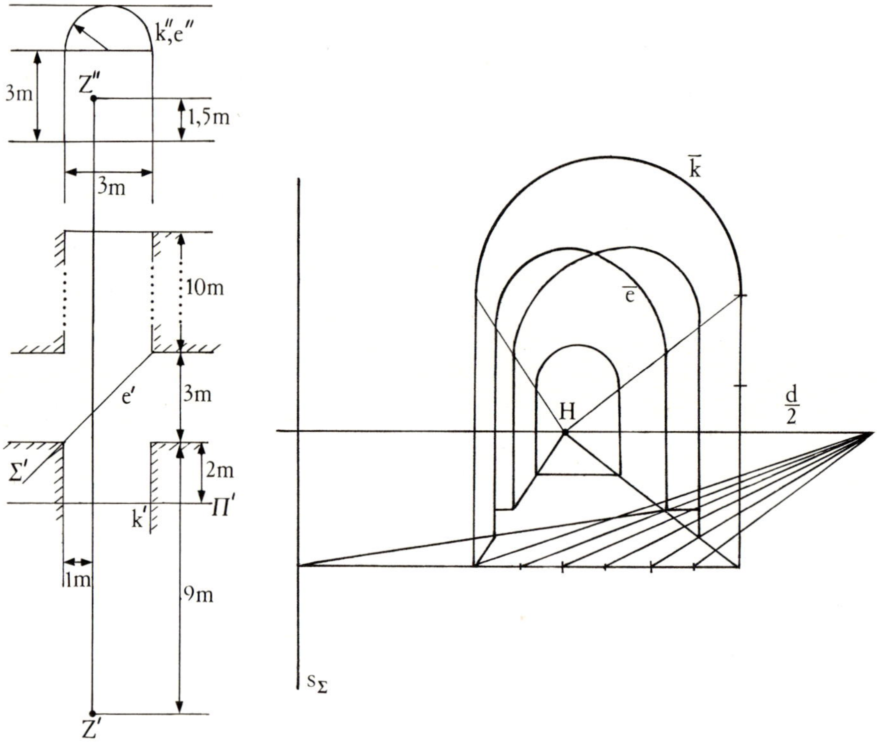

Fig. 35.o

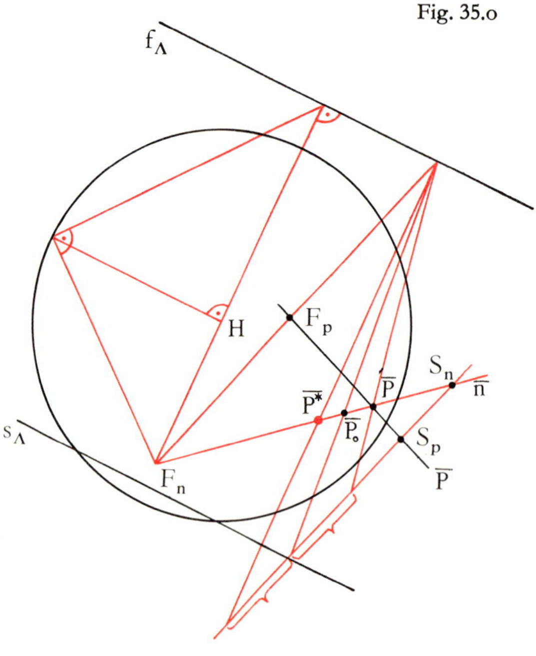

Fig. 35.p

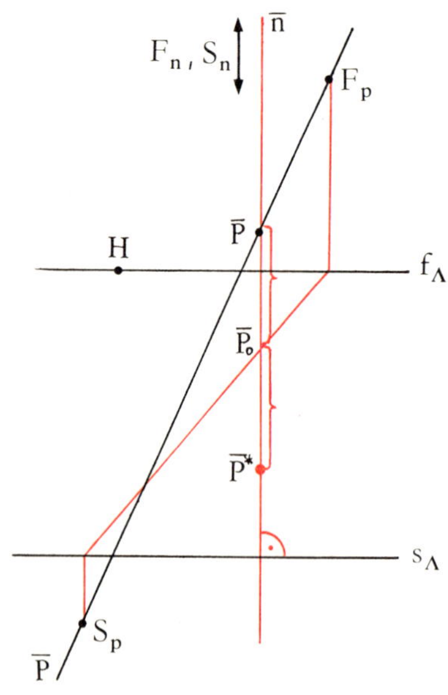

Fig. 35.q

Beispiel (35.9): **Spiegelung an einer Ebene**

Gegeben sind eine Ebene Λ und ein Punkt P (auf einer Geraden p). Man konstruiere den zu P bezüglich Λ symmetrischen Punkt P* (Fig. 35.p).

Beschreibung der Konstruktion:

1) Normale n zu Λ durch P (30.4).
2) n schneiden mit Λ mit Hilfe der Ebene pn (29.2). Schnittpunkt P_0.
3) P_0P verdoppeln (29.4).

In der Praxis sind die Verhältnisse häufig vereinfacht. Wenn zum Beispiel die Ebene Λ eine Tiefenebene ist (Fig. 35.q), so hat die Normale n Hauptlage; dann kann die Streckenverdoppelung unmittelbar erfolgen.
Die Fig. 35.r zeigt eine solche Spiegelung.

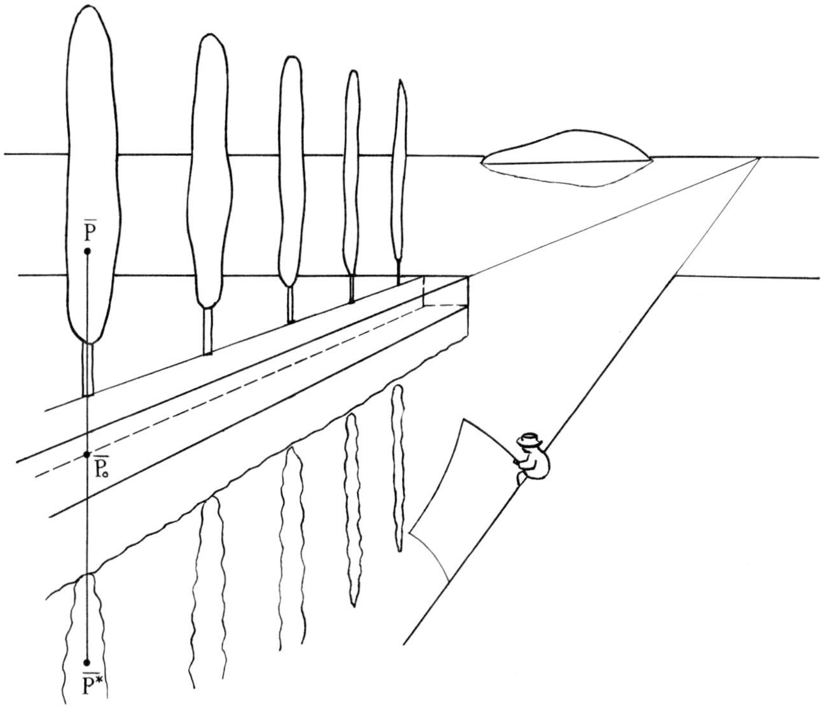

Fig. 35.r

Übung (35.10):

Man zeichne eine Innenansicht eines Raumes und in diesem Raum einen vertikalen Wandspiegel. Dann spiegle man den Raum im Spiegel.

Beispiel (35.11):

Aufbau einer Gebäudegruppe über einem Kellergrundriß

Bei der perspektivischen Darstellung eines auf einer Bodenebene stehenden Körpers, von dem der Grundriß und alle Höhen gegeben sind, empfiehlt es sich, wenn die Augenhöhe der Zeichnung klein sein soll im Vergleich zur Größe des Körpers und die Standebene daher in starker Verkürzung erscheint, zuerst wie in der Fig. 34.d einen Kellergrundriß zu zeichnen und dann den Körper darüber aufzubauen. Beim Gebäudekomplex der Fig. 35.s geht das folgendermaßen:
Man legt den Grundriß vor sich hin und bildet ihn auf dem Zeichnungsblatt zentralkollinear ab: $P' \to P^*$, mit einem Zentrum S und einer horizontalen Achse s, so gewählt, daß das Bild des Grundrisses den Vorstellungen entspricht, die man von der perspektivischen Darstellung des Gebäudegrundrisses bei Betrachtung von steil schräg oben hat. Es sei f die Fluchtgerade dieser ebenen Zentralkollineation. Dann läßt man auf dem Zeichnungsblatt eine normale Affinität folgen: $P^* \to \overline{P}$, mit der Achse f, bei der s nah an f heranrückt bis auf die gewünschte Augenhöhe, gemessen im Maßstab des ursprünglichen Grundrisses. Dann errichtet man die einzelnen Gebäude mit Hilfe einer Höhenskala, welche auf einer vertikalen Geraden in der Hauptebene, deren Grundriß s ist, eingetragen wird.
Es entsteht ein perspektivisches Bild mit der Geraden f als Horizont. Der Punkt S ist nichts anderes als der Meßpunkt der Bodenebenen, und der ursprünglich gezeichnete Grundriß ist die Umklappung der Kellerebene Σ um die Hauptgerade, deren Bild mit s zusammenfällt. Der Hauptpunkt H der Perspektive ist der Fußpunkt des Lotes von S auf f, die Strecke SH ist die Distanz.
Den Grundriß Z′ des Projektionszentrums Z, also des Standorts des Beobachters, bekommt man nachträglich noch, wenn man bei dieser Umklappung der Ebene Σ, gemäß (34.5), den zur vertikalen Richtung gehörenden Fernpunkt mitnimmt. Der Abstand des Punktes Z′ von der Geraden s ist gleich der Distanz SH.

Übungen:

(35.12) Man stelle einen Rotationszylinderkörper dar und beleuchte ihn.

(35.13) Man stelle einen schiefabgeschnittenen Rotationskegelkörper dar.

(35.14) Man zeichne ein reguläres Dodekaeder.

(35.15) Man lege sich eine Sammlung perspektivischer Bilder und Fotografien an (Innenräume, Straßen, Brücken, Treppenaufgänge, Häuserfronten etc.).

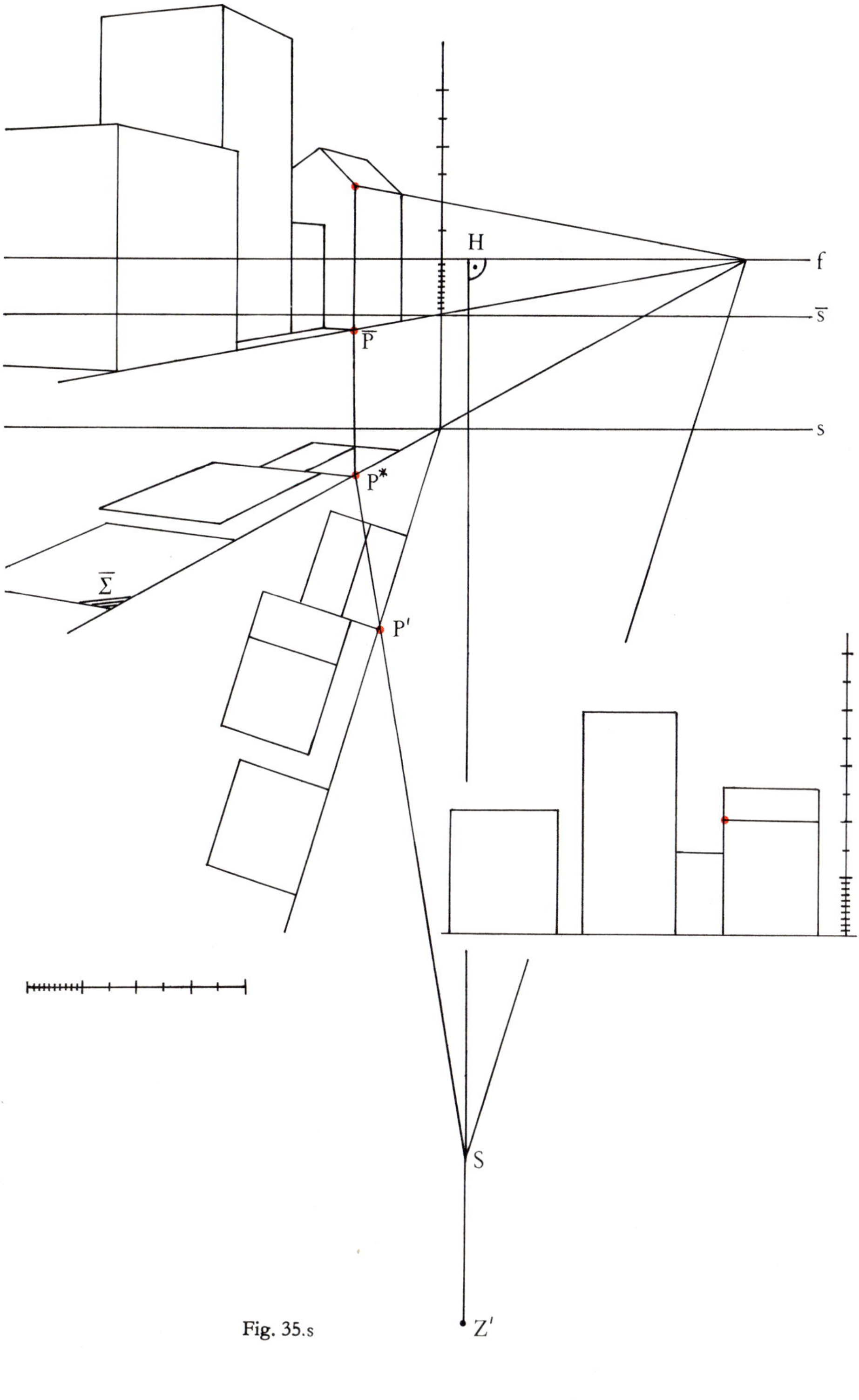

Fig. 35.s

36. Gebundene Perspektive

Statt einen Gegenstand in einem perspektivischen Bild schrittweise aufzubauen durch Einmessen von Strecken, Errichten von Normalen, Schneiden von Ebenen usw., ist es oft vorteilhafter, ihn zuerst in einem Zweitafelsystem mit gewöhnlichen Normalprojektionen fertig darzustellen und erst nachher, ausgehend von diesen Rissen, ein perspektivisches Bild von ihm herzustellen. Man kann axonometrisch vorgehen (Kap. 34) und einen Punkt nach dem andern aus den Normalrissen in die perspektivische Zeichnung übertragen.

Man kann aber auch die Bildebene Π und das Zentrum Z der Perspektive direkt schon in den beiden Rissen wählen und einzeichnen (Fig. 36.a) und für jeden Punkt P das perspektivische Bild dort, an Ort und Stelle, konstruieren als Schnittpunkt des Sehstrahls ZP mit der Ebene Π, und erst anschließend die Ebene Π noch irgendwie in Hauptlage bringen. Am einfachsten geht die Konstruktion, wenn die Bildebene Π wie in der Fig 36.a gerade projizierend gewählt wird. Erfordert der darzustellende Gegenstand eine allgemeinere Lage von Π, so kann man ihn durch Umprojizieren zuerst in eine andere Lage bezüglich der Rißebenen bringen und dann, ausgehend von zwei neuen Rissen, wie in der Fig. 36.a vorgehen.

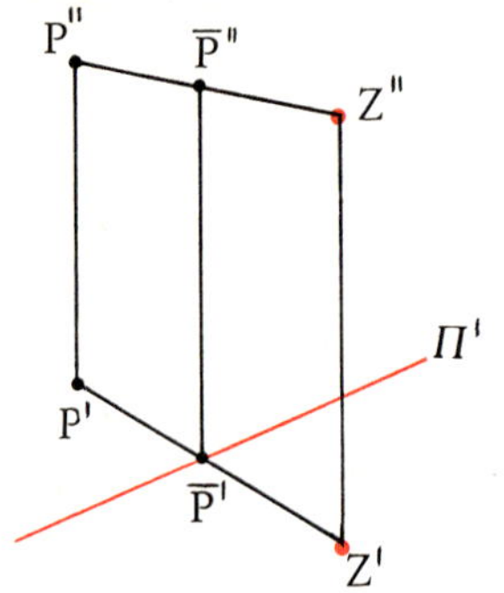

Fig. 36.a

Bei einer auf diese Weise direkt in den gegebenen Normalrissen hergestellten perspektivischen Zeichnung spricht man von **gebundener Perspektive**, im Gegensatz zur sog. freien (oder Maler-) Perspektive. Natürlich kombiniert man in der Praxis beide Methoden. Ein Vorzug der gebundenen Methode ist, daß man die ungefähre Gestalt des perspektivischen Bildes von vornherein sehen kann und die Bildgröße und Bildanordnung und selbstverständlich die Distanz der Zeichnung unmittelbar unter Kontrolle hat. Man achtet bei der Wahl des Zentrums Z und der Bildebene Π darauf, daß der darzustellende Gegenstand in den Sehkegel (Fig. 32.a) zu liegen kommt.
Bildet man auf diese Weise einen auf einer ersten Hauptebene stehenden Würfel ab, so bekommt man eine Front- oder eine Eckansicht (Fig. 33.d). Häufig müssen Gegenstände dargestellt werden, die eine ausgeprägte Standebene parallel zum Grundriß haben. Dann ist die Wahl der Augenhöhe, des Abstands des Zentrums Z von dieser Ebene, wichtig für den Eindruck, den das perspektivische Bild machen soll. Das Bild der zur Standebene parallelen Ebene durch Z ist der Horizont.

(36.1) Am einfachsten sind in der Fig. 36.a die Verhältnisse, wenn die Bildebene Π zweite Hauptlage hat. Man konstruiert dann zuerst neben dem Aufriß noch den Seitenriß, legt ein neues Zeichnungsblatt über den Aufriß und kann die Punkte, wie die Fig. 36.b zeigt, auf dieses Bildblatt ziehen.

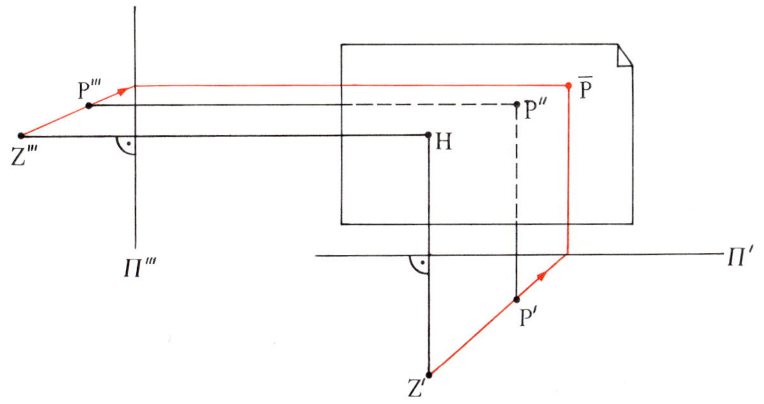

Fig. 36.b

Die Fig. 36.c zeigt speziell noch die Konstruktion für eine Gerade g.

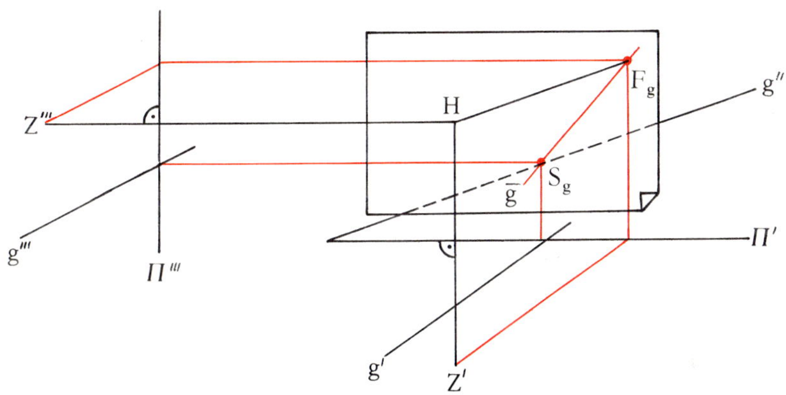

Fig. 36.c

Ist ein Koordinatensystem parallel zu den Rißebenen eingeführt (Fig. 36.d), so ergeben sich für die Bildpunkte einfache Formeln:

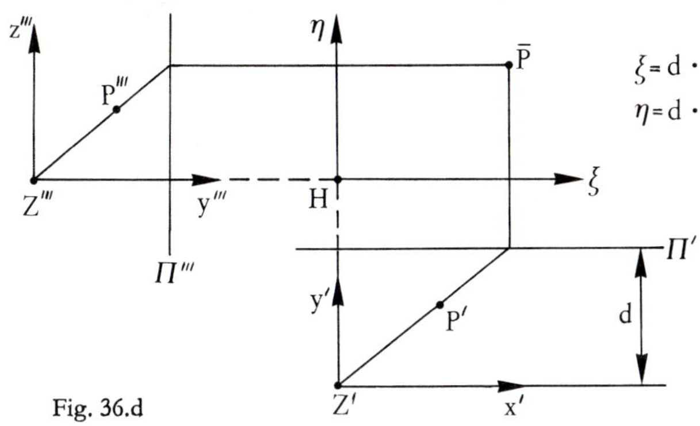

$$\xi = d \cdot \frac{x}{y}$$
$$\eta = d \cdot \frac{z}{y}$$

Fig. 36.d

(36.2) Hat die projizierende Bildebene Π in der Fig. 36.a nicht Hauptlage, so kann man zuerst in der Richtung von Π′ umprojizieren und den so gewonnenen dritten Riß um 90° drehen, bis er als Seitenriß zusammen mit dem Grundriß die Lage der Fig. 36.b einnimmt (Fig. 36.e).

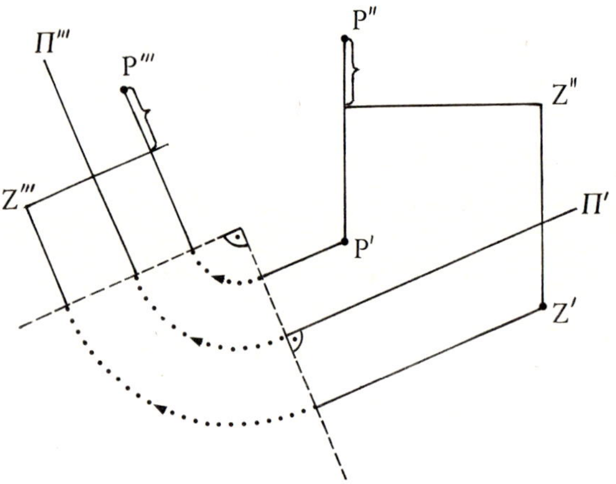

Fig. 36.e

Es ist aber in der Regel praktischer, wenn das Bildblatt nicht in eine vorbestimmte Lage bezüglich der gegebenen Risse gebracht werden muß, sondern wenn man es irgendwo separat hinlegen kann. Dann muß man die Bildpunkte $\overline{P}$ einfach einzeln aus den Rissen in dieses Bildblatt übertragen. Dafür gibt es verschiedene Verfahren:

(a) **Die Sehstrahlmethode**

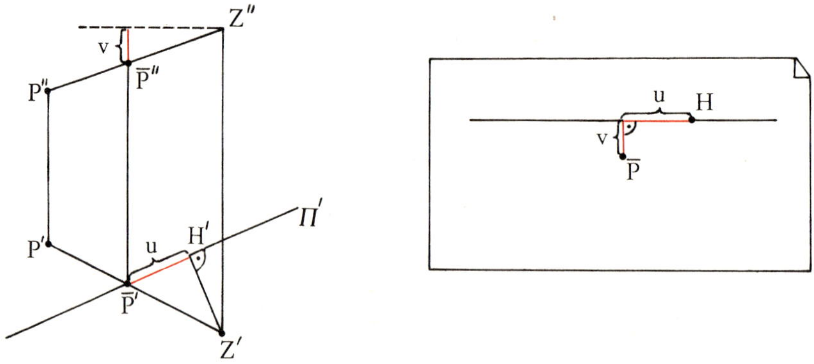

Fig. 36.f

Man entnimmt dem Grundriß und dem Aufriß die Strecken u und v (Fig. 36.f) und trägt sie in der Bildebene, ausgehend vom Hauptpunkt H, ab.

(b) Die Zweigeradenmethode

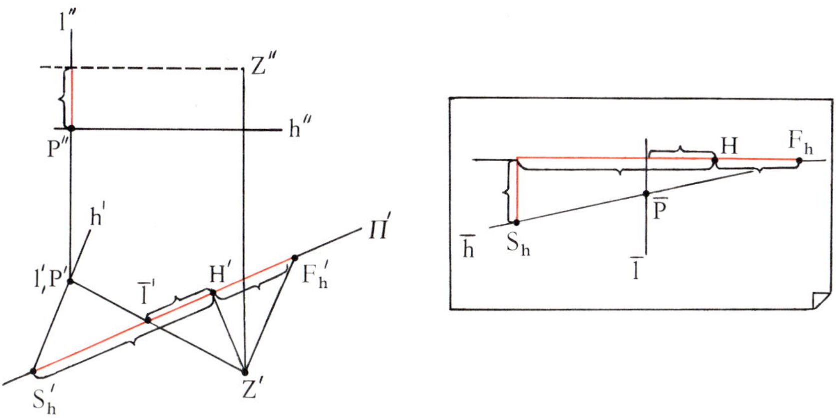

Fig. 36.g

Man konstruiert die Bilder zweier durch P laufender Geraden (Fig. 36.g). Am besten verwendet man dazu die erstprojizierende Gerade l durch P und irgendeine erste Hauptgerade h durch P. $\bar{h}$ wird mit Hilfe des Spurpunktes S_h und des Fluchtpunktes F_h konstruiert. Es müssen im ganzen vier Strecken übertragen werden. Die Konstruktion vereinfacht sich, wenn h jeweils zweitprojizierend gewählt wird oder senkrecht zu Π.

(c) Die Quadratnetzmethode

Man zeichnet in einer ersten Hauptebene Γ im Abstand h von Z (Fig. 36.h) ein quadratisches Gitter, dessen Geraden parallel rsp. senkrecht zu Π verlaufen. Der Fluchtpunkt der zu Π senkrechten Gittergeraden ist der Hauptpunkt H, der Fluchtpunkt der Quadratdiagonalen ist der Distanzpunkt D.

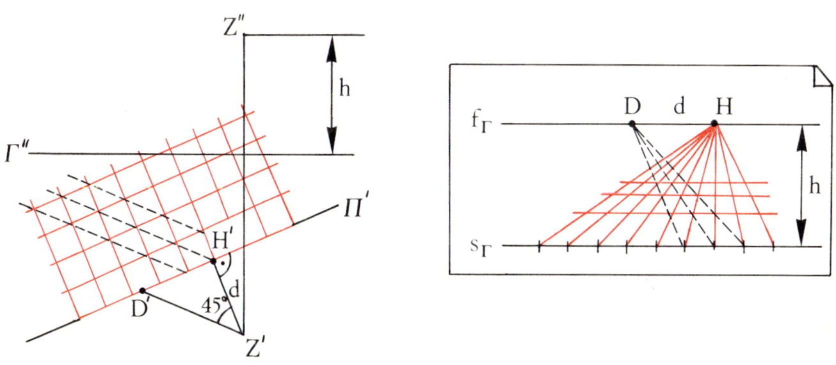

Fig. 36.h

Das perspektivische Bild eines Punktes P konstruiert man dann bezogen auf diesen fest gewählten Parkettboden (Fig. 36.i):

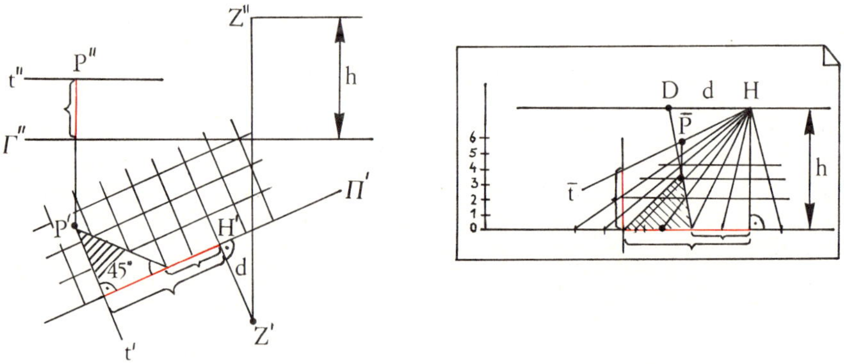

Fig. 36.i

Man konstruiert den Fußpunkt des Lots von P auf Γ mit Hilfe des schraffierten Dreiecks (wenn das Gitter fein genug ist, kann man ihn direkt näherungsweise einzeichnen) und konstruiert die Höhe über Γ mit Hilfe der Tiefengeraden t. Manchmal leistet ein Höhenmaßstab am Bildblattrand nützliche Dienste.
Mit Hilfe solcher quadratischer Raster können Kurven nach Augenmaß übertragen werden, auch in vertikalen Ebenen, z. B. bei der Darstellung von Reklameschriften.

Selbstverständlich kann bei allen drei Methoden die Zeichnung auf dem Bildblatt jeweils auch in einem andern Maßstab gezeichnet werden. Dann müssen die zu übertragenden Strecken entsprechend geändert werden.

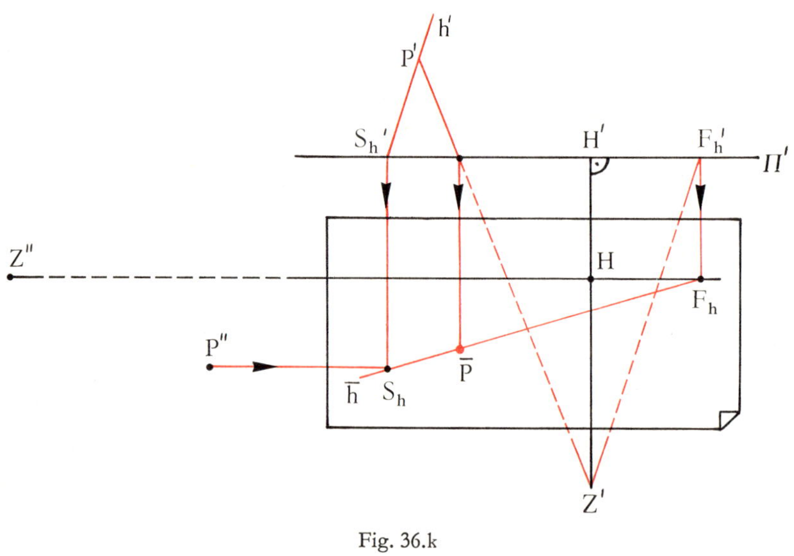

Fig. 36.k

(36.3) Eine Variante zum Vorhergehenden liegt vor bei der sog. **Architektenanordnung** (Fig. 36.k).

Es handelt sich eigentlich um die Zweigeradenmethode. Statt daß man aber wie bei (36.2) (b) aus dem Grund-Aufrißsystem die Strecken ins Bildblatt überträgt, plaziert man die beiden Risse gerade günstig neben dem Bildblatt, den Grundriß oben oder unten mit Π' parallel zum Horizont und den Aufriß links oder rechts mit der ersten Hauptebene, welche durch Z geht, auf der Höhe des Horizontes.
Vorteilhaft ist es, für die Hauptgeraden h eine feste Richtung zu wählen, damit immer derselbe Fluchtpunkt F_h verwendet werden kann. Man beachte, daß als Aufriß irgendein dem Grundriß zugeordneter Riß genommen werden kann, da ja nur die Höhenunterschiede senkrecht zum Grundriß ins Bildblatt hineingezogen werden. Man braucht also lediglich eine sog. Maßvertikale.

(36.4) **Aufbau über einer Grundebene**

Oft ist es empfehlenswert, bei einer perspektivischen Zeichnung eines Gegenstandes zuerst einen Grundriß des Gegenstandes im perspektivischen Bild fertig zu zeichnen und erst nachher den Gegenstand über diesem Grundriß aufzubauen. Das wurde bei (36.2) (c) gemacht und früher schon bei (35.11). Hier nochmals (Fig. 36.l).

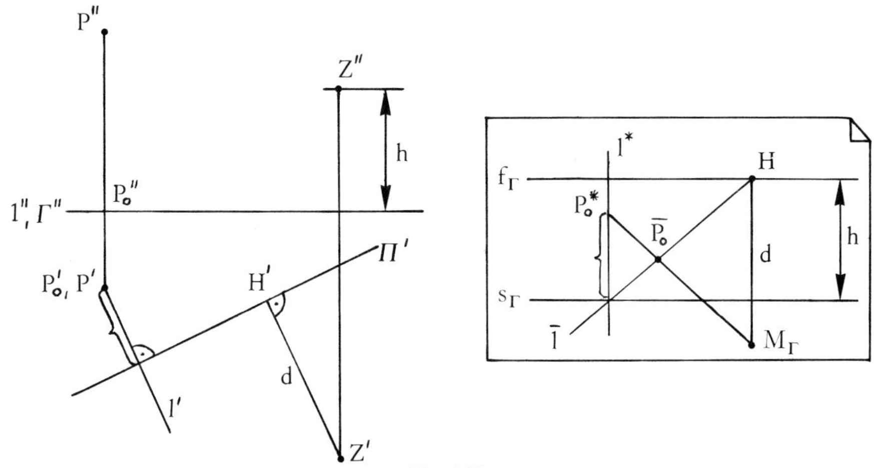

Fig. 36.l

Man wählt im Aufriß eine erste Hauptebene Γ. h sei die Höhe des Zentrums Z über dieser Ebene. Dann stellt man Γ auf dem Bildblatt durch ihre Fluchtgerade f_Γ und ihre Spur s_Γ dar. Da es sich um eine Tiefenebene handelt, ist f_Γ der Horizont, und s_Γ ist die Parallele zu f_Γ im Abstand h. Damit in der Ebene Γ gut gezeichnet werden kann, wähle man h nicht zu klein.
Es sei M_Γ ein Meßpunkt der Ebene Γ. P_0 sei der Grundriß von P in der Ebene Γ. Klappt man die Ebene Γ um ihre Spur s_Γ in die Bildebene Π um, so erhält man in Π nach (31.13) eine Zentralkollineation: $P_0{}^* \to \overline{P_0}$, bei der die Umklappung des Punktes P_0 in sein perspektivisches Bild abgebildet wird, mit dem Kollineationszentrum M_Γ, der Achse s_Γ und der Fluchtgeraden f_Γ. Das Bild $\overline{1}$ der Tiefengeraden 1 durch P_0 geht bei dieser Zentralkollineation aus 1* hervor.

Daraus ergibt sich das folgende einfache Konstruktionsverfahren:
Man schiebt den gegebenen Grundriß unter das (durchsichtige) Bildblatt, so daß Π' mit s_Γ zusammenfällt und Z' auf die Gerade HM_Γ zu liegen kommt. Den Aufriß oder irgendeinen zugeordneten Riß, da es nur auf die Höhenunterschiede ankommt, legt man daneben, so daß Γ'' mit s_Γ zusammenfällt.

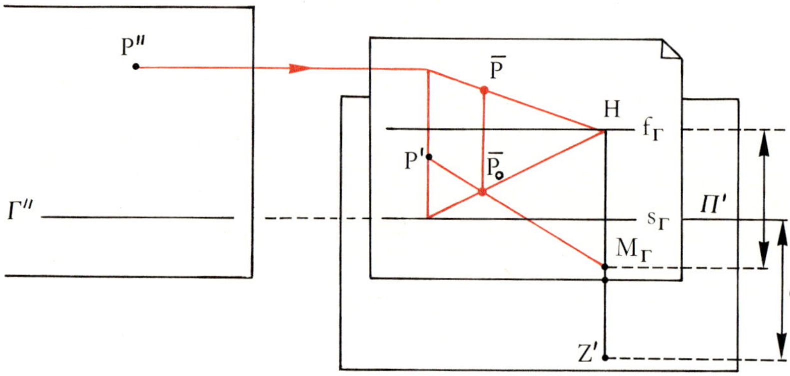

Fig. 36.m

Wie die Fig. 36.m zeigt, zeichnet man dann zuerst $\overline{P_0}$ mit Hilfe der Zentralkollineation und konstruiert darauf $\overline{P}$ senkrecht über $\overline{P_0}$ mittels der Tiefengeraden durch P.
So hat man dann im perspektivischen Bild mit dem Gegenstand gleichzeitig noch seinen Grundriß gezeichnet in einer Ebene, deren Tiefe unter dem Gegenstand man selber hat wählen können.
Um zu vermeiden, daß der Grundriß ganz unter das Bildblatt geschoben werden muß, kann man mit dem andern Meßpunkt der Ebene Γ arbeiten, bekommt dann aber ein seitenverkehrtes Bild, wenn man den Grundriß nicht vorher noch spiegelt (Fig. 36.n).

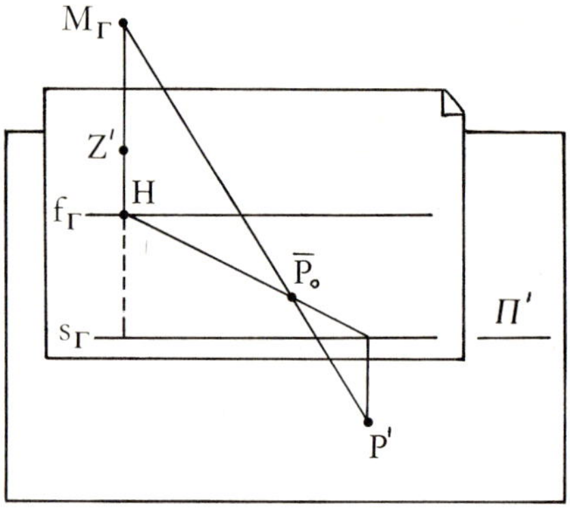

Fig. 36.n

(36.5) **Anhang:**

Wenn ein Gegenstand perspektivisch dargestellt ist ohne Bezug auf ein Koordinatensystem, also nicht axonometrisch, und auch nicht zusammen mit einem Normalriß auf eine Bodenebene wie in (36.4), dann kann man seine wahre Gestalt und seine genaue Lage bezüglich des Projektionszentrums und der Bildebene aus der perspektivischen Zeichnung nicht oder nur mit Mühe ablesen. Manchmal weiß man aus dem Zusammenhang, was mit der Zeichnung gemeint ist, oder man kennt die wahre Form von Einzelteilen und kann sich daraus das Ganze rekonstruieren (31.17), im allgemeinen gibt aber eine einzelne perspektivische Zeichnung nur unsichere Auskunft.

Es stellt sich die Frage, ob es, wie bei zugeordneten Normalprojektionen möglich ist, aus *mehreren* perspektivischen Zeichnungen desselben Gegenstandes dessen wahre Gestalt genau zu rekonstruieren.
Mit diesem Problem befaßt sich die **Photogrammetrie.** Man denke z. B. an die Auswertung von Flugaufnahmen im Vermessungswesen.
Hier soll ein einfacher, auf das Vorangehende bezogener Fall untersucht werden.

Ein im Grundriß und Aufriß gezeichneter Gegenstand wird gleichzeitig auf zwei erstprojizierende Ebenen zentralprojiziert (Fig. 36.o), vom Punkt Z_1 aus auf Π_1 und von Z_2 aus auf Π_2. Es seien $\overline{P}$ und $\overline{\overline{P}}$ die Bilder eines Punktes P.
Wie kann man, ausgehend von den beiden perspektivischen Zeichnungen, den Grundriß und den Aufriß des Gegenstandes wieder herstellen?

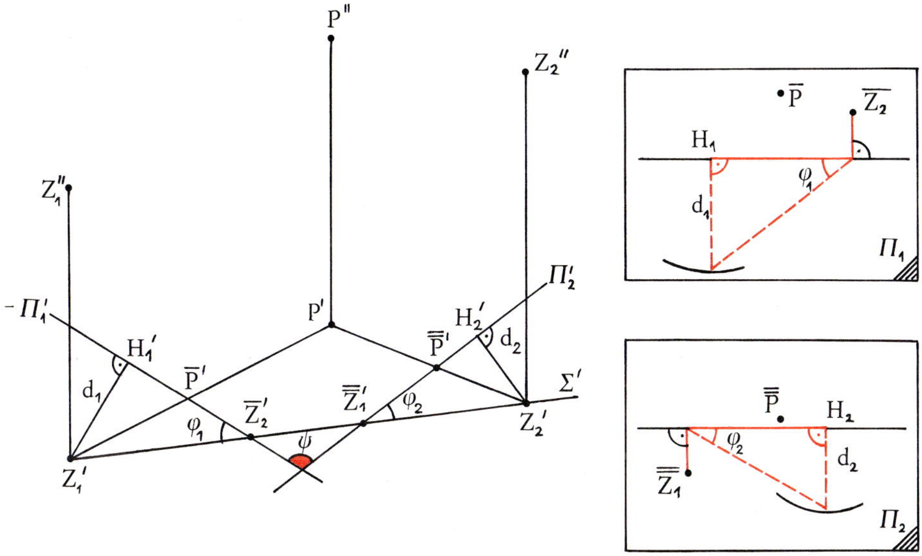

Fig. 36.o

Bei beiden perspektivischen Zeichnungen sollen der Hauptpunkt H und die Distanz d (die sog. Elemente der inneren Orientierung) bekannt sein, sowie der Horizont, also das Bild der ersten Hauptebene durch das Zentrum, und es sei ferner auch jeweils das Bild des anderen Zentrums in jeder der Zeichnungen eingezeichnet, d. h. $\overline{Z_2}$ in Π_1 und $\overline{\overline{Z_1}}$ in Π_2. Diese beiden Punkte $\overline{Z_2}$ und $\overline{\overline{Z_1}}$ heißen die **Kernpunkte** der beiden so zugeordneten perspektivischen Zeichnungen.
Aus diesen Angaben lassen sich, wie die Fig. zeigt, die Winkel φ_1 und φ_2 zwischen der erstprojizierenden Ebene Σ durch die beiden Projektionszentren Z_1 und Z_2 und den Bildebenen Π_1 und Π_2 bestimmen und damit der Winkel $\psi = 180° - (\varphi_1 + \varphi_2)$ zwischen Π_1 und Π_2. Wenn man nun die beiden Bildebenen unter dem Winkel ψ erstprojizierend auf eine Ebene stellt, so daß die Kernpunkte und die Zentren in *einer* Ebene liegen, so kann man einen Grundriß des dargestellten Gegenstandes punktweise konstruieren, einfach indem man die erstprojizierenden Ebenen durch die zum selben Punkt P gehörenden Sehstrahlen $Z_1\overline{P}$ und $Z_2\overline{\overline{P}}$ zum Schnitt bringt.

Zwar ist die gegenseitige Lage der Ebenen Π_1 und Π_2 nicht eindeutig bestimmt, man kann Π_1 und Π_2 noch beliebig verschieben. Auf die *Form* des gezeichneten Grundrisses hat das aber keinen Einfluß, es entsteht einfach eine größere oder kleinere ähnliche, also maßstäbliche Zeichnung.
Ist der Grundriß gezeichnet, so läßt sich auch noch der Aufriß dazukonstruieren.

In der Fig. 36.o schneidet die Ebene Z_1Z_2P die Bildebenen Π_1 und Π_2 in den Geraden $\overline{Z}_2\overline{P}$ und $\overline{\overline{Z}}_1\overline{\overline{P}}$. Diese beiden zum Punkt P gehörenden sog. **Kernstrahlen** treffen sich auf der Schnittgeraden der Ebenen Π_1 und Π_2. Daraus folgt, daß die zu vier beliebigen Punkten A, B, C, D gehörenden beiden Kernstrahlenbüschel $\overline{Z}_2\overline{A}$, $\overline{Z}_2\overline{B}$, $\overline{Z}_2\overline{C}$, $\overline{Z}_2\overline{D}$ in Π_1 und $\overline{\overline{Z}}_1\overline{\overline{A}}$, $\overline{\overline{Z}}_1\overline{\overline{B}}$, $\overline{\overline{Z}}_1\overline{\overline{C}}$, $\overline{\overline{Z}}_1\overline{\overline{D}}$ in Π_2 dieselben Doppelverhältnisse haben müssen (Fig. 36.p).

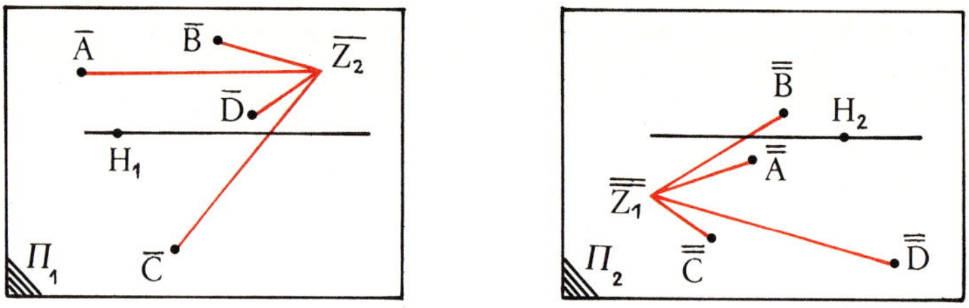

Fig. 36.p

Das erleichtert in Zweifelsfällen das Auffinden und Zuordnen von Bildpunkten.

Sach- und Namenverzeichnis